U0359992

"十四五"时期国家重点出版物
出版专项规划项目

基础材料强国制造技术路线丛书

基础材料强国制造技术路线

造纸材料卷

中国科协先进材料学会联合体
中国造纸学会

组织编写

化学工业出版社

·北京·

内容简介

《基础材料强国制造技术路线 造纸材料卷》分为精品制造、绿色制造和智能制造三个部分，分别介绍了先进纸基材料的现状、发展趋势、发展战略和技术路径；制浆造纸主要工艺技术流程，资源综合利用、能耗及排放特征以及节能、环保的关键技术；造纸行业智能装备、智能系统、工业专用软件、新一代信息技术的应用以及造纸行业智能制造发展的关键技术。

本书可供从事制浆造纸领域的工程技术、科研和管理人员参考，也可供高等学校制浆造纸、智能制造专业师生及政府决策人员参阅。

图书在版编目（CIP）数据

基础材料强国制造技术路线. 造纸材料卷 / 中国科协先进材料学会联合体，中国造纸学会组织编写. —北京：化学工业出版社，2024.1
"十四五"时期国家重点出版物出版专项规划项目
ISBN 978-7-122-44357-1

Ⅰ. ①基… Ⅱ. ①中… ②中… Ⅲ. ①造纸原料-研究 Ⅳ. ①TB3②TS72

中国国家版本馆 CIP 数据核字（2023）第 201928 号

责任编辑：李玉晖　胡全胜　杨　菁　　　　　　　文字编辑：陈立璞
责任校对：李　爽　　　　　　　　　　　　　　　装帧设计：韩　飞

出版发行：化学工业出版社（北京市东城区青年湖南街 13 号　邮政编码 100011）
印　　装：河北京平诚乾印刷有限公司
787mm×1092mm　1/16　印张 15¼　字数 281 千字　　2024 年 10 月北京第 1 版第 1 次印刷

购书咨询：010-64518888　　　　　　　　　　　售后服务：010-64518899
网　　址：http://www.cip.com.cn
凡购买本书，如有缺损质量问题，本社销售中心负责调换。

定　　价：128.00 元　　　　　　　　　　　　　　版权所有　违者必究

《基础材料强国制造技术路线 造纸材料卷》
编委会

序

"基础材料强国制造技术路线丛书"立足先进钢铁材料、先进有色金属材料、先进石化化工材料、先进建筑材料、先进轻工材料及先进纺织材料等基础材料领域，以市场需求为牵引，描述各行业领域先进基础材料所面临的问题和形势，摸清我国相应材料领域先进基础材料供需状况，深入分析未来先进基础材料发展趋势，统筹提出先进基础材料领域强国战略思路、发展目标及重点任务，制定先进基础材料 2020～2035 发展技术路线图，并提出合理可行的政策与保障措施建议，为我国材料强国 2035 战略实施提供基础支撑。

2017 年 12 月，中国工程院化工、冶金与材料学部重大咨询项目"新材料强国 2035 战略研究"立项，"先进基础材料强国战略研究"是该项目研究中的一个课题。该课题依托中国科协先进材料学会联合体，充分发挥联合体下中国金属学会、中国有色金属学会、中国化工学会、中国硅酸盐学会、中国纺织工程学会和中国造纸学会六大行业学会的专家资源优势，聚焦各自行业的先进基础材料，历时近两年调研和多轮研讨，对课题进行研究。专家们认为：基础材料的强国战略应是精品制造、绿色制造、智能制造一体三面的战略方向。囿于课题经费，课题组只开展了精品制造的研究。继而在众多院士的呼吁和支持下，2018 年 12 月中国工程院化工、冶金与材料学部重大咨询项目"2035 我国基础材料绿色制造和智能制造技术路线图研究"立项。在这两个重大咨询项目研究成果的基础上形成本套丛书。

基于项目研究的认识，我国先进基础材料强国在于基础材料产品的精品制造、材料制备的绿色制造和材料生产流程的智能制造，并在三个制造的强国征途中发展服务型制造。精品制造是强国战略的根本，智能制造是精品制造的保证，绿色制造是精品制造的途径。这是一体多面的关系，相互支撑。这里所指的精品制造并非简单意义上的"高端制造"或"高价值制造"，而是指基础材料行业所提供的最终产品性能是先进的、质量是稳定的、每批次性能是一致的，服役的是安全的绿色产品。可以说，非精品无以体现基础材料制造强国的高度，非绿色无以实现基础材料制造强国的发展，非智能无以指明基础材料制造强国的方向。

值得欣慰的是，我们的认识符合了党中央对基础材料发展的要求。2020 年 10 月 29 日，中国共产党第十九届中央委员会第五次全体会议通过的《中共中央关于制定国民经济和社会发展第十四个五年规划和二〇三五年远景目标的建议》第 11 条中提到："推动传统产业高端化、智能化、绿色化，发展服务型制造。"本套丛书的出版为落实党中央的建议，提供了有力的支持。

本套丛书的编写，凝聚了六大行业一批顶级专家们的无数心血。"精品制造"由黄伯云院士、俞建勇院士和我共同负责，"绿色制造"由聂祚仁院士负责，"智能制造"由钱锋院士负责，三个"制造"的汇总由我负责。在六个学会领导的共同支持下，经近百位专家、学者和学会专职工作人员不懈努力完成编写，由化学工业出版社编辑出版。在此我向所有参与编写、审定的院士、专家表示衷心的感谢。真诚地希望本套丛书能为政府部门决策提供参考，为学者进行研究提供思路，为企业发展表明方向。

　　"芳林新叶催陈叶，流水前波让后波。"我坚信，通过一代代人的不断努力，基础材料制造强国的愿望一定能实现，也一定会实现。

中国工程院院士

庚子年腊月

前言

为推进高质量发展转型，加快建立健全绿色低碳循环发展的经济体系，实现制造强国的战略目标，在中国科协先进材料学会联合体的组织和指导下，中国造纸学会承担了"2035 我国基础材料绿色制造和智能制造技术路线图研究"（轻工领域）的课题研究和报告编写工作，并以此为基础编写了本书。

轻工领域行业众多，本书以轻工领域中绿色发展和智能制造需求迫切的造纸行业为代表。

造纸行业是与国民经济和社会事业发展关系密切的重要基础原材料工业，具有资金技术密集、规模效益显著的特点。造纸工业关联度强、市场容量大，是拉动林业、农业、化工、印刷、包装、机械制造等产业发展的重要力量。当今世界各国已将制浆造纸的生产和消费水平，作为衡量一个国家现代化水平和文明程度的重要标志之一。改革开放以来，我国制浆造纸工业的发展取得了可喜的成绩，目前生产量及消费量均为世界第一。现代造纸工业具有典型循环经济属性，已发展成一个完整的资源可循环、低能耗、低排放、可实现自然界碳循环的循环经济体系，是我国国民经济中具有循环经济特征的重要基础原材料产业和新的经济增长点。

近年来，我国造纸工业一直在加快技术进步和科技创新。加强造纸纤维原料高效利用技术、清洁生产和资源综合利用技术的研发及应用，朝着高效率、高质量、高效益、低消耗、低污染、低排放的方向发展，走可持续发展之路。与工业互联网等新一代信息技术深度融合，利用工业互联网技术，建立生产数据化运营平台，实现传统产业的数字化转型升级，建设智能工厂。

本书是我国造纸工业基础材料、绿色制造和智能制造技术路线图研究成果的集成。通过组织对造纸工业基础材料领域的调研和专家论证，分析了我国造纸工业在绿色制造和智能制造方面与国际先进水平的差距，针对"卡脖子"技术、行业发展方向，分析提出了解决途径和可行方案；规划了至 2035 年实现绿色制造和智能制造的标志性指标与重点任务及技术路线图。

本书的编写工作得到了华南理工大学、天津科技大学、中国制浆造纸研究院有限公司等单位的大力支持。对参与编写、审定工作的专家、学者和该项目的全体工作人员付出的辛勤劳动，在此一并表示感谢。由于时间和经验所限，本书不足之处在所难免，敬请业内外专家、读者批评指正。

中国造纸学会

2023 年 6 月

目录

第1篇　精品制造

第 2 篇　绿色制造

139 第 2 章 制浆造纸绿色制造发展目标

161 第 3 章 基础材料绿色制造的关键技术

173 第 4 章 存在的问题及建议

第 3 篇　智能制造

221 | 第 5 章　2035 年造纸行业智能制造技术发展路线图

226 | 参考文献

第1篇　精品制造

轻工行业是我国国民经济的重要组成部分,主要包括食品、造纸、家电等 19 大类 45 个行业,是涵盖衣、食、住、行、用、娱乐等消费领域的产业组合群,是满足人民物质文化生活水平日益提高需要的民生产业,也是承启一、三产业的重要原材料与消费品工业。

随着我国工业技术水平的不断提高,我国的轻工业迅速发展,取得了相当大的成就,为国民经济平稳增长和满足人民群众美好生活需要做出了重要的贡献。"十二五"时期,轻工业在增长创新能力、质量品牌建设和绿色转型等方面都取得了较大的进步。"十三五"时期,中国轻工业主动适应新常态,以"让人民生活更美好"为宗旨,以消费升级为导向,积极推动供给侧结构性改革,全面贯彻"增品种、提品质、创品牌"战略部署,通过强化科技创新、促进"两化"融合、建设"智慧轻工"等举措,克服原材料成本大幅上升等困难,推动轻工业提质增效,走上了高质量的发展道路,产品质量有了较大的提升,许多产品的产量居于世界前列。2017 年占全国企业数近 30% 的轻工企业,实现主营业务收入 24 万亿元,占全国工业的 20.8%;实现利润 1.6 万亿元,占全国工业的 21.1%;出口 5998 亿美元,占全国出口额的 26.5%。全国规模以上轻工业企业 115256 家,占全国工业的 29.9%,资产总额占全国工业的 15%,主营业务收入占全国工业的 20.8%,利润总额占全国工业的 21.1%。

按照所使用的原料不同,轻工业主要分为两大类:①以农产品为原料的轻工业,是指直接或间接以农产品为基本原料的轻工业,主要包括食品制造、饮料制造、烟草加工、纺织、缝纫、皮革和毛皮制作、造纸以及印刷等工业;②以非农产品为原料的轻工业,是指以工业品为原料的轻工业,主要包括文教体育用品、化学药品制造、合成纤维制造、日用化学制品、日用玻璃制品、日用金属制品、手工工具制造、医疗器械制造、文化和办公用机械制造等工业。

皮革行业、造纸行业是我国轻工业的重要组成部分,是国民经济重要的基础原材料产业,在轻工行业中其材料属性强,具有代表性。经过快速发展,我国皮革、造纸产量已多年位居世界第一,在国际上占据举足轻重的地位。随着行业转型升级步伐的加快,科技创新能力的不断提升,皮革行业、造纸行业先进基础材料的比例越来越大,技术指标和国际竞争力显著提升,先进基础材料新产品广泛应用于各个行业,尤其是为高速铁路、航空航天等高新行业提供了有力的支撑。

鉴于轻工行业的特点,我们以皮革、造纸两个领域为代表,研究轻工行业先进基础材料的发展。本篇主要内容为造纸材料精品制造,本篇附录为皮革材料精品制造。

第 1 章
纸基功能材料概述

1.1　纸基功能材料概况

　　造纸术是中国古代四大发明之一，是至今仍在服务于人类文明发展的基础工艺技术。从汉代发明造纸术直至工业时代初期，造纸业的主要产品——纸张，其用途基本集中在书画、印刷品等信息载体方面，功能相对单一。随着后工业时代的来临，工业产品日趋丰富，人民消费水平逐渐提高，对各类基础材料的需求迅速增加，造纸业的产品序列也由相对单一的书画、印刷用纸逐渐扩充至包装用纸、印刷书写纸、生活用纸、特种纸四大类上千个品种，产品结构由终端产品为主逐渐衍生出大量为其他行业提供中间产品或生产原料的多元化结构，成为涉及生产生活多行业、多领域的基础材料提供者，在航空航天器、高铁列车、武器装备、燃料电池、建筑材料、食品、家电、服装纺织等领域均不乏纸基功能材料的身影。特别是在当前材料科技大发展的背景下，纸基功能材料因质轻、环保可降解、生产高效以及部分特殊性能成为材料科学领域一个新的发展方向。

　　目前世界各国对纸基功能材料的定义尚不统一，但其核心含义不外乎是以纸浆或纸张为基质或以造纸方法生产的、具有特定功能或用途的材料。美国纸浆与造纸工业技术协会（TAPPI）关于纸基功能材料的定义是：以水为分散介质，以短纤维为主要原料，采用造纸工艺制造成形的，具有三维网络状结构的新材料。在该定义中纸基功能材料有以下几个特点：①以水作为最主要的分散介质；②原料以短纤维为主，其长度一般小于 30mm；③采用造纸成形工艺制备材料，造纸技术成为制备材料的一项基本工艺；④在该材料中，纤维之间的结合不是氢键而是靠机械力、黏结剂、热压、溶剂溶胀或者其他增强技术实现。

　　纸基功能材料是造纸与化学、高分子材料、复合材料、生物、微电子等多学科交叉融合的高新技术产品，根据用途大致分为 11 类，即包装和标签用纸、建筑装饰用纸、食品服务用纸、商务交流用纸、工业用纸、出版印刷用纸、消费类用纸、过滤用纸、安全类用纸、医疗类用纸及电气用纸。其中前三类特种纸基材料约占市场份额的 67%，也是未来 5 年市场潜力较大的纸种。

　　纸基功能材料的制造涉及造纸、材料、化学等多个学科，所用原料包括植物纤维、合成纤维、无机纤维、动物纤维、金属纤维等。根据纤维特性的差异，对其进行复合或者混杂，可制造出具有不同性能、功能和用途的特种纸基材料。在纸基材料的生产过程中，根据功能需求，加入某些特种功能性材料，如纳米材料、生物质化工材料、有机高分子复合材料、无机合成纤维、新型高分子填料以及具有热、电、光、磁及力学性能的高分子助剂等，可研制生产出具有多种复合功能的纸基材料，如防锈型、防变色型、防虫型、防霉型、保险型、防伪型、纳米型等高性能纸基功能材料。

作为现代高技术新材料，纸基功能材料广泛应用于国民经济的各个行业，包括航空、航天、交通、电子、金融、医疗、食品、装饰、包装等，尤其是在国防军工、航空航天、游艇、高速列车等国家重大工程中有着广泛的应用。例如芳纶纸，可将其制备成蜂窝材料，已作为减重材料广泛应用于飞机、高铁和游艇；全热交换纸应用于空气净化器或新风系统的空气过滤设备；离型纸、电气用纸、装饰原纸、绝缘纸、电缆用纸等应用于城市建设、房屋装修；密封垫纸、三滤纸、胶带纸等应用于汽车行业；透析纸、消毒纸、牙科用纸等应用于医疗等。另外，基于造纸技术制备的碳纤维增强复合材料也在汽车产业中得到应用。

1.2 中国发展先进纸基材料的战略意义

（1）发展先进纸基材料是我国造纸产业结构优化升级的重要方向

近年来，全球范围内产业结构和国际分工正在进行调整，全球造纸产业格局正在发生变化，技术进步迅速，循环、低碳、绿色经济已成为新的发展主题。造纸工业作为为制造业配套的基础原材料制造业，在新一轮的国际竞争中将面临严峻的挑战和战略发展机遇。

我国造纸工业进入产业生命周期的"成熟期"，增长速度放缓。我国纸张消费已从过去的紧缺型变成基本平衡型，造纸工业依靠规模扩张带来的增长已不可持续，正从过去的产能超常发展回归到理性平稳发展的轨道。主动和被动上都要求造纸行业必须适应现在的新形势、新常态，转变发展方式，调整优化结构，提高发展质量，向市场引导和产业高端化发展。

《造纸工业发展"十二五"规划》中指出"国家鼓励重点研发高性能纸基功能性新材料、特种纸基材料及纸板生产新技术，推动大力发展特种纸基材料及纸板作为造纸工业新的增长点，重点开发功能各异、技术含量较高的特种纸基材料及纸板"。工业和信息化部于 2016 年 8 月颁布《轻工业发展规划（2016—2020 年)》，明确"'十三五'期间，我国造纸工业的主要任务是结构调整、提质增效和节能减排。在产品结构调整中，高性能纸基功能材料是重点之一，要大力发展"。

近年来，随着信息时代的到来和工业化的快速发展，对各种功能纸的要求越来越广泛。由于全球环境保护意识的增强，纸的功能化及其加工技术也向着环保和生态方向发展，使纸的生产和加工业成为利用可再生资源生产可循环再生产品的环境友善工业，也使纸基功能材料成为高科技和高附加值领域。无论是作为高新技术产品，还是作为功能材料，在整个国民经济当中，纸基功能材料都占有重要的地位。

随着科技的不断进步与飞速发展，纸基材料已经成为新材料领域的核心之一，在国家经济、文明发展和国家建设方面具有重要的意义。它涉及生物工程技术、能源开发方法、纳米科技、环保科技、空间科技、计算机科技、海洋工程科技等当代高科技及其相关产业的各个领域，不仅对高新技术的推进起着重要的作用，还使我国相关传统技术得以优化，实现跨越式发展。

造纸工业是国民经济重要的基础原材料产业，我国纸和纸板产量多年居全球首位，然而造纸行业内具有优异性能、量大面广且"一材多用"的先进基础材料则属空白。因此，发展纸基材料是我国造纸产业优化升级的重要方向，也将成为造纸行业科研工作者们关注的焦点和热点。

（2）纸基材料是基础材料领域的绿色先锋

在众多材料类别中，纸基材料由草、木、棉、麻等可再生的天然植物加工而成，因此具有良好的卫生性能、易降解性和可回收利用性，其循环再生次数可达 5～7 次。基于这一特性，由于全球对环保问题的重视和人们环保意识的增强，纸基材料已经成为部分石油基高分子材料的重要替代材料。

除了纸基材料本身的绿色环保特性外，随着现代制浆造纸技术的升级发展，纸基材料的生产过程也已经成为典型的循环经济运行模式。主要体现在以下几个方面：①原料来源于可再生的植物资源，林、浆、纸一体化，林促浆、纸，浆、纸养林，制浆剩余物可以进行生物质能源利用，并且生物质纤维造纸后起到固碳作用，实现绿色大循环；②纸和纸板销售与消费后的回收再利用和多次利用，实现浆纸生产—纸品销售—废纸回收—废纸经营—浆纸生产的全生命周期循环；③生产过程多渠道、多回路的化学品回收、水回收和能源回收，在生产过程内部形成循环；④生产系统的过程产物资源化再利用，如备料的树皮、筛选碎屑等作为生物质燃料，制浆黑液可进行燃烧碱回收，高效回收化学品和热能，也可以提取其中的有机组分生产生物燃料、化工原料等。因此，纸基材料产业是具有显著循环经济特点的产业。

第 2 章
纸基功能材料的发展现状和趋势

2.1 造纸业发展现状和趋势

2.1.1 全球造纸业发展现状和趋势

纸及纸板的生产消费与经济形势关系密切，经济和文化发达地区纸及纸板的生产量和消费量远远大于落后地区。但是随着经济发展，全球造纸工业正在经历转型，西欧、北美、日本成熟市场国家或地区的生产量出现不同程度的负增长，纸及纸板的生产和消费正从发达国家和地区向发展中国家转移。

2016 年，全球纸及纸板生产量 4.1088 亿 t，其中各大品种生产量分别为：新闻纸 2312 万 t，印刷书写纸 9951 万 t，生活用纸 3630 万 t，瓦楞材料（瓦楞原纸和箱纸板）1.6144 亿 t，其他纸板 5793 万 t；从区域分布来看，全球纸及纸板生产量以亚洲最高，欧洲次之，北美洲居第三位，分别占全球纸及纸板总生产量的 45.6%、25.1% 和 20.0%。2016 年全球纸及纸板表观消费量 4.1358 亿 t，全球人均表观消费量 56.5kg，其中北美洲人均消费水平最高，为 212.7kg。

电子信息时代，由于电子纸、阅读器等新闻出版新载体的技术开发、应用和产业化，原本较多依赖于纸张的新闻出版行业逐渐改变原料供应格局，新闻纸和印刷书写纸的需求减缓，新闻纸在纸及纸板总生产量中所占的比例逐年下降。与此同时，电商对包装需求的大幅提升，推动了包装纸与生活用纸市场规模的急剧增长。2016 年全球造纸产业产品结构中，新闻纸占 5.6%，印刷书写纸占 24.2%，生活用纸占 8.8%，瓦楞材料占 39.3%，其他纸板占 14.1%。

在循环经济、绿色低碳的全球背景下，传统造纸向创新材料、可持续产业转变，高效利用纤维资源的生物质精炼技术推动造纸工业向能够生产纸浆和纸、高分子材料、生物质能源的复合型综合工厂转型；研究生产具有多种复合功能的高技术新型纸基材料，用于现代包装、信息、医药、建筑、环保、军工等领域，是传统造纸创新发展的方向。

2.1.2 中国造纸业发展现状

21 世纪以来，中国造纸产业经历了"十五""十一五""十二五"的蓬勃发展时期，供给结构明显改善，科技创新能力增强，绿色制造大力发展，中国已成为全球最大的纸及纸板生产和消费国，进入世界造纸先进国家行列。2000～2017 年我国纸及纸板的生产消费情况如图 1-2-1 所示。

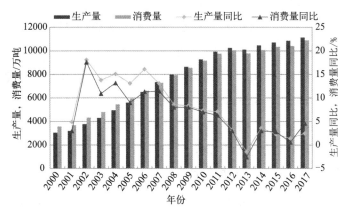

图 1-2-1　2000～2017 年我国造纸行业生产消费情况

"十五"是我国造纸工业实现追赶型高速发展期，年均增速 15.02%。这一期间我国纸及纸板消费量高于生产量，需要依靠进口才能满足国内市场缺口。其中，2002年和 2003 年，我国纸及纸板供需缺口超过 500 万 t。

"十一五"期间是造纸产业数量主导型发展阶段，造纸产能迅速扩张。2007 年我国纸及纸板生产量首次超过消费量，这标志着我国造纸工业结束了供给不足、依赖进口的时期，2009 年我国纸及纸板生产量和消费量首次超过美国跃居全球首位。"十一五"后期生产量增速逐渐放缓，年均增速由"十五"的 15.02% 降至 9.28%，我国造纸工业由数量主导型发展转向质量效益型发展新阶段。

"十二五"以来（2010～2017 年），我国造纸工业进入量变的发展战略深度调整期，生产消费增长趋缓。"十二五"期间生产量年均增速降至 2.93%。

"十三五"是我国经济发展重要转型期，造纸行业也处于发展中的一个重要转折点，同时也面临着一些变化和挑战。如国内生产资源短缺，原材料对外依存度高，目前贸易保护主义抬头，逆全球化趋势加剧，对造纸行业原材料进口和拓展国际市场带来不利影响；行业承受着需求增速下降和部分产品市场饱和的双重压力，面临着需求结构和营销模式的变化，以及进一步加剧的优胜劣汰市场变化。我国造纸行业需要突破发展瓶颈，合理调整优化品种结构，加强研发适用现代化、信息化、物联网条件下的纸基功能材料，适应多元化消费市场需求，努力实现高质量发展。

2.2　纸基功能材料发展现状与趋势

2.2.1　总体发展状况

随着我国工业化、城镇化水平的快速提升，消费升级以及消费结构的转变，国民生活及科技进步对新材料的需求持续增长，纸基功能材料在工业、包装、食品及医疗健康领域的应用需求大幅提升。在消费市场需求持续扩大以及全球制造业产业转移的背景下，我国对纸基功能材料的研发及产能投入逐渐增加。根据中国造纸学会特种纸专业委员会统计，2017年我国以特种纸为代表的纸基功能材料生产量达到670万t，占全部纸与纸板产量的比例从2010年的2.5%提升至6.0%，产量年均增速保持在10%以上，远高于同期造纸行业整体增长及海外纸基功能材料增长水平，已成为我国造纸行业新的增长点和重要发展方向。

我国纸基功能材料产品早期依靠国外进口，随着我国市场需求的提升，国内企业在引进消化吸收的基础上，通过再创新、自主研发方式逐步形成并不断提升自主创新能力，逐步实现进口替代并部分出口。根据中国海关总署统计数据，2017年我国特种纸基材料出口量102.79万t，占我国特种纸基材料总生产量的15.3%，装修用壁纸原纸、卷烟纸、防油纸出口量逐年增加。但与此同时，电解电容器纸、滤纸及纸板仍然保持了较高的进口依赖性。

近年来，我国纸基功能材料领域的技术创新和产品开发取得了突破性进展，大部分特种纸基材料在国内都能够生产，不但替代了进口，而且有些产品已经出口，产品的规模、质量都有了很大提高。各类纸种均有不同程度的创新产品投入市场，特别是一些技术含量高的产品填补了国内空白，如芳纶纸、空气换热器纸、咖啡滤纸、无纺壁纸、高透成形纸、热固性汽车滤纸、高性能密封材料、皮革离型纸、热转移印花纸等，这些产品的研制成功，提升了我国特种纸基材料的技术水平，推动了特种纸基材料市场的发展。我国正在由以模仿国外产品为主向自主创新、原始创新转型和发展。

2.2.2　各细分类别发展现状

（1）纸基包装材料

纸基包装材料是现代包装的基础材料之一，也是目前世界上用量最大的包装材料。纸基包装材料具有环保、原料来源广泛、成本低廉、可回收性强、印刷适印性好等诸多优点，其中环保与可回收性是相比其他包装材料最大的优势。随着整个国际市场对包装物环保性要求的日益提高，纸基包装材料成为首选包装材料。

按照形式分，纸基包装材料可分为一次包装和二次包装。一次包装是指与包装物直接接触的包装，普遍使用特种纸基材料或者特种纸基材料基复合材料，主要应用于医疗器械、药品、食品、无菌液体、日化等消费品的包装；由于直接接触，通常对包装材料有一定的性能要求，如防油、阻菌、防粘连、密封、保温、吸湿、纸塑复合性等。二次包装通常指外层保护性包装，用于为内部包装物品提供适宜空间及较好的保护作用，主要使用瓦楞纸箱、纸筒、折叠纸盒等，包装材料为瓦楞纸、白板纸和纸板等大类用纸。

近几年，全球纸基包装材料市场发展迅速，低定量塑料的禁用以及生产商对循环利用的重视为纸基包装市场提供了发展机遇。世界包装工业产值中，纸包装制品超过了 32%。据前瞻产业研究院发布的《中国纸制品包装行业市场前瞻与投资战略规划分析报告》数据显示，全球纸质包装的市场规模由 2012 年的 2630 亿美元增长至 2016 年的 3095 亿美元，年均复合增长率为 4.2%。中国纸质包装市场规模由 2012 年的 505 亿美元增加至 2016 年的 605 亿美元，年均复合增长率为 4.6%。在欧洲，纸和纸板的消费比例高达 41%，而我国人均纸和纸板的消费量只有发达国家的十分之一，可见我国的纸包装产业发展潜力是巨大的。

① 食品包装纸类。纸基包装材料在食品包装市场中占有 50% 以上的份额。食品包装材料正由传统的安全、方便、快捷向品种多样化、品质优越化、功能多元化的方向发展。近几年，食品包装纸的技术创新主要集中在包装材料的功能化与新型化学品的开发方面。通过在纸张表面涂覆功能化学品获得多层复合结构，可实现纸张抗菌、防水防油等功能。为了提升食品新鲜度、延长保质期，解决以往采用塑料、金属作为阻隔材料所带来的材料回收成本高等问题，大量天然高分子，如壳聚糖、淀粉及其衍生物等作为功能添加剂应用于改善包装纸对水蒸气、油脂的阻隔性能。此外纸质食品包装的污染物迁移问题也是该领域的另一研究热点，包括纸质包装待测残留物定性与定量分析方法的研究、基于不同食品特性对迁移模拟物的选择、污染物的迁移行为等。

我国在食品包装纸适用的抗菌材料方面与发达国家仍存在较大差距，且实际应用较少。福建优兰发纸业有限公司以 30%～35% 的针叶木浆、65%～70% 的竹浆为原料，采用两道可控中高软压光机、在压力筛前添加阳离子分散松香胶施胶、在纸机大缸表面喷淋改性非离子型高分子蜡增光剥离剂等方法提高了食品包装纸表面的光泽度，在浆料混合槽中添加甲壳素杀菌剂和氟类食品级防油剂生产出光泽度高、抗菌性好、防油性好的食品包装纸。

② 医疗包装纸类。医疗器械的特性、预期灭菌方法、使用效果、失效日期以及运输与储存过程都对包装设计与材料的选择提出了较高要求。我国医疗行业市场的迅猛发展导致传统采用的棉布类材料及清洁费用不断增长，管理难度也随之增加，很多医疗机构都将纸塑包装袋、全棉布及无纺布同时使用在医疗物品的灭菌包装中。纸塑包装袋阻菌效果最佳，它是医用透析纸表面经过凹印、涂布热塑性树脂，或直接与塑料复合热封制成的具有透析功能的纸基材料。其中，涂布过程所用的胶料一般是热熔胶和水性胶。由于环保压力，热熔胶有取代水性胶的趋势。总体而言，虽

然我国医疗包装纸的研究起步较晚，产品主要依赖进口，但近年来国内销售量稳步递增，逐渐实现替代进口产品，甚至有少量出口。

目前，国内对于灭菌包装材料的灭菌方式主要采用 ETO 环氧乙烷灭菌法和高温湿热蒸汽法。因此，该类材料要求具有一定的湿强度、透气性和阻菌性。我国对于透析纸阻菌性能的研究相对较少，国内透析纸在后加工和使用过程中热封性能的稳定性还需进一步提高。

（2）特种纸基材料

特种纸基材料是有特殊功能或者特殊用途的纸张。与白纸板、瓦楞原纸、箱纸板等大类用纸相比，特种纸基材料具有预定特殊用途、生产量相对较小、加工工序复杂、加工技术难度较大、产品种类繁多、附加值相对较高、客户相对专业化等特点。由于其良好的功能性特点，特种纸基材料广泛应用于包括医疗、食品、电气、信息、航空、航天、军工、建材、农业等在内的国民经济生活的各个领域。

经过数十年的发展，特种纸基材料以其优异的功能性和适用性获得了越来越广泛的应用。2017 年全球特种纸基材料产量为 2500 万 t 左右，约占全球纸及纸板总生产量的 6%，占整个纸与纸板总生产量的比例逐年提高，已成为全球造纸产业增长的重要推动力量。据未来市场透视（Future Market Insight，FMI）发布的研究报告显示，到 2027 年底，全球特种纸基材料生产量预计将超过 4000 万 t，市场价值约 215.9 亿美元；2017～2027 年，预计全球特种纸基材料市场将以 5.2% 的年均复合增长率稳定增长。随着近年来全球化下的产业转移，传统欧美地区特种纸基材料产业趋于收缩，亚洲则快速发展成为特种纸基材料最重要的生产基地。据 FMI 预计，亚太地区是全球特种纸基材料市场中增长最快的市场，预计年均复合增长率为 6.7%。

我国特种纸基材料起步较晚，大部分特种纸基材料品种 20 世纪 90 年代才开始逐渐引进国内。近年来在消费市场需求持续扩大以及全球制造业产业转移的背景下，国内特种纸基材料及纸板产量也连续十年实现了平稳上涨。据中国造纸学会特种纸专业委员会的调查统计，2017 年我国特种纸基材料及纸板总生产量为 670 万 t，同比增长 5.51%；特种纸基材料及纸板生产量占全国纸及纸板总生产量的比例为 6.0%，同比增长了 0.2%。我国特种纸基材料产业经过近十年的高速发展，逐步追平了全球特种纸基材料及纸板占纸及纸板总生产量的比例，跻身特种纸基材料生产大国。近年来，特种纸基材料行业整体经营状况表现较好，产业回归理性发展。据不完全统计，2017 年我国特种纸基材料企业的总体开工率达到 86.3%，产销率达到 99.8%，实现供需平衡。对我国近 50 家特种纸基材料企业的统计分析显示，近几年我国特种纸基材料企业的产能增速一直低于产量增速，产能过剩问题正在逐步缓解，企业投资扩张趋于理性。

2.3　中国与国外纸基材料发展的差距

虽然我国特种纸基材料产业取得了很大进步，但也存在着知识产权意识比较淡薄、同水平重复较多，产品质量参差不齐，产能过剩、价格竞争激烈等问题，与国外先进技术水平相比，一些产品质量上还有一定差距。相比我国众多的特种纸基材料企业，由于自主创新经费投入不足，受益于自主技术创新取得壮大发展的企业数量还很少，总体上特种纸基材料产业研发经费的投入不超过 0.5%，与高新技术企业研发投入需达到 3%的比例还相差甚远，一些技术含量高、开发难度大、高质量的特种纸基材料还依赖进口。此外，特种纸基材料的生产以小型企业居多，能源、水资源消耗相对较大；特种纸基材料的发展还存在着地区发展不平衡的问题，目前主要集中在山东、浙江、广东、江苏、上海、河南、河北等地区，其他地区则较少，有些地区甚至是空白；特种纸基材料生产配套的装备、纤维原料、化学品的质量水平与国外相比还有相当的差距。

与国外相比，我国特种纸基材料制备技术与产业发展的主要差距主要体现在以下方面：

（1）自主创新能力仍需进一步增强

特种纸基材料作为一种高附加值纸基功能材料，其技术含量的高低直接影响着产品的市场竞争力。我国特种纸基材料生产企业主要以中小型企业为主，其技术研发水平和综合实力与国外相比还有一定差距，产品技术创新主要停留在模仿阶段，原创技术与产品偏少，导致国产自主品牌缺乏，削弱了国际市场竞争力。

我国特种纸基材料自主创新能力不强的原因主要是研发投入不足和人才缺乏。特种纸基材料作为高技术含量的产品，我国相关企业的研发投入费用与发达国家相比相差甚多，且政府在此领域的资金支持相对较少，限制了该领域技术的创新与发展。此外，特种纸基材料的技术创新需要高级技术人才，而国内特种纸基材料企业规模相对偏小，我国培养的高技术人才，如研究生，主要流向外资造纸企业和其他领域，导致人才短缺，制约了科技创新能力。

（2）知识产权保护意识仍需进一步提高

近年来，我国在特种纸基材料领域的知识产权保护意识有所增强，但与发达国家相比，仍有较大差距。我国特种纸基材料企业在申请专利方面积极性不高，有的具有原始创新的产品并没有利用专利保护科技创新成果。与企业相比，科研院所更加重视知识产权保护，很多企业虽认识到了与科研院所产学研合作的重要性，但往往合作的持续性不强，导致专利技术储备缺乏，竞争后劲不足。

（3）诸多关键科学与技术问题亟待解决

特种纸基材料作为目前国际上竞争最为激烈的高新技术材料之一，其原料的制备、专用化学品开发、材料设计和制备工艺的开发仍是技术创新的核心环节。有些特种纸基材料的功能来自纤维原料，如美国杜邦公司的 Nomax 纸专利产品，一直垄断以芳纶纤维为原料的绝缘纸和航空航天等领域的芳纶纸市场；有些特种纸基材料的功能来自化学品，比如抗菌剂、柔软剂、防油剂以及具有热、电、光、磁、力等功能的高分子助剂，对于赋予纸张功能化也至关重要。此外，特种纸基材料在制造过程中还需特殊工艺和装备以实现性能的提升。在纤维原料、专用化学品和制备工艺的开发过程中，亟待突破分子结构设计、流体动力学、界面化学以及纤维分散、材料成形与增强等诸多科学与技术问题，提升我国特种纸基材料领域的自主创新和国际竞争力。

（4）产业规模偏小，产业链仍需进一步完善

我国特种纸基材料企业多以中小型企业为主，产业规模集中度不高。近 5 年在装饰纸、离型纸、食品包装纸和信息记录类特种纸基材料方面投资较大，规模集中度有所提高，但总体而言企业规模小、数量多，这样的现状导致我国特种纸基材料领域技术创新投入不足、技术流失严重，制约了我国特种纸基材料领域的良性发展。此外，特种纸基材料的发展与上游原料和下游用户关系密切。国内特种纸基材料原料质量不稳定、品种少，加之我国目前特种纸基材料机装备水平整体偏低，直接影响纸张质量和性能。由于特种纸基材料涉及的领域多，加强与上下游企业的沟通反馈，才能真正提高我国特种纸基材料领域的综合实力和国际竞争力。

第 3 章
纸基先进基础材料
强国发展战略

3.1 发展思路

围绕纸基材料的核心技术，着力提升自主创新能力，通过优化组织实施方式，支持国家重大工程急需的高性能纸基材料产业化建设，着力促进一批高性能纸基材料实现产业化和规模化应用。建立产业链上下游优势互补、密切合作机制，有效缩短研发、产业化和规模应用的周期，促进纸基材料企业加强技术创新，支持一批研究基础好的中青年创新骨干从事原创性研究，形成持续的创新能力，进一步增强我国纸基材料产业的技术创新能力和产业化技术水平，实现我国从材料大国向材料强国的战略性转变，全面满足我国国民经济、国家重大工程和社会可持续发展对纸基材料的需求。

3.2 基本原则

（1）坚持统筹布局，突出发展重点

从全球视野和国家利益的立场出发，科学谋划纸基材料整体的发展目标和发展方向，立足当前、面向未来、统筹规划，总体部署产业布局发展。重点围绕经济社会发展的重大需求，坚持重点突破、整体推进，组织实施重大工程，突破新材料规模化制备的成套技术与装备，加快发展产业基础好、市场潜力大的关键新材料，及早部署重要前沿性领域，培育先导产业，促进重点领域和优势区域率先发展。

（2）坚持创新驱动，占领产业高端

强化企业技术创新主体地位，激发和保护企业创新积极性，完善技术创新体系，通过原始创新、集成创新和引进消化吸收再创新，突破一批核心关键技术，加快新材料产品开发，提升新材料产业创新水平。同时要以关键核心技术的研究、颠覆性技术的突破来驱动产业发展，着重原始创新和集成创新，增强核心技术的自主能力，着重核心部件研发和高端产品开发，培育高附加值产业链，增强产业核心竞争力，占领全球新兴产业发展制高点。

（3）坚持市场导向，完善政府调控

遵循市场经济规律，突出企业的市场主体地位，充分发挥市场配置资源的基础作用，重视新材料推广应用和市场培育。充分发挥中小企业的创新作用，同时将资源逐渐向优势企业聚集，形成具有自主知识产权和国际竞争能力的龙头企业。同时，积极发挥政府部门在组织协调、政策引导、改善市场环境中的重要作用，加强新材料产业规划实施和政策制定，实施重大专项，重点发展成长潜力大、市场潜力大、产业基础好、带动作用强、综合效益好的产业，确保新材料产业高效可持续发展。

（4）坚持协调推进，促进开放合作

加强纸基材料上下游产业的相互衔接，充分调动研发机构、生产企业和终端用户积极性，加强产学研用相结合。充分利用全球创新资源，走出去、请进来，培育特色产业集群，走开放式协同创新和国际化发展道路，加快培育具有国际竞争力的企业集团。扩大与国际制造企业的全方位合作，推动纸基材料快速融入全球高端制造供应链。

（5）坚持绿色发展，走可持续发展道路

牢固树立绿色、低碳发展理念，提高资源能源利用率，走低碳环保、节能高效、循环安全的可持续发展道路。建立资源节约、环境友好的技术体系、生产体系和效益体系，实现有控制的健康发展，有力支撑经济发展方式的转变，保障我国的可持续发展。

3.3 发展目标

到 2035 年，中国纸基先进基础材料产业整体水平达到国际先进水平，部分产业达到国际领先水平。

① 实现我国纸基先进基础材料的跨越式发展，实现纸基材料绝大部分产品满足我国国民经济和社会可持续发展的需求。

② 建设能够支撑纸基先进基础材料强国发展的科技创新体系，形成完善的基础研究、制造技术、应用技术的研发体系，增强自主创新能力，突破重大关键技术壁垒，工业化应用取得实质性进展，一些关键技术能够引领世界纸基材料行业的发展。

③ 提升绿色制造水平，培养一大批具有国际竞争力的生产制造企业，形成若干有国际影响力的基础研发中心与共性关键技术输出中心。

④ 调整产业结构使之更趋合理，提升行业发展质量和经济效益，在保障国内需求与供给的基础上，扩大出口创汇额度，推动纸基先进基础材料产业实现由大到强的战略转变。

3.4 纸基功能材料强国指标

纸基功能材料强国指标见表 1-3-1。

表 1-3-1　纸基功能材料强国指标

一级指标	权重	二级指标	2008年	2009年	2010年	2011年	2012年	2013年	2014年	2015年	2016年	2017年
规模发展 0.1951（权重）	0.0811	纸基功能材料生产量在全球的占比/%	7.8	10.1	13.1	15.7	21.0	24.2	26.2	27.4	28.9	29.6
	0.0650	纸基功能材料占全国纸和纸板的比例/%	1.8	1.7	1.9	2.1	2.2	2.3	2.4	2.5	2.6	2.3
	0.0490	纸和纸板人均消费量/kg	60	64	68	73	74	72	74	75	75	78
质量效益 0.3620（权重）	0.1207	纸和纸板生产企业工业增加值增速/%	—	—	—	—	—	5.4	3.7	1.9	6.7	3.9
	0.1303	纸和纸板生产企业利润总额/亿元	210	220	327	362	343	374	362	373	486	666
	0.1110	纸和纸板生产企业主营业务收入/亿元	4330	4500	5630	6714	6888	7575	7879	8003	8725	9215
结构优化 0.2116（权重）	0.0619	产业集中度（大中型企业占比）/%	11.8	11.5	11.3	16.6	—	17.9	18.0	18.5	—	—
	0.0705	原料对外依存度/%	39.2	44.0	38.3	38.8	41.7	42.5	40.4	42.6	42.8	41.5
	0.0792	纸和纸板主营业务收入中大中型企业的占比/%	64.1	60.3	61.3	64.3	—	65.1	64.7	66.3	—	—
持续发展 0.2313（权重）	0.0687	单位产品能耗/[kg（标准煤）/t]										
	0.0578	万元工业产值 COD 排放强度/kg	40	25	25	18	11	9	6.6	4.7	—	—
	0.0514	水重复利用率/%	51.4	55.2	57.0	62.6	64.6	66.4	72.0	75.5	—	—
	0.0534	工业废水排放量在制造业的占比/%	19.3	18.8	18.8	18.6	18.0	16.9	14.7	13.0	—	—

3.5　重点任务

3.5.1　加强自主创新、原始创新能力，突破重点产品、核心技术

　　我国纸基功能材料生产企业主要是中小型企业，其技术研发水平和综合实力与国外相比还有一定差距，产品开发目前主要处于跟随、模仿创新阶段，原创技术与产品偏少，自主开发能力偏弱，部分核心技术、核心原材料、核心装备的生产技术尚未完全掌握，对该产业的长久可持续发展构成隐患。

　　为此，我国发展先进纸基功能材料的首要任务，就是要加强自主和原始创新能力，突破重点产品和核心技术，形成能够持续引领和支撑市场需求、推动产业发展的创新能力和技术体系。具体而言包括三个方面的要求：

　　（1）强化新产品的设计、开发能力

　　通过加强对材料科学发展趋势和需求、纸基功能材料市场趋势和需求的分析和洞察，加强跨产业、跨领域、跨学科的交叉开发能力，在现有和新兴产业领域不断

发掘纸基功能材料的应用潜能，自主设计能够支撑甚至推进下游产业发展的新型纸基功能材料，开发其配套生产技术和装备，形成新材料的自主创新能力体系和丰富的技术储备。

（2）强化核心生产技术、核心原材料的自给能力

加强对绿色功能包装材料，航空航天器和交通运输工具用电气绝缘材料、结构减重材料、阻隔材料、绿色密封材料、摩擦材料，纳米纤维材料等能够助推我国热点、重点产业发展的纸基材料核心生产技术的自主研发能力，突破对重点纸基功能材料生产具有"卡脖子"能力的纤维原料、辅料助剂的自主研产能力，形成纸基功能材料的核心技术、核心原料自给能力。

（3）加强高端、核心生产装备的设计制造能力

目前，国内纸基功能材料产业使用的生产装备既有进口装备也有国产装备。二者相比，国产装备基本满足生产需求，具备价格优势，但在自动化控制、稳定可靠性、人性化设计、节能节水等方面仍然存在一定差距，部分核心部件仍然依赖进口。因此，继续加强国产装备的设计制造能力，特别是满足高效生产要求、特异化生产要求的国产装备，是我国纸基功能材料产业提升国际竞争力、保持健康可持续发展的重要支撑条件。

3.5.2　提升绿色制造、智能制造技术水平

加快新一代纸基功能材料制造智能化、信息化和机器人技术应用。加快装备自动化、数控化、智能化进程，推动专用机器人等智能制造装备和智能化生产线的设计、制造和应用。提高智能装备及产品在行业发展中的作用，尤其是在现有 DCS、QCS、ERP、OA 等应用系统基础上整合，推进 MES 生产过程控制应用，不断缩小与世界先进水平的差距，争取在智能控制技术等方面有新的突破。加大高效、节能、低耗、运行智能化监控、在线智能化维修保养等技术的推广应用。

纸基材料制造基础和支撑技术、智能制造新模式技术、智能纸基材料技术等实现全面突破；人工智能驱动和新一代纸基材料智能制造平台体系初步完善，建成纸基材料产业智能制造国家重点实验室，成为我国纸基材料产业智能制造科技创新中心；成为国家化的纸基材料智能制造工程科技人才高地。以智能制造科技创新支撑我国纸基材料产业走向生态、绿色、低碳、高端，并向新兴产业领域深度拓展延伸，进一步提高纸基材料产业对我国经济、社会、国防安全的贡献度。

3.5.3　形成高效研、产创新体系

由于纸基材料产品种类繁多、单个产品市场规模偏小，我国纸基材料生产企业

的规模普遍较小，因此很难单独依靠企业技术中心建立完善的研产创新体系、长期投入大量人力物力，造成产业发展依赖的技术和产品创新存在自发、散乱、重复、同质竞争、缺乏有效统一布局等问题，部分产业共性基础问题因投入大、研发周期长而得不到企业响应，从根本上制约着整个产业的长期健康发展。需要加强的工作如下：

① 完善国家纸基材料产业技术创新发展战略。成立由政府部门、骨干企业、科研院所代表组成的国家纸基材料技术创新战略组织，深入研究产业技术创新战略、技术路线、发展规划，提出政策建议，指导产业发展。

② 建立国家级的纸基材料创新中心，布局国家重点实验室和工程技术研究中心，解决颠覆性、竞争性技术创新能力薄弱的问题，占领科技制高点。

③ 建立产业技术创新战略联盟组织，进一步发挥政府资源的引导作用，鼓励支持联盟组织优化运行机制、完善产业技术创新链。在高性能纸基复合材料、纳米纤维素纸基复合材料等新兴领域加快一批产业技术创新战略联盟的发展，围绕产业链构建技术创新链。

④ 建设完善的产业集聚区技术创新服务平台，积极发挥高校和科研院所的科研优势，以地方政府和企业投入为主，在纸基功能材料建设集聚地区建设完善的专业化技术创新服务平台。政府通过后补助、购买服务等方式，支持平台为企业提供高效率、低成本的专业化服务。

⑤ 支持骨干企业提升技术创新能力。在纸基材料重点品种、装备等重点领域，支持和引导企业加大科技投入，加强研发机构和研发体系建设，加强产学研合作，增强企业自主创新能力。推动有条件的骨干企业在全球范围内吸纳创新资源，提升国际竞争力。

3.5.4　推进产业化示范

作为研究开发阶段的延续，新材料的产业化工作同样面临中小型企业无力或不愿承担过大投入和市场风险，高校、研究机构缺乏产业化设施和经验的问题。因此，如何打通由技术成果向生产力的中间转化环节，是解决我国纸基材料产业研究成果产业转化率低，同时企业缺乏创新支撑这一矛盾的关键点。需要开展的工作主要包括以下几个方面：

① 建立公共产业化示范平台，降低企业创新风险。依托国家重点实验室、国家工程实验室等公共技术开发平台，集中行业资源，建立面向整个产业的开放式产业化示范平台，承担由技术成果向市场产品转化的技术验证乃至市场培育职能，让研发机构的创新成果有可以验证、展示的平台，让企业以较低的成本和技术风险分享

创新成果，进一步吸引研发机构和企业乐于创新、享受创新。

② 进一步加强产业化示范激励。通过国家和地方产业政策、创新政策，为纸基材料产业化示范提供政策便利乃至经济补助，激励研发人员将其成果投入产业化示范，降低产业化示范的成本和风险，鼓励企业参与产业化示范，形成系统性的、全链条的创新激励。

3.6　重点发展方向

3.6.1　纸基包装材料

（1）瓦楞包装材料性能改进技术

瓦楞材料是最重要的纸质包装材料之一，通常由箱纸板和瓦楞原纸加工成瓦楞纸板，再用瓦楞纸板加工成各式各样的瓦楞纸箱。以废纸为主要原料生产箱纸板和瓦楞原纸已成为目前我国制造瓦楞纸箱的主要方式。以废纸为原料制备瓦楞原纸和箱纸板，在后期加工处理和包装使用中，容易出现因环境湿度变化大导致的纸板表层折叠开裂问题，从而导致客户投诉，特别是涂布纸板出现折叠开裂的现象更为普遍，已成为行业共性难题。此外，在瓦楞纸箱材料制备的原料配比上，如何能在不大幅提高生产成本的前提下，生产出高强度、高质量的瓦楞纸箱材料，同时还能降低施胶量，提高车速和生产效率，也成为生产商急需解决的问题。

（2）食品包装用功能型专用纸板

我国目前白板纸的品种单一，没有为区别不同包装物进行具体分类，更没有针对不同食品需要生产的专用食品包装纸板。我国对食品包装用纸的原料及卫生指标虽有规定，但没有专门用于食品包装的纸板品种，很多种食品盒依然使用灰底白板纸。糕点盒、快餐盒等直接入口食品的包装纸板，由于不具有抗油性能，包装了含油食品后，渗油现象相当普遍。因此，研究开发纸品包装用功能型专用纸板以及制造工艺是未来亟待解决的问题和重点突破的方向。

（3）绿色阻隔包装材料的开发

阻隔包装是食品行业大量使用一种包装方式，主要作用包括阻氧、阻水汽等。常用的阻隔包装材料包括乙烯乙烯醇共聚物（EVOH）、聚偏氯乙烯（PVDC）、聚胺（PA）、聚对苯二甲酸乙二醇酯（PET）、聚乙烯（PE）、聚丙烯（PP）和聚酯（PET）。这些材料源于石油，它们的不可降解特性导致在使用后产生大量的固体废弃物，容易造成环境污染。来源于植物纤维的纳米纤维素（CNF）基阻隔包装材料，具有天然可降解特性，是上述石油基阻隔包装材料的理想取代品。纳米纤维素具有比表面积大和表面羟基含量丰富的特性，所制备的膜材料具有结构致密、强度高的特点，是理想的阻隔包装材料。纳米纤维素经过适当的表面疏水改性，也可用于阻水汽包装材料。芬兰国家技术研究中心（VTT）已成功采用可再生原材料和纳米纤维素开发出生物基立式袋包装，不但完全环保，还减少了食物浪费。开发新型绿色阻隔包装材料及其研发工艺成为未来纸基包装材料发展急需重点突破的方向。

（4）高档纸浆模塑制品的开发

纸浆模塑制品作为一种新型绿色包装材料也正得到快速发展。纸浆模塑制品生产中，由于所使用的模具不同，其形成的几何空腔结构也不同，正是这种不同的几何空腔结构使其具有了优良的缓冲抗压性。纸浆模塑制品可分为四类：厚壁型、转移模塑型、热塑型或薄壁型和可后处理加工型。其中热塑型和可后处理加工型两类产品的尺寸精度高、表面光滑且具有刚性，主要用于化妆品、药品以及精密仪器等，属于高档纸浆模塑制品范畴。纸浆模塑制品生产涉及的相关技术包括原材料选择及处理、浆料配制、生产工艺流程制定等。基于对纸浆性能本身的充分认识，针对高档纸浆模塑制品需具备的防水性能、机械性能和缓冲性能，通过优选纸浆原料、确定合理的原料预处理技术以及模塑用浆料配方，实现高档纸浆模塑制品的技术开发是未来的主攻方向。

3.6.2　特种纸基材料

目前特种纸基材料已经逐步向集中度逐步提高的方向发展，产品的竞争愈加激烈，因此需要从研发的角度，开发出更多附加功能、更低生产成本的产品，以促进特种纸基材料行业的发展。特种纸基材料未来发展的方向主要体现在：

（1）城镇化发展需求的特种纸基材料

改革开放以来，我国的城镇化进程加快，城镇化率从 2009 年的 22.9%上升到 2014 年的 54.8%。但发展至今仅与世界平均水平持平，我国的城镇化率要达到世界发达国家水平尚需 30～40 年。城镇化带来大规模的城市建设、房屋装修和家具需求，直接需求有钢铁、建筑、房屋、基础设施、装修和电器，涉及的特种纸基材料有离型纸、衬纸、工业用纸、描图纸、电气用纸、电缆用纸、壁纸原纸、装饰原纸、印花纸、石膏板纸、胶带纸、标签纸、绝缘纸等。

（2）消费升级需求的特种纸基材料

近年来中国人均 GDP 得到长足发展，从 2000 年的人均 0.79 万元增长到 2015 年的人均 5.2 万元，由此消费升级现象不断涌现。国家也在政策层面不断推动消费升级，鼓励消费。消费升级对特种纸基材料的需求涉及面非常大，几乎可以涵盖所有特种纸基材料。比如：服装鞋帽个性化需要转移印花纸；食品/饮料/牛奶需要纸杯纸、牛皮离型纸、格拉辛纸、湿标签纸等纸包装材料；因二孩政策和老龄化趋势需要婴儿纸尿裤、老人纸尿裤、妇女卫生用品、湿纸巾等；旅行度假需要登机牌、行李标签、酒店信纸艺术纸等；家庭装修使壁纸用量大幅上升；网购和物流需要大量的无碳复写纸、热敏纸、包装纸、不干胶纸等；咖啡从速溶到现磨、袋装茶叶用量增长需要咖啡滤纸、茶叶袋纸；厨房用纸增加、吸尘器数量增加需要防油纸、烘焙纸、食品包装纸、吸尘袋纸等；汽车销量大增需要三滤纸、离型纸、胶带纸等；高铁需要结构减重的高强轻质蜂窝材料、高性能的绝缘材料等。

（3）满足个性化、定制化消费需求的功能纸产品

在互联网时代，由于信息的充分互动，造纸业的生产者和消费者能够充分沟通并相互渗透，传统的封闭式生产模式将逐步被取代，消费者将可以全程参与到生产活动中，由消费者沟通决策来制造出他们想要的产品。可以预测，未来个性化、定制化的功能化产品将占据重要地位，造纸业将与印刷业、材料加工业等进行整合以满足未来用户的需求。

（4）与人们生活密切相关的大健康概念功能材料

随着人们生活方式的变化和生活质量的不断提高，与人们生活密切相关的特种纸基材料需求将会持续增长。如食品包装用纸、医疗透析纸、艺术用纸等；很多冲破人们传统观念的特种纸基材料制品正在不断加入人们的生活，如纸沙发、纸质红酒瓶、纸烤盘、纸房子、纸衣服等；针对印刷方式的推陈出新，满足新型特殊印刷方式的特种纸基材料也会不断涌现；对包装材料功能和视觉享受的追求，将推动个性化包装纸的发展。

特种纸基材料的发展受宏观经济走势和人们消费观念的影响，在发达国家和地区，主要得益于特种纸基材料在包装、工业、医疗健康领域的应用。如空气污染导致人们对环保的担心，空气过滤器和口罩用纸的需求明显增长，医疗和食品用纸也随着人们生活水平和环保意识的提高在快速增长。

（5）国家重大工程建设配套的高性能纸基材料

我国在高速列车、国产飞机、空间实验室、新能源汽车等领域投入加大，高性能纤维纸基复合材料对轨道交通、航空航天等高端制造业的依存度越来越高，我国高速轨道交通、飞行器制造对国产先进绝缘、结构减重等功能材料的需求会越来越大，如优异耐电晕性的芳纶云母纸基绝缘材料，高强轻质纸基结构减重材料，高性能、长寿命纸基摩擦材料，具有优异耐温性的聚酰亚胺纤维纸基蜂窝材料等中高端产品。实现这些典型纸基复合材料产业化，加快替代进口并参与国际竞争，将推动相关行业的可持续发展，促进我国传统造纸行业的转型升级。

（6）特种纸基材料生产装备

国产特种纸基材料装备基本可以满足企业的生产要求，但有些技术还不是很完善，规格和品种也不是很多，另外一些技术装备有待开发，稳定性、操作方便性、

性能优化等问题有待解决。例如斜网成形技术已经过一代、二代、三代，发展得很好，与国外的差距已经不大，但保持斜网稳定成形的细节设计，与之配套的长纤维/非植物纤维制浆系统、分散系统、流送系统的设计和装备急需完善；浆池在流程中主要起缓冲作用，既耗能占地，又使流程很复杂，研究减少浆池最后去掉浆池的短流程，对节能有重大意义。随着产品质量的不断提高和新产品的出现，对装备的要求越来越高，装备技术的发展永远是与产品相联系的。特种纸基材料装备的开发除了要求满足性能以外，还要注意节水节能、降低生产成本，这样的产品才是市场需要的好产品。

3.6.3 溶解浆粕

溶解浆是以棉/棉短绒、木材、竹子等纤维原料经酸法或碱法制浆而获得的高纯度纤维素载体，其纤维素含量高达 90%～99%，只含有少量的半纤维素（2%～4%）以及微量的木素、抽出物和矿物质，是制造黏胶纤维（用于纺织）、醋酸纤维（用于生产香烟过滤嘴）、玻璃纸（用于包装、装饰）、硝化纤维（用于军工）、羧甲基纤维素、微晶纤维素等生产、生活物资的主要原料。

溶解浆的生产工艺是在化学纸浆生产工艺的基础上进一步深化调整而来的，因此无论是从技术角度还是从运行实体情况来看，溶解浆生产通常都被纳入制浆造纸产业的范畴。但其下游用户却不是造纸企业，而主要是纺织、化纤企业。因此溶解浆是造纸业实现产业跨界的另一重要分支，也是造纸产业中附加值较高的一个产品品类。

从需求角度来看，目前我国纺织用黏胶纤维的产能为 600 多万 t，占全球总生产量的 60%以上，其主要生产原料为溶解浆，包括棉浆粕和木浆粕两大类。由于棉短绒原料产量的限制，棉浆粕的产能远低于木浆粕，并且基本上没有大的增长空间。目前，中国纺织产业对木浆粕的需求量约为 400 万 t，而国内能够投入生产的产能约为 130 万 t，其余缺口则需要通过进口解决。

我国溶解浆生产面临的问题主要包括以下几个方面：①由于高品质木材原料的缺乏，国产溶解浆的产量和质量都存在发展瓶颈，本土溶解浆企业影响国际市场的能力有限，使国际溶解浆价格被欧美企业控制，对我国纺织产业的发展极为不利；②国内对溶解浆主体生产技术已经掌握，解决了从无到有的问题，但欧美企业凭借更为完善、系统的生产技术体系使其产品质量、生产成本均形成明显的竞争优势，国内仍需进一步完善降本增效配套技术，优化提升精细化产品质量管理技术；③产品质量控制、高端产品生产技术仍然存在短板，用于生产香烟过滤嘴的醋酸纤维级溶解浆粕仍然需要全部从国外进口；④新一代人造纤维生产技术已经投入商业化运营，并成为未来必然的发展趋势，国产溶解浆应提前开展技术储备以应对将来的产品要求变化。

鉴于上述问题，我国溶解浆粕的发展方向主要包括：①拓展溶解浆生产原料来源并开发配套生产工艺技术乃至专用装备，例如开发利用我国特色的竹材资源生产溶解浆；②鉴于化学纸浆和溶解浆生产技术一脉同源，二者在化学构成方面较为接近，可开发以化学纸浆为原料生产溶解浆的工艺技术，进一步扩大溶解浆的原料来源；③秉承生物质精炼理念，进一步开发预水解液、蒸煮黑液等过程产物的综合利用、高值化利用途径，发挥为溶解浆生产主体扫除瓶颈制约甚至降本增效的作用，提高生产线的整体竞争力；④与纺织产业加强技术联动，深入探索溶解浆生产与人造纤维生产之间的影响机制，形成准确、有效的溶解浆质量控制技术，开发满足各品级溶解浆生产需求的工艺技术。

3.6.4　纤维素复合材料

造纸产业实际包含两个主要过程，即把木、竹、棉、草等植物原料制成纸浆的过程，以及再把纸浆辅以适当的配料抄造成纸张或纸板的过程。除了最常见的纸张、纸板生产以外，实际上纸浆（主要是化学纸浆）还经常作为一种提供纤维素的原材料，被用于制造多种纤维素基复合材料。并且由于其来源广泛、可再生、可降解、生物兼容、可衍生化等特性而受到材料领域的青睐，在增强复合材料、生物医用等领域具备良好的应用前景。

（1）纤维素基增强复合材料

植物纤维作为塑料基体的增强材料优势体现在价格低廉、密度小，具有较高的弹性模量，与无机纤维相近，同时具备生物降解性和可再生性。因此，开发植物纤维作为增强材料在环保和资源保护方面都有重要意义。植物纤维最初是以粉状的形式，被作为填料加到热固性塑料中，但在共混过程中，纤维的润湿性、纤维与塑料的相容性、纤维的降解及自絮集现象等都会对复合材料性能产生较大影响，因此逐渐开发了偶联剂、分散剂、溶解体系等方法来改善高分子聚合物与植物纤维的相容性。

随着纳米纤维素制备技术的发展，更多研究关注纳米纤维素作为增强相在聚丙烯、苯乙烯、聚乙烯等复合材料中的应用。纳米纤维素取材于木浆或生物质资源，主要通过预处理工序（化学、机械、酶法等）和处理工序（高剪切均化加工、超高压微细流加工和微细研磨/剪切加工）制备。

由于纳米纤维素复合材料的强力/重量比是钢材的 8 倍、碳纤维的 2 倍，因此，作为复合材料的增强相，纳米纤维素与传统的玻纤、碳纤维等相比具有明显优势。

如在汽车行业，纳米纤维素复合材料有良好的耐热和机械性能，可以替代钢材起到减重作用。纳米纤维素增强复合材料可以满足 3D 打印的需要，部分替代高成本、取材于石油资源的碳纤维和 ABS、PA66 以及 PC 等聚合物，为 3D 打印提供可再生材料。由于纳米纤维素增强复合材料薄膜具有强度高、透明度高等优良性能，在高选择性过滤介质、电池膜材料等领域具有很大的市场潜力。

（2）纤维素基生物医用复合材料

纤维素基生物医用复合材料结合了生物质材料和生物材料的优点，在骨修复替代、组织工程、药物缓释、基因载体以及蛋白质吸附等领域具有潜在的应用价值，是当前生物质领域的研究热点。目前制备该复合材料常用 3 种方法，即水热（溶剂热）法、微波辅助法和超声波法。

纤维素的分子链中含有大量的—OH，可以通过静电相互作用吸引金属离子，然后通过原位还原的方法制备出纤维素基金属纳米复合材料。此外，纤维素亦可以与氧化物、硫化物、多种金属或无机材料复合制备多元复合材料，具有优异的抗菌性能、催化性能及磁性能等。

将纤维素与无机材料相结合制备成复合材料，可应用于蛋白吸附、组织工程、抗菌等生物医用领域。利用纤维素作为基体材料具有诸多优势：基于纤维素大分子链的结构特点，使其具有较强的反应性和相互作用性能，制备的该类材料成本低、加工工艺简单；纤维素本身具有良好的生物相容性及生物降解性，是一种环境友好型材料。相对于胶原蛋白等高分子材料，纤维素具有优异的机械性能，可有效克服胶原蛋白等高聚物机械性能不足的缺陷，因此纤维素基复合材料在生物医用领域将具有良好的社会和经济效益。

第 4 章
政策建议

（1）引导、创造市场需求，培育产业环境

采取有针对性的举措，加大对创新成果产业化的推动和支持力度，开拓先进基础材料产业的市场空间。组织推动重大产业创新和示范应用，尽快扩大市场应用规模，加快创新成果的应用，促进先进基础材料产业的规模化发展。坚持政府推动和企业主导相结合，整合社会各方资源，为先进基础材料产业提供良好的发展环境。发挥市场资源配置作用，突出国家对重点行业的聚焦支持，引导打造具有国际竞争力的企业群体。

（2）强化财税金融政策支持

在先进基础材料产业发展的各阶段尤其是起步发展阶段，政府资金支持是技术创新向产业培育转变的重要动力，具体包括以下几方面：支持手段应多元化，不仅应包括直接的财政投入，也应包括间接的税收减免、资本市场投入、金融市场投入等；进一步研究完善鼓励创新、引导投资和消费的税收支持政策；积极发挥多层次资本市场的融资功能，进一步拓宽融资渠道，引导各类企业在加强规范管理的基础上从资本市场和债券市场融资，开展技术创新活动；采取引进战略投资者、联合地方投资平台甚至上市募集资金等方式，缓解先进基础材料产业示范的压力。

（3）鼓励联合创新

鼓励企业"走出去"，与外部企业、大学和科研机构建立广泛的合作关系，联合创新，从而摆脱困局。鼓励企业、大学、研发机构之间强强联手，构建科技创新体系，建立有效的产学研机制，产学研有机融合，共享技术创新的红利。

（4）促进国际科技合作

应鼓励国内科研院所、企业积极开展国际科技合作，引进和吸纳国际优势资源，通过合作研发、人才交流等途径，积极利用国际先进人才、技术和信息，快速提升自身创新能力。

（5）推进人才队伍建设

实施创新人才发展战略，加强中青年创新人才和队伍培养，鼓励企业产学研用相结合，积极培养自主创新的人才队伍。充分发挥行业协会、科研单位和大学的作用，共同建立产业专家系统，加强先进基础材料的研发、生产和应用直接沟通与交流。

附录
皮革材料精品制造

目次

1 皮革材料概述

1.1 皮革材料的范围

本附录研究对象是天然皮革，不涉及与天然皮革类似的合成革。皮革是生皮经脱毛和鞣制等物理、化学加工所得的已经变性、不易腐烂的动物皮，由天然蛋白质纤维在三维空间紧密编织构成，表面有一种特殊的粒面层，具有自然的粒纹和光泽，手感舒适，有优良的透水汽性、吸汗性以及良好的舒适性，并且柔软、耐磨、强度高。主要分类有猪革、羊革、牛革等和少量的爬行类动物皮革、两栖类动物皮革和鸵鸟皮革等。

皮革产量大、应用范围广，主体属于基础材料。皮革行业是我国轻工业的重要组成部分。我国皮革生产规模全球第一，国际地位举足轻重。随着皮革行业转型升级步伐加快，中高端产品供给能力明显改善，科技创新能力显著增强，先进基础材料的比例、技术指标和国际竞争力不断提升。

皮革行业领域大专院校、科研机构和企业的科技人员，直接面向行业的重大战略需求和相关行业领域的前沿竞争，创新了一大批关键基础理论、战略材料和前沿的新材料。这些关键基础理论、战略材料和前沿的新材料都属于皮革科学和工程领域，随着皮革行业升级步伐加快，这些战略材料和前沿的新材料将会成为皮革行业的先进基础材料。

1.2 皮革先进基础材料的主要种类

基于基础材料的性质、应用领域、功能等对其进行不同方式的分类。本研究基于基础材料的关键核心技术，兼顾材料生产等因素，分为以下6大类。

1.2.1 无铬鞣皮革

（1）定义

无铬鞣皮革是在鞣制过程中采用非铬盐鞣剂鞣制的皮革。通常采用除铬盐之外的其他无机盐鞣制、有机鞣剂鞣制、无机鞣剂-无机鞣剂结合鞣、有机鞣剂-有机鞣剂结合鞣取代铬鞣。

（2）主要性能指标

收缩温度≥95℃；其他物理性能指标、感官性能指标、生态性能指标符合国家标准要求的相关规定。

（3）主要应用领域

主要用于皮革服装（包括运动服装和休闲服装）产品、鞋类产品、皮具箱包产品等皮革制品领域。

（4）产业化现状

我国的无铬鞣皮革处于小批量试生产阶段，尚未进行大规模批量生产。

1.2.2 阻燃皮革

（1）定义

阻燃皮革是通过化学改性,降低被点燃能力,使其纤维在与火源接触后不燃烧，或仅以较小火焰燃烧，火源移去后，火焰能很快自行熄灭的皮革。

（2）主要性能指标

水平燃烧速度≤100mm/min；其他物理性能指标、感官性能指标、生态性能指标符合国家标准要求的相关规定。

（3）主要应用领域

主要用于消防装备、隔热防护服等特种行业，也可用于建筑内部装饰材料、大型交通工具（飞机、高速火车等）内部装饰材料、汽车坐垫材料等皮革制品领域。

（4）产业化现状

我国的阻燃皮革处于研究阶段，尚未进行批量生产，停留在试验室阶段。

1.2.3　抗菌抑菌皮革

（1）定义

抗菌抑菌皮革是一类对微生物具有抑菌和杀菌性能的新型功能性皮革材料。它是借助螯合技术、纳米技术、粉末添加技术等，在皮革生产过程中或成品革中添加抗菌剂，使皮革制品本身具有抑菌性，在一定时间内将在皮革上的细菌杀死或抑制其繁殖。

（2）主要性能指标

对大肠杆菌、金黄色葡萄球菌和白色念珠菌的抑菌率、杀菌率≥95%；其他物理性能指标、感官性能指标、生态性能指标符合国家标准要求的相关规定。

（3）主要应用领域

主要用于皮革服装（包括运动服装和休闲服装）、鞋类产品等皮革制品领域，特别是在老年、幼儿皮革服装和皮鞋方面，具有良好的抗菌抑菌性能，能够抵抗细菌在皮革服装和皮鞋上的附着，有效地降低细菌疾病交叉传播和感染的风险。

（4）产业化现状

我国的抗菌抑菌皮革处于研究阶段，尚未进行批量生产。

1.2.4　三防皮革

（1）定义

三防皮革是指通过化学改性，增加水和纤维表面之间的接触角，同时通过在表面喷涂特殊材料减小革纤维对灰尘、油污等污物的黏附力，使其具有防水、防污、防油等三防性能的皮革。

（2）主要性能指标

皮革防水性，弯曲次数≥15000次，水不渗透；防油污性≥6级；其他物理性能指标、感官性能指标、生态性能指标符合国家标准要求的相关规定。

（3）主要应用领域

主要用于皮革服装、鞋等皮革制品领域，特别是劳动防护用品、运动鞋、旅游鞋、地质鞋等皮革制品领域。

（4）产业化现状

我国的三防皮革处于研究阶段，尚未进行批量生产。

1.2.5　可洗皮革

（1）定义

耐水洗、耐干洗皮革统称可洗皮革。可洗皮革，是在一定条件下能达到一定标准要求的颜色坚牢度、尺寸稳定性和曲挠性的一类皮革，是具有良好使用卫生性和卫生易保养性的高质量皮革。除具备耐碱、耐有机溶剂洗涤的特性外，产品其他性能指标必须符合国家标准要求的相关规定。

（2）主要性能指标

色泽牢度（耐光、耐水洗）≥4 级，面积收缩率≤3%；其他物理性能指标、感官性能指标、生态性能指标符合国家标准要求的相关规定。

（3）主要应用领域

主要用于皮革服装（包括运动服装和休闲服装）、鞋和箱包类的产品等皮革制品领域。

（4）产业化现状

我国的可水洗皮革处于研究阶段，尚未进行批量生产。

1.2.6　高强度皮革

（1）定义

高强度皮革是指由皮革和高强度纤维织物（一种基于三维正交结构的新型柔性轻质防弹防刺织物）复合，制成的轻质、高强度新型皮材料；利用其超强耐撕裂和轻薄的特性，可制造高品质皮革，扩大皮革的应用领域。

（2）主要性能指标

抗拉强度≥200MPa；其他物理性能指标、感官性能指标、生态性能指标符合国家标准要求的相关规定。

（3）主要应用领域

主要用于武警、军队的防穿透皮革服装（防弹盔甲和防弹服）领域，也可用于金属加工业的安全手套、运动用品和医疗行业。

（4）产业化现状

我国的高强度皮革处于研究阶段，尚未进行批量生产。

1.3　皮革先进基础材料的内涵

皮革行业领域先进基础材料有以下特征：

①　材料的物理性能指标、感官性能指标、生态性能指标优异，物理性能（抗张强度、撕裂强度、颜色摩擦牢度）等显著提升。

②　在保证材料的物理性能、感官性能的同时，通过物理、化学方法赋予各种材料功能，比如阻燃性、抗菌性、可水洗性、防水防油防污性等功能。

③　材料的全生命周期绿色化。比如：制造过程中不给环境带来污染或是污染容易消除；在使用过程中对人体无害、对环境友好；当失去使用价值而废弃之后，可生物降解且其降解产物不会对环境产生新的污染。

④　制造过程的数字化、智能化使皮革材料的制造效率、产品的功能性品质提升，能耗、物耗显著降低。

2　皮革材料的发展现状和趋势

2.1　皮革产业总体概况及发展趋势

我国皮革行业属于资源、劳动密集型产业。我国是皮革原材料供应大国之一，同时劳动力资源极为丰富，为发展皮革业提供了强有力的原材料、劳动力支撑。丰富的自然资源和劳动力成本优势，使我国成为皮革生产大国和出口创汇大国。同时我国技术研发和品牌创建力量比较薄弱，处在皮革产业发展的基础阶段，还没有成为真正的皮革强国。

从行业规模看，皮革行业的主体行业主要包括制革、毛皮及制品、制鞋、皮革服装、皮具等，并由主体行业延伸出一些配套行业，包括皮革机械、皮革化工、皮革五金、辅料等，是我国轻工行业的支柱产业之一。从经济总量看，我国皮革行业基本平稳运行。2017 年，我国皮革行业销售收入 13673.5 亿元，同比增长 3.1%，占轻工行业比重保持在 12%；行业利润总额 851.5 亿元，同比增长 6.9%；行业出口 787.4 亿美元，同比增长 3.141%；行业顺差 689 亿美元，同比增长 2.1%，占我国贸易总顺差的 16.3%。从国内市场规模看，我国是最大的皮革消费品市场。

皮革产业面临一些新的挑战：贸易保护主义抬头、逆全球化趋势加剧，对皮革行业拓展国际市场带来不利影响；国际竞争加剧，越南、印度等国家低成本优势明显，对我国皮革产品出口构成威胁；环保压力增加，国家环保法规日趋完善，环保监管执法十分严格，对皮革行业环保设施和环保投入提出了更高的要求。面对新形势、新情况，需要准确把握趋势，主动开拓进取，努力实现皮革行业持续健康发展。

在"八五"和"九五"期间，皮革材料生产技术进入了一个飞跃时期，皮革材料的产能大幅度增加，带来了相当程度的环境影响。"十五""十一五"和"十二五"期间，为了支持我国皮革工业的持续发展、提高我国皮革产品的国际竞争力，皮革行业开发先进、清洁工艺、皮革化工材料等技术，取得了一批可以产业化的创新性研究成果，先进、清洁工艺技术在产业化得到了应用。为促进我国皮革工业的可持续发展，实现清洁化制革生产和提高皮革产品质量，推动我国由皮革工业大国向皮革工业强国转变，将先进皮革材料作为基本材料，并作为一种重要的工程材料，列入各国家战略产业发展规划，逐步减少、退出常规皮革产品，转向符合国家战略需求、受环境约束小的新型高能、功能性皮革材料的研发和生产，在皮革产品上呈现新的特点。

皮革作为一种天然高分子材料，具有独特的结构特征。由于其无可比拟的真皮优势，比普通的合成革或人造革更具人体亲和性，而深受消费者喜爱。但与此同时，皮革的安全问题也越来越引起消费者和生产厂家的重视。

皮革产业发展趋势如下。

（1）生态皮革

"生态皮革"应该符合下列条件：在生产制造过程中不给环境带来污染或是污染容易消除；将其加工成革制品的过程无害；所制造的革制品在使用过程中对人体无害、对环境友好；当革制品失去使用价值而废弃之后，可生物降解且其降解产物不会对环境产生新的污染。

皮革的生态制造是指在制革加工的整个过程中，对环境不会产生危害。在制革加工过程中所产生的副产物和固体废弃物能够得到经济、合理和有效的再生利用，没有"二次污染"；在制革加工的整个过程中，所使用的化学品是环境友好的。与传统的制革工艺相比，皮革的生态制造有着革命性的进步，它从根本上变革传统制革的工艺模式和生产方式，从而解决制革的污染问题，使制革工业由污染行业转变成无公害行业。

欧盟委员会有关"生态革"的评估标准是：限制重金属的使用，某些品种的皮革（如鞋用革）完全禁止含有六价铬、砷、镉和铅等；游离的和可水解的甲醛含量不得超过 150mg/kg；制革污水在排放前，COD 除去率必须达到 85%以上，制革废水中铬的含量应降低到 2mg/L；禁止使用五氯苯酚（PCP）和四氯苯酚（TeCP）及其盐类和酯类；短链氯化石蜡的浓度超过 1%的加脂材料不能使用；所采用的染料不能含有被禁止的偶氮成分；皮革涂饰过程中，挥发性有机化合物（VOC）散发量低于 140g/m³。

皮革产品生态制造的考核指标体系应由感官性能指标体系（手感柔软、丰满，弹性）、物理化学性能指标体系（抗张强度、伸长率、撕裂强度、颜色摩擦牢度及pH 值等）、生态性能指标体系（六价铬、重金属、甲醛含量、五氯苯酚、禁用的偶氮染料等）以及废水排放指标体系（COD_{Cr}、BOD_5、S^{2-}、SS、总铬、氨氮、pH 值以及色度稀释倍数等）四大指标体系构成。

要满足生态皮革的指标要求，就必须优选使用相关的皮革化学品，皮革生产中不能使用防霉剂五氯苯酚（PCP），必须选用高效低毒的新型防霉杀菌剂。对于公认毒性大的 Cr(Ⅵ)，是由毒性较小的 Cr(Ⅲ)，在某些处理条件下转变而生成的，Cr(Ⅲ)的使用具有潜在的危险性，因此不使用 Cr 鞣剂而进行无 Cr 鞣制的方案。采用清洁化制革工艺，从源头消除污染，使得整个生产过程环境友好，兼顾到经济、社会与环境三个方面，需要全社会各个方面的共同协调与配合。

（2）皮革的功能性

皮革产品种类不断增多、质量稳步提高，皮革及其制品凭借独到的性能，应用领域已拓展到民用和军用等诸多领域。国内外皮革正在向功能化高端市场发展，尤其在服饰、家具、汽车方面的情况更是如此。功能性皮革通常是指超出常规皮革保暖、遮盖和美化功能之外的具有其他特殊功能的产品，常见的功能有抗菌、防霉、防臭、防水、防油、防污、阻燃等。

① 阻燃性皮革。

皮革产品作为一种特殊的生活用品，无论被应用于哪些领域，都要求具备一定的阻燃性能，以符合使用要求。

皮革本身是一种易燃物质，加之皮革在生产过程中经过不同的物理、机械、化学等作用，均可能使皮革材料的燃烧性能提高。运用不同种类的阻燃材料处理皮革、优化皮革生产工艺，可赋予皮革新的阻燃功能。

目前，提高皮革阻燃性能的关键技术是实施阻燃剂处理。在皮革的燃烧过程中，阻燃剂在高温下会发生吸热脱水、相变、分解以及其他吸热作用，而在皮革表面熔融形成一层隔离层，分解释放氮气、二氧化碳、氨气等不燃性气体，以通过降低皮革表面及燃烧区的温度、使可燃物与空气隔绝、阻止热传递、稀释材料中可燃性物质的浓度等，达到抑制火焰传播、控制皮革燃烧反应等目的。这种皮革可广泛用于特殊功能皮制品，如劳保服、森林防火服装、消防服装等的生产。

② 抗菌、防霉、防臭类皮革。

制革生产中使用的原料皮富含蛋白质、脂肪等营养物质，虽然经加工成成品革后，对微生物的抵抗力有所增加，但在保存过程中，仍然会遭受微生物的侵入，除发生霉变、产生臭味外，还会导致一系列细菌、病毒感染，疾病传播等健康疾患的产生，影响人类的健康。

皮革及其制品与公用设施等一样，在使用过程中需要对其赋予一定的抗菌、防霉、防臭性，以抑制各种细菌、真菌及病毒的生长，阻断疾病的传播。从目前的状况来看，皮革的防霉研究较多，对于防霉以外的抗菌、除臭方面的研究相对较少。为了达到除防霉菌以外的抗菌目的，最有效的防护措施主要集中在皮革的湿态染整过程中。施加一定的灭菌剂、防菌剂，通过使抗菌材料在革内结合和填充，达到抗菌抑菌目的。

③ 防水、防油、防污类皮革。

随着社会的发展，消费者对皮革及其制品的舒适性、实用性、流行性等性能要求将越来越高。由于皮革及其制品不能经常洗涤，它们的防油、防污性能显得尤为重要。具有防水性能的皮革非常舒适且实用，具有防油、防污性能的皮革有助于使用，适应时尚、实用的要求。由于这些因素，生产的相当大比例的皮革，必须具有防水、防油及防污（又称"三防"）性能。

皮革防水、防油及防污处理的作用有 3 种：经皮化材料的处理后，皮革纤维间的空隙被堵塞，使水、油脂或污渍等难以渗透进皮革材料内部，达到"三防"的目的；经处理剂处理后，皮革表面的临界表面张力被大大降低，使水、油脂或污渍等不易附着于皮革纤维的表面而达到"三防"的目的；经处理剂处理后，在皮革的表面形成一层致密的保护层，阻止水、油脂或污渍等向皮层渗透，达到"三防"的目的。

皮革及其制品处理后，在保持原有天然质地的同时，又能达到"三防"效果的处理剂，主要有氟系和双疏型整理剂两种。经过整理剂的后加工处理，皮革的表面可以形成拒油防水界面，使得水、油脂和污渍等很难浸润和粘污，很好地改善了皮革的使用性能。基于环保方面的考虑，氟系产品将逐步淘汰。

④ 可洗类皮革。

传统皮革服装的皮革丰满、柔软、弹性好、强度高、耐穿用，多年来一直深受广大消费者的欢迎。由于皮革服装不耐水洗，消费者不能像对待纺织服装那样随时清洗，因此越来越多的消费者远离了皮革服装；另一个主要原因是皮革服装面料色彩暗淡、风格单一、缺乏动感，难以进行时装化设计，使得皮革服装款式陈旧，与现代都市生活中的服装格调相差甚远。

耐水洗皮革卫生性、易保养性良好，可与棉麻化纤等多种织物配用，扩大了使用范围。可洗皮革对提高猪反绒、猪二层绒面、牛二层绒面、残次山羊绒面革的质量档次有重要作用，且经济附加值较高。可洗皮革是具有良好使用卫生性和易保养性的高质量皮革。生产可洗皮革多采用蓝湿革工艺，即先铬鞣制得蓝湿革，蓝湿革片皮后经不同复鞣剂复鞣而制得包括可洗皮革产品在内的系列皮革产品。

另外，功能性皮革会促进皮革制造业的发展，开拓出皮革的应用领域。可以预见，为了顺应高端市场的需求，满足功能性与时尚性相结合的要求，应对时尚化、个性化及特殊人群（如孕妇、护士、病人等）的使用需要，功能性皮革的涵盖范围将进一步扩大，除包含上述概念外，还将包括消音阻尼减振、磁性、雷达隐身、热致变色和电致变色、形状记忆、荧光显色及呼吸等功能。功能性皮革与生态皮革、特殊效应皮革和特种皮革，是未来皮革工业的发展趋势。

2.2　先进皮革材料的发展现状

（1）无铬鞣皮革

从1858年铬鞣问世以来，没有任何一种鞣剂能在成品革的综合性能方面与其相比，百年来长盛不衰。据统计制革90%以上使用铬鞣剂，原因是使用其他鞣剂鞣制的成品革，在感官及理化性能多项指标上均不如铬鞣。用铬鞣方法鞣制获得的皮革耐湿热稳定性高，耐挠曲性、耐水洗性强，手感柔软而有弹性等，具有其他鞣法的皮革无法比拟的优良性能。在皮革产品的生产中,铬鞣法几乎具有不可替代的优势。

但是，我国制革行业每年排放废水 7000 万 t，其中铬段废水约占 8%。该段废水中含有高浓度的有机杂质，尽管三价铬的毒性以及在自然界的稳定性还有争议，仍被各国环保部门列为对环境有较大污染的金属离子之一。传统铬鞣法铬的吸收和固定率较低（一般仅为 60%～80%），废水总排放出口中的 Cr 往往高于各国工业废水排放标准中所规定的最高限量。

国内外关于无铬鞣皮革的研究重点如下：

国外在 20 世纪 40 年代起开始研究几种鞣剂结合使用，使鞣剂之间或与胶原产生相互作用，直到 80 年代无铬鞣的皮革才成功产业化，主要集中在植-铝结合鞣法生产皮革，产品多用于鞋面革、带革、箱包革等皮革制品。同期，Clariant 公司研究用 THP 盐鞣剂生产白色革，成品革具有白色的外观，均匀且清晰，对产品的风格无任何影响，制成品可以多样化。我国对这两种无铬鞣技术的研究从 20 世纪 90 年代开始，也取得了很好的效果,目前已经批量生产,生产产量不到全国皮革产量的 2%。

无铬鞣法一般可分为以下几种情况：用其他无机盐代替铬盐鞣制；无机-无机结合鞣取代铬鞣；有机-无机结合鞣取代铬鞣；有机-有机结合鞣取代铬鞣。

戊二醛鞣剂、植物鞣剂、合成鞣剂等被视为无铬鞣剂的代表，可在皮革厂实施规模化生产。用这些单一鞣剂鞣制的皮革，除某些性能可以和铬鞣皮革相比之外，最大的不足就是皮革收缩温度 T_s 低、丰满弹性较差、后续的可加工性不良。几种鞣剂结合使用，可使鞣剂之间或与胶原产生相互作用，凭借鞣剂间产生的"协同效应"，T_s 大大提高，后续工序的可加工性提高。对现代结合鞣的鞣剂鞣法认识不足、工艺流程不成熟、无专门匹配化料的生产及设备操作条件等因素的限制，给无铬鞣制工艺的快速发展形成了障碍。

无铬盐鞣剂材料的瓶颈就是如何提高 T_s、皮革的各项性能指标。为了使 T_s 达到后续加工性的要求，对各种鞣剂的缺陷进行了互补，其中最具代表性的结合鞣为植-铝盐结合鞣法、植-醛结合鞣法及树脂-合成鞣剂鞣法。

在环保日益受到重视的今天，清洁化的生产已成为皮革业可持续发展的关键，其中开发无铬鞣工艺及材料成为当前研究的热点。根据现代鞣制方法的要求，进行无铬鞣研究,一般应综合考虑以下几个方面:成品革某些性能要达到或接近铬鞣革；符合环保要求，不引入新的有毒、有害物质；适用于各种不同类型革的生产；制革工艺同铬鞣工艺相比，变化不应太大，不能太复杂，应易于工业化推广；经济上具有可行性。

（2）阻燃皮革

皮革中的胶原纤维是以编织方式存在的，这些编织及由编织而形成的空隙，为空气的进入和流通创造了必备的空间条件，使得皮革具有了一定的燃烧性能。皮革在生产过程中经过的不同物理、机械、化学等作用，均会对皮革的燃烧性能产生不同程度的影响。制革过程中的浸水、浸灰、软化过程对皮革中纤维间质的去除，脱毛、脱灰在一定程度上对胶原纤维的适当松散，以及皮革在生产过程中所经过的不同种类材料如鞣剂、复鞣剂、加脂剂和涂饰剂等的处理，均可使皮革的可燃性提高。因此，未经阻燃处理的皮革具有一定的可燃性。

阻燃皮革通常是指皮革要有尽可能低的火焰蔓延速率和热释放速率；同时，要求皮革燃烧时不存在熔滴现象、生烟量小、烟气毒性低，具备一定的自熄作用。阻燃性皮革的概念也在无形中有了越来越多的内容和要求。

国内外关于阻燃皮革的研究重点如下：

国外对于皮革阻燃性的研究始于 20 世纪 50 年代，已制定了一系列的测定方法和标准。美国皮革化学家协会在 1950 年制定了一项类似于垂直燃烧测试的 ALCA method E50 检测方法。目前，国内虽然对阻燃性皮革有了一定的研究，但能用于大规模生产的技术很少，尤其是对于无毒、高效、无腐蚀、持久性好、多功能化的阻燃性皮革研究几乎空白。随着国家强制性消防法规的执行力度不断加强和人们的防火意识不断提高，皮革阻燃技术的研究和开发势必得到快速的发展。

迄今为止，提高皮革阻燃性能的关键技术，主要是对阻燃性皮革的生产工艺进行优化或对皮革实施阻燃剂处理。目前，解决办法是进行不同化工材料对皮革燃烧性能的影响机理研究，为选择符合阻燃皮革技术要求的化学品奠定基础。考虑到皮革的主要成分为胶原蛋白，通常情况下，胶原蛋白达到一定温度后会呈熔融状态，发生裂解。该过程不仅会释放出热量，还会释放出大量高能自由基、可燃性气体和有害气体等。因此利用阻燃剂对皮革进行阻燃处理显得尤为重要，可通过阻燃剂的吸热作用、覆盖作用、气体稀释作用等达到阻燃的效果；通过把卤素等阻燃性基团引入到胶原的大分子链中，降低裂解释放出的可燃性气体的燃烧热，提高着火点，改变胶原大分子链的热裂解反应历程，起到抑制皮革燃烧的目的。

阻燃剂发展至今，种类繁多，按所含阻燃元素的种类可分为卤系、磷系、氮系、硼系、锑系、镁系、钼系等。根据皮革燃烧时所呈现出的燃烧特点，皮革用阻燃剂多集中在硼、磷、氮系等阻燃产品中。

阻燃性皮革已成为皮革研究和开发的方向之一。国内在此方面的研究与国外还存在着一定的差距，需要在阻燃性皮革和新型阻燃材料的研发上努力。阻燃皮革的研究重点：将微胶囊化技术、超细化纳米技术、大分子技术、表面处理技术等运用到阻燃剂制备与复配中，通过多种途径赋予皮革良好的阻燃性能；开发无卤、低毒、低烟的环保型阻燃剂，保证阻燃剂在生产、应用过程中及革制品在使用过程中的安全；针对有"阻燃"作用的皮化材料，在保证皮化材料原有性能的同时，赋予传统皮化材料阻燃性，实现原有性能与阻燃性的统一。特别是开发与皮革具有结合能力的长效阻燃剂，防止阻燃剂的迁移和渗出，赋予皮革持久阻燃性能。同时，建立和完善阻燃皮革的检测方法与标准，避免相关监管部门和厂家难以对皮革阻燃性能进行评价的现象出现，促进阻燃皮革走向市场。

（3）抗菌抑菌皮革

皮革制品作为人们经常使用的产品，应该像纤维制品一样，被赋予一定的抗菌功能，满足人们生活所需。抗菌皮革是一类具有抑菌和杀菌性能的新型功能性皮革材料，在皮革生产过程中或成品革中添加抗菌剂，使皮革制品本身具有抑菌性，在一定时间内将粘在皮革上的细菌杀死或抑制其繁殖。以何种方式把抗菌基团引入皮革中、赋予皮革抗菌性是非常重要的，抗菌基团的引入方式会对制品的抗菌效果产生很大的影响。

抗菌抑菌皮革是近十年开始研究的，我国在抗菌产品的开发和研究方面较国外稍晚，但也基本同步。随着抗菌技术在皮革行业的日益成熟，新型抗菌皮革的不断研制，人们对绿色产品的需求不断提高。抗菌皮革普遍抗菌持久性差，要加强抗菌性皮革的耐洗涤性，还要解决抗菌整理剂的复配和亲水性等问题。目前，国内对抗菌抑菌皮革只是应用在鞋里，能用于大规模生产的技术很少。

国内外关于抗菌抑菌皮革的研究重点如下：

传统的制革工艺中，没有专门的抗菌处理工序。要使皮革产品具有抗菌性能，一般是在生产过程中不改变传统工艺条件的基础上选择合适的抗菌材料，并使之与皮革发生作用，或是直接将抗菌剂喷涂在成品革上赋予其抗菌性。

在制革湿加工阶段：抗菌剂用于制革的湿加工阶段，与皮纤维发生化学结合，赋予皮革一定的抗菌性能。采用鞣酸、两性丙烯酸树脂复鞣剂、纳米氧化锌结合其他合成鞣剂，用于皮革的不同工序，成品革具有优良的抗菌效果，使用并不会影响成品革的物理性能。特别是两性丙烯酸树脂复鞣剂对革兰氏阳性菌和革兰氏阴性菌均有较好的抗菌性，用于皮革生产可以显著提高复鞣革的抗菌能力。

在涂饰阶段：更多抗菌型皮革的制备主要是将抗菌剂添加到涂饰剂中，与涂饰剂共混制成具有抗菌作用的复合膜，赋予皮革抗菌性能。将纳米 TiO_2、纳米气相 SiO_2 加入聚氨酯、丙烯酸树脂乳液中，进行皮革涂饰，皮革产品具有抗菌和杀菌效果；在底层采用常规的底层涂饰，中层使用纳米银和有机抗菌剂赋予其抗霉菌性，顶层使用常规涂饰，成品革具有良好的抗霉菌性，耐折牢度和耐干湿擦性没有受到明显负面影响，其他涂层物理性能（耐干湿擦性）没有影响。

另外，可以普通银离子或无机纳米银系为主要抗菌剂直接用在鞋产品中。主要实施方法是通过使用助剂使抗菌剂均匀分散于胶黏剂中，然后通过浸轧、喷涂等方式将其与鞋材结合，最后烘干定型，从而赋予鞋材抗菌性能，但其抗菌持久性能较差。

欲赋予皮革持久、高效的抗菌性能，生产出抗菌性能优良的皮革或皮革制品，还需要从皮革制造工艺入手，用化学改性的方法将抗菌基团引入皮革中，这样可以消除物理引入法的缺点。另外，考虑到皮革的多孔性和多官能团特性，可以其他制革材料为载体，在染整的过程中使用，将抗菌材料结合和填充在革中，使抗菌剂与皮革纤维产生牢固结合或产生深度吸附结合，使得抗菌剂在露出纤维表面或少量溶出时起到抗菌作用；而当皮革纤维表面抗菌剂减少时，内部的抗菌剂向外部扩散使之得以补充，进而使皮革纤维的抗菌耐久性得到保障。

（4）三防皮革

人们对皮革服装的穿着性能有着新要求，要求皮革服装更加接近于布料服装，耐水洗、耐干洗、防水、防油污。对于三防皮革的要求：抗水性——在皮革表面水不可能扩散而只能形成水珠；透水汽性——具有较好的透水汽性；水蒸气吸收能力——可吸收达 15%～20%的水分，同时又放出，穿着者不会感觉潮湿；防油污性——减少皮革纤维对灰尘等污物的黏附力。

国内外关于三防皮革的研究重点如下：

国外三防皮革是在 20 世纪 90 年代研究成功的，以美国的 3M 公司、德国的 Hoeshst 公司为代表；国内在 21 世纪初开始研究，随着三防材料的日益成熟，新型三防皮革不断研制，但是在氟含量和氟单体纯度方面的问题，成为制约我国含氟丙烯酸酯聚合物研究与开发的瓶颈。随着氟含量和氟单体纯度的不断提高，皮革三防材料的研究和开发势必得到快速的发展。

由于三防材料的专属性，三防皮革的重点在皮革制作的中后期——复鞣、中和、染色、加脂、干整、涂饰工序。

复鞣：它是对削匀后的初鞣革补充鞣制，有利于鞣剂、染料、加脂剂等材料的结合固定。戊二醛是耐水洗、耐干洗鞣剂，可使皮革的柔软度、颜色的鲜艳度都有提高。一般采用铬粉和戊二醛的搭配，应用它们和皮革纤维结合点不同的原理，形成稳定的网格结构，进一步提高皮革的三防、耐水洗性。

中和：它决定着皮革化料的渗透结合、皮革的软硬丰满性等，对于三防耐洗革非常重要。要求中和必须均匀并彻底渗透，保证高柔软度，材料均匀渗透吸收，具有良好的三防性及耐水洗性。

染色：它对三防皮革的要求为，颜色有较高的耐干湿擦坚牢度；与皮革纤维的结合牢度高，耐水洗、耐干洗；颜色饱满鲜艳。

加脂：加脂对三防耐水洗皮革的柔软丰满度起着决定性作用。考虑到三防等要求，单独用一类的材料都难以达到要求，必须进行普通加脂剂与防水三防材料的合理搭配。

另外，含氟整理剂由于其优异的憎水憎油特性及高化学稳定性等特点，可以广泛应用于织物、皮革、涂料等领域作为整理剂，但它耐低温性差、价格昂贵、与其他溶剂相容性差。有机硅具有优异的耐高低温性、抗静电、抗菌耐霉等特性，但它耐油性及耐化学介质性差。将二者复合所得的新型材料将兼具二者性能，这使得氟硅整理剂将成为新的研究热点。

（5）可洗皮革

可洗皮革是在 20 世纪 90 年代研究成功的，以德国的 Schill & Seilancher 公司、日本的伊藤忠时装公司和旭化学工业公司为代表；同期随着大批皮革化学品销售公司涌入国内市场，我国也开始了研究。

可洗皮革产品多数是猪反绒、猪二层、山羊正绒、山羊反绒服装革，有少数绵羊双面绒服装革和黄牛正面服装革及白色黄牛鞋面革。

国内外关于可洗皮革的研究重点如下：

可洗皮革研究与生产的重点工段在蓝湿革后，工艺路线随选配皮革化学品组成、性能和产品功能性要求的不同而有所不同。一般采用的工艺路线为：蓝湿革、复鞣、染色、加油、复鞣、固定。此工艺技术路线的确定重在提高耐水洗革的颜色坚牢度和洗后面积稳定性。

可洗皮革尺寸稳定性与色牢度的技术：可洗皮革的水洗尺寸稳定性与蛋白质纤维分散程度、鞣剂和鞣制方法、加脂剂和加脂方法及工艺参数密切相关。强调柔软而在准备工段进行强处理，使用强防水性聚合物鞣剂与加脂剂，为获取得革率采用强摔与多次绷板的整饰措施等，难以保证可洗皮革的水洗尺寸稳定性。提高可洗皮革的尺寸稳定性应以化学处理为主，大分子网络交联技术必须贯穿工艺的全过程。如铬-醛结合鞣、适量防水性加脂剂与结合型加脂剂配伍加脂、多工序鞣制加油、染色加油后用多种阳离子整理助剂处理、成革适度摔软而不绷板，都是提高耐水洗革尺寸稳定性的重要技术。

可洗皮革水洗颜色牢度的高低取决于染料的分子结构及染料与蛋白质纤维的结合方式，也受加脂剂结合牢度和工艺条件的影响。应筛选各类染料，确定适合的染料。加脂剂的结合牢度是影响染料结合牢度的重要因素，可洗皮革水洗过程中油脂的迁移或被皂化，都易导致褪色，因此选用的加脂剂应是结合型的。加强染色后整理是提高颜色牢度不可忽视的技术措施，使用阳离子皮革化学品或阳离子纺织化学品都有一定的效果，只有经阳离子化学品整理后的可洗皮革，其颜色牢度才能经得起 ISO 标准中耐皂化、氧化洗涤的要求。

①复鞣可提高皮革的内在质量与使用性能，且可提高可洗皮革尺寸稳定性和柔软手感。不同的复鞣剂其功能和与之配套的工艺技术有所不同。②加脂是赋予皮革柔软手感的主要技术措施。加脂剂应具有良好的渗透性、均匀分布性和牢固结合性，否则成品革在洗后因吐油易导致手感变硬、缩尺、绒面革倒绒且丝光暗淡等。用于可洗皮革的加脂剂，其结合性是最重要的性能之一。③染色能使皮革呈现各种亮丽色彩，增加花色品种，扩大用途。可洗皮革的染色，花色要齐全，以满足客户

需求。颜色坚牢度需达到 4～5 级，并应耐碱、耐溶剂洗涤。适于可洗皮革染色用的染料有直接染料与酸性染料、硫化染料、活性染料、1:1 型金属络合染料、磷酸型染料等，用不同类型的单一染料染色和相互配伍染色的方法，基本能满足客户对可洗皮革花色品种的需要。在可洗皮革生产中，可通过添加阳离子染色助剂、阳离子鞣剂等加强对未固着染料的洗除，这对提高耐水洗革的颜色坚牢度具有显著的作用。④涂饰能增强皮革的物理机械性能，扩大使用范围，提高成品革的外观质量。需经涂饰的耐水洗革产品以山羊和绵羊正面服装革、手套革、黄牛鞋面革最为常见。皮革的涂层要具有较高的牢度、适当的延伸率、柔和的光泽、柔软的手感和平整细致的粒面，这与涂饰用黏结剂、着色剂、手感剂、光亮剂及助剂等有密切关系。

(6) 高强度皮革

国外，高强度皮革是近几年开始研究的，以 Ecco 制革集团联手帝斯曼迪尼玛公司 (DSM Dyneema) 为代表；同期中国皮革制鞋研究院有限公司也在研究，目前正形成试验样品，效果良好。

高强度皮革是一种高档、奢华、新型皮革材料，它具有超轻和极高强度的特性。高强度皮革具有极好的耐久性、耐潮湿性、耐紫外光性和耐化学品性，用途比较广泛。

国内外关于高强度皮革的研究重点如下：

皮革具有耐湿热稳定性高，耐挠曲性、耐水洗性强，手感柔软而有弹性等特点，聚乙烯纤维结构具有良好的成形性、极好的能量吸收性和抗冲击疲劳性能等特点，使两者有机结合并在复合后经过皮革鞣制、染色、加脂、涂饰等加工处理，可制得独特高品质超强耐撕和轻薄纤维的高强度皮革。

近年来，超高分子量聚乙烯纤维和芳纶纤维被广泛应用于制备防护服产品，其中织物组织结构为了适应不同的防护要求，从传统的机织物、针织物、无纬单向布 (UD)、无纺织物发展到近年来开发的针织经编多轴向、双轴向织物以及纬编轴向织物等，品种众多、形式多样。织物的结构不同，其力学性能、成形性能以及防护性能也不同，可以根据防护要求选择不同结构的织物形式。由于针织结构具有良好的成形性、极好的能量吸收性和抗冲击疲劳性能，其在产业用纺织品尤其是人体防护装甲材料中越来越受到重视。

美国 JHRGLIC 公司发明了一种抗剪切、抗穿刺的层压织物(美国专利 6280546)。该织物采用热塑性薄膜与含 25%以上的高性能纤维 (如超高分子量聚乙烯纤维等)织物在一定张力下黏合制成。外层的织物和内层的薄膜紧紧卷绕在直径 50～150mm 的纸管上，在 115～137℃下加热 8～18h，以充分加热软化薄膜，这时织物收缩就产生了层压压力，可获得柔韧性、抗切割、抗穿刺的层压织物，而且该织物不透空气和液体。杜邦公司开发了一种柔性防刺复合材料，该材料用多层织物制成，其中至少有一层用 PBO (聚对苯撑苯并二噁唑) 纤维或 PBT (聚对苯二甲酸丁二醇酯) 纤维织成的织物和另一层用另一种聚合物织成的纤维网。各种纤维最佳线密度为 0.5～3.5dtex，纱线最佳线密度为 220～1700dtex，层与层之间用缝合的方式连接。在世界专利号 WO 97/49849 中，杜邦公司提供了一种高密度的机织芳纶织物。该织物能防护尖锐物体如锥子等的刺伤，使用的芳纶丝细度低于 500dtex，纱线强韧性高于 30J/g，纱线中纤维细度低于 1.67dtex。

另外，杜邦开发了一种交织结构的防刺织物（美国专利 6323145），强力最小为 706mN/tex（8 克力/旦），弹性模量最小为 13.2N/tex（150 克力/旦），断裂能高于 10J/g。该织物参与编织的基本单元是由许多纱线形成的纱线束，在间隔一定距离的交织点，上面的纱线束与下面的纱线束固定在一起，使结构紧固。

2.3 先进皮革材料的需求分析

本节对 2035 年我国先进皮革材料面临的需求和发展形势进行前瞻性分析判断。围绕精品制造，重点突出支撑保障、创新引领、绿色发展三大要素。

（1）无铬鞣皮革

在环保日益受到重视的今天，清洁化的生产已成为皮革业可持续发展的关键。铬鞣法是皮革工业中最成熟、产品质量最可靠、成本最低的鞣革方法，在生产中铬鞣革一直占据主导地位。但它也存在许多缺点，如在铬鞣法制革的企业中，铬的利用率约为 70%～80%，剩余的进入铬鞣废液，对废液必须进行回收利用；铬鞣工艺生产的服装革，无论是使用时的安全性，还是制品废弃后产生的污染，都已成为亟待解决的问题；地球上铬资源短缺，分布极为不均，严重制约着制革业的发展。

从材料的全生命周期绿色化来看，无铬鞣制造过程不给环境带来污染或是污染容易消除，在使用过程中对人体无害、对环境友好，当失去使用价值而废弃之后，可生物降解且其降解产物不会对环境产生新的污染，符合环境与经济持续协调发展要求。

在高档轿车中已经采用无铬鞣汽车座套革，其性能要求与铬鞣革性能基本相同。家用沙发、箱包也开始采用无铬鞣皮革。虽然目前无铬鞣皮革在整个皮革行业中所占的比例不到 5%，但随着人们环境意识的增加、企业技术的进步，到 2025 年所占的比例会提高到 30%，到 2035 年所占的比例会提高到 80%，市场前景广阔。

（2）阻燃皮革

对于皮革，人们已从保暖御寒、美化生活的要求发展到满足劳动保护、防火安全的特种需要。皮革具有卓越的透气和透水汽、绝热、耐老化、耐汗、耐磨及防穿刺综合性能，十分适用于森林防火装备、高层建筑内装潢、飞机（汽车）内装饰及家具的制造。采用美观、装饰效果好、耐用且具有防火、阻燃效果的皮革作为装饰材料，可减少火灾现场着火源和可燃物。为了保障生命和财产安全，世界各国都在有关法令、规章中对某些场所，如建筑、大型交通工具（飞机、火车等）内部装饰材料的防火要求有所规定；某些商品，如消防装备、隔热防护服、汽车坐垫的制造商对自身产品的阻燃要求更为严格。在这些领域使用的皮革，在达到一般皮革所具有的手感、物理机械性能及挥发雾化指标的同时，需要对皮革进行阻燃处理，才能符合客户的要求及政府有关法规的标准。虽然目前阻燃皮革还没有大规模生产，但随着人们劳动保护、防火安全意识的增加，企业技术的进步，到 2025 年所占的比例会提高到 5%，到 2035 年所占的比例会提高到 20%。

（3）抗菌抑菌皮革

随着皮革及其制品的快速发展，皮鞋、皮衣、皮包等几乎已成每个人都要穿着和使用的生活用品。皮革生产中使用的原料皮含蛋白质、脂肪等营养物质，即使经加工形成成品革后对微生物的抵抗力有所增加，在保存过程中仍然会遭受微生物的侵入，除发生霉变、产生臭味外，还会导致一系列细菌、病毒感染，以及疾病传播等健康隐患的产生，影响人们的健康；皮革及其制品在穿用过程中，尤其是穿着者在运动后，由于汗液分泌量剧增，细菌高速繁殖和大量分解汗液中的有机物而产生恶臭，直接影响人们的身心健康。因此，皮革制品在使用过程中需要对其赋予一定的抗菌、防霉、防臭性，以抑制各种细菌、真菌及病毒的生长，阻断疾病的传播。

虽然目前抗菌抑菌皮革还没有大规模生产，但随着人们需求要求、生活水平的提高，企业技术的进步，到 2025 年所占的比例会提高到 5%，到 2035 年所占的比例会提高到 15%。

（4）三防皮革

随着社会的发展，人们对时尚、生活用皮革的需求越来越大，消费者对皮革及其制品的舒适性、实用性、流行性等性能要求将越来越高。另外，由于皮革及其制品不能经常洗涤，它们的防油、防污性能显得尤为重要。同时，具有防水性能的皮革舒适且实用；具有防油、防污性能的皮革适应时尚、实用的要求。

防水、防油、防污皮革的市场需求正在逐渐增大，我国仅有很少一部分企业可以小批量生产三防皮革，使用的三防材料大都来自国外，国产材料质量相对较低。随着人们消费水平的不断提高，防水皮革的市场会越来越大，到 2025 年所占的比例会提高到 5%，到 2035 年所占的比例会提高到 15%。

（5）可洗皮革

可洗皮革主要用于皮革服装、鞋包等皮革制品。可洗皮革卫生性、易保养性良好，可与棉麻化纤等多种织物配用，使用范围大。可洗皮革对提高反绒、二层绒面、磨砂革的质量档次有重要作用，且经济附加值较高。绿色生态、功能性、高技术含量的皮革产品在国际市场的需求量日趋增多，可洗皮革的市场前景是很好的。

我国仅有很少一部分企业可以小批量生产可洗皮革，使用的原材料大都来自国外，国产原材料质量相对较低。随着人们消费水平的不断提高，可洗皮革的市场会越来越大，到 2025 年所占的比例会提高到 5%，到 2035 年所占的比例会提高到 15%。

（6）高强度皮革

目前，国内外软质防弹衣的防刺性能不理想，防刺产品大多不具备防弹性能。一件满足 GA 141—2010《警用防弹衣》的 2 级防弹衣质量大于 2.1kg（防护面积 0.25m²），厚约 20mm；一件满足 GA 68—2019《警用防刺服》的防刺服质量大于 3kg（防护面积 0.3m²），厚约 20mm。两件合起来，质量超过 5.1kg，厚度接近 40mm，若简单将现有防弹衣与防刺服叠加穿着，必将给穿着者的行动带来极大不便，机动灵活性受限。因此，对高强度皮革制作的兼具防弹、防刺、轻便、舒适性能的防护服的需求越来越大，要求越来越高。

我国对高强度皮革的研究基本上与国外同步。经过一段时间的研究和应用，到 2025 年所占的比例会提高到 5%，到 2035 年所占的比例会提高到 10%。

2.4 先进皮革材料发展需解决的问题

本节结合现状和需求分析，找出差距和短板，尤其关注核心瓶颈问题。围绕精品制造，重点突出支撑保障、创新引领、绿色发展三大要素。

我国先进皮革材料存在一些急需解决的突出问题，主要表现在：

① 皮革产品的绿色化、功能化、高品质化有待提高。

② 具有高性能、功能化的新型皮革材料的应用技术缺乏深入研究，特别是缺乏标准和技术规范，现有标准都是普通产品的老标准。

③ 少有具有巨大创新和颠覆性的技术应用到皮革材料中。

（1）无铬鞣皮革

由于对铬（Ⅵ）的致癌性认知，加上环保条款的发布以及铬矿资源短缺的种种情况，制革工业产品开始向无铬市场倾斜。在无铬鞣过程中，采取几种鞣剂的结合使用，可使鞣剂之间或与胶原产生相互作用，凭借鞣剂间产生的"协同效应"提高皮革的产品质量。

我国无铬鞣皮革处于快速发展期，无铬鞣的白皮革发展势头很快，但也面临一些迫切需要解决的问题。在无铬鞣皮革产业化技术的开发过程中面临以下需要解决的问题：①无铬鞣皮革最大的不足是皮革收缩温度 T_s 低，丰满弹性较差，后续可加工性不良；②无铬鞣皮革的粒面平滑性较铬鞣革差；③在结合鞣制过程中，鞣革废水中的单宁类物质具有杀菌作用导致废水不易被生物降解，植鞣革紧实，可塑性强；④对结合鞣的鞣剂鞣法认识不足、工艺的流程不成熟、无专门匹配化料生产及设备操作条件等因素的限制，对无铬鞣制工艺的快速发展形成了障碍，制约了无铬鞣皮革快速产业化。同时，无铬鞣皮革目前缺乏完善的性能评价与品质检测方法及标准体系，缺少有效的规范和指导。

制约无铬鞣皮革产业发展的另一重要原因是企业缺乏环境保护的紧迫感。随着新的环境保护法实施，企业会进行工艺革新，淘汰落后的技术。

（2）阻燃皮革

我国阻燃皮革总体上处于快速发展的前期。当前，阻燃皮革面临一些迫切需要解决的问题。

在阻燃皮革产业化技术的开发过程中，缺乏上游高品质功能材料的研制，制约了阻燃皮革的产业化；同时，对阻燃皮革的工艺板块缺乏系统研究。

目前，在阻燃皮革中使用的阻燃剂主要是塑料、纺织等行业的改性阻燃剂，一般在一定程度上影响了阻燃皮革的产品质量，特别是影响皮革的手感、柔软性等，对皮革的理化性能也产生不利影响；同时，应用的大多数阻燃剂均具有一定的毒性，达不到生态皮革的主要技术标准。经阻燃剂处理后的皮革，在燃烧时会产生大量的有害气体，从而造成二次污染，对人们的生活及环境的保护均产生了不利影响。多数阻燃剂的阻燃效率较低，其耐水洗、干洗及耐擦拭性能较差，阻燃效果很难持久。

制约阻燃皮革产业发展的另一重要原因是缺乏完善的阻燃皮革性能的评价与品质检测方法及标准体系，使阻燃皮革的发展缺少有效的规范和指导。国内尚无专门的阻燃皮革标准，而是引用其他行业的标准，但皮革燃烧是一个复杂的物理、化学过程，运用单一的表征方法对阻燃性能评价往往不是十分准确。只能采用多种方法相结合，使不同方法的测试结果相互弥补，才能对皮革的阻燃性能有较为准确的评价。

（3）抗菌抑菌皮革

抗菌抑菌皮革是一类具有抑菌和杀菌性能的新型功能性皮革材料。它是在皮革生产过程中或成品革中添加抗菌剂，使皮革制品本身具有抑菌性，在一定时间内将粘在皮革上的细菌杀死或抑制其繁殖。

抗菌抑菌皮革总体上处于快速发展的前期。当前，抗菌抑菌皮革面临一些迫切需要解决的问题。

在抗菌抑菌皮革产业化技术的开发过程中缺乏皮革专用的高品质抗菌抑菌功能材料，制约了抗菌抑菌皮革的产业化；同时，对抗菌抑菌的工艺板块缺乏系统研究。传统的制革工艺中没有专门的抗菌整理工序，大多数抗菌处理都集中在后期成革的制作上。以普通金属离子或无机纳米银系为主要抗菌剂对皮革产品进行抗菌处理，直接将抗菌剂喷洒在成品革上而赋予其抗菌性，抗菌抑菌持久性能较差。以何种方式把抗菌基团引入皮革中、赋予皮革抗菌性是非常重要的，产生非常好的抗菌抑菌效果成了抗菌抑菌皮革的瓶颈。

对皮革的抗菌性能进行科学、快速和准确的检测，是评价抗菌皮革质量优劣的重要指标。制约抗菌抑菌皮革产业发展的另一重要原因是缺乏完善的抗菌抑菌皮革的性能评价与品质检测方法及标准体系，缺少有效的规范和指导。目前，针对皮革及其制品抗菌抑菌性能的评定，国内外都没有确切的评价标准，且其评价方法都是参考其他行业标准实施的。

（4）三防皮革

我国防水、防油、防污皮革总体上处于刚起步发展的时期。当前，防水、防油、防污皮革面临一些迫切需要解决的问题。

在防水、防油、防污皮革产业化技术的开发过程中缺乏上游高品质功能材料的研制，从而制约了阻燃性皮革的产业化；同时，对防水、防油、防污皮革的工艺板块缺乏系统研究。目前，在防水、防油、防污皮革中，国内没有专门的三防处理剂，大多使用的含氟防水防油防污剂主要是纤维、纸张、纺织等行业的防水防油防污剂，一般在一定程度上影响了皮革的产品质量，对皮革的理化性能产生影响；同时，传统的制革工艺中没有专门的防水、防油、防污整理工序，大多数防水、防油、防污处理都集中在后期成革的制作上。以含氟防水防油防污剂对皮革产品进行表面处理，直接将含氟防水防油防污剂喷涂在成品革上而赋予其防水防油防污性能，其防水防油防污持久性能较差。高品质的功能材料以何种方式引入皮革中，赋予皮革防水防油防污性能成为三防皮革的瓶颈。

制约三防皮革产业发展的另一重要原因是缺乏完善的皮革防水防油防污性能的评价与品质检测方法及标准体系，缺少有效的规范和指导。国内尚无专门的皮革防水防油防污标准，而是引用国外标准。

（5）可洗皮革

可洗皮革是为提高皮革制品使用过程的卫生性、易保养性而研制的一类功能性材料。可洗皮革总体上处于快速发展的前期，当前，可洗皮革面临一些迫切需要解决的问题。

可洗皮革的特征是耐水洗性。复鞣剂、加脂剂、染料、涂饰剂及助剂的选用和合理配套工艺技术至关重要，稍有不慎就难以达到可洗皮革整体质量性能与指标。

在可洗皮革产业化技术的开发过程中缺乏可洗皮革用的高品质功能材料，工艺板块缺乏系统研究。可洗皮革的水洗尺寸稳定性与蛋白质纤维分散程度、鞣剂和鞣制方法、加脂剂和加脂方法及工艺参数密切相关。目前，在可洗皮革生产中难以保证其水洗尺寸稳定性、表面手感的稳定性；可洗皮革色牢度也是一个生产中的瓶颈，颜色牢度的高低取决于染料的分子结构及染料与蛋白质纤维的结合方式，并受加脂剂结合牢度和工艺条件的影响，同时皮革表面的涂层也会影响牢度。

制约可洗皮革产业发展的另一重要因素是缺乏完善的可洗皮革的性能评价与品

质检测方法及标准体系，缺少有效的规范和指导。国内尚无专门的可洗皮革评定标准，而是参照美国、德国、英国、法国、印度等国家的标准。各国标准规定的洗涤介质、洗涤剂品种与用量、洗涤操作、温度、次数、评定方法都不尽一致，这会导致生产工艺的不稳定性。因此，可洗皮革产品质量的评定也是不可忽视的重要环节。

(6) 高强度皮革

高强度皮革具有良好的舒适性，同时具备抗拉伸断裂强度，在国防军工、个人防护等方面具有广阔前景，已被世界各国重视。目前国内处于实验室小规模试生产阶段，且在性能稳定性上存在较大差距。

主要技术瓶颈体现在：超强聚乙烯纤维织物材料技术不过关，织物的抗拉伸断裂强度批与批之间不稳定；缺乏超强聚乙烯纤维织物材料与皮革整体复合所用复合材料；复合加工后的材料能否经受鞣制加工处理；鞣制后各种材料（复鞣剂、加脂剂、染料、涂饰剂及助剂）的选用和合理配套工艺。同时，缺乏高强度皮革性能的评价与品质检测方法及标准体系。所以，高强度皮革的开发应注重产学研结合，尽快掌握高强度皮革制备的整套技术。

3 皮革先进基础材料强国发展战略

通过国际对标研究，梳理先进皮革材料强国特征（指标），分阶段提出先进皮革材料战略目标（2025 年、2030 年、2035 年），围绕精品制造，重点突出支撑保障、创新引领、绿色发展三大要素。

3.1 发展思路

坚持需求牵引，大力开展皮革先进基础材料的基础研究和共性技术攻关，着力提高先进基础材料产业的自主创新能力。形成良好的产学研创新机制，充分发挥大专院校、科研院所人才培养和基础研究的优势，发挥大企业的龙头作用，着力解决先进基础材料产品稳定性、成本等问题，开展高质量的产业示范。建设完整技术标准体系，形成基于专利与标准合作的产业联盟，提高产业抗风险和综合竞争力，加强知识产权保护力度。培育具有国际竞争力的先进基础材料生产企业，实现皮革先进基础材料的跨越式发展。

3.2 基本原则

(1) 坚持统筹布局，突出重点发展

立足当前、面向未来、统筹规划，总体部署产业布局，正确处理产业、效益、环境之间的关系。坚持重点突破、整体推进，加速皮革行业的快速发展。

（2）坚持创新驱动，占领产业制高点

强化企业技术创新主体地位，完善技术创新体系；通过原始创新、集成创新和引进消化再创新，突破一批关键核心技术，加快新材料开发，提升先进基础材料创新水平；培养高附加值产业链，增强产业核心竞争力，占领产业发展的制高点。

（3）坚持绿色发展，促进节能环保低碳

树立绿色、低碳发展理念，重视先进基础材料全生命周期绿色化；在新材料的制备过程中，提高能源利用效率，走低碳环保、节能高效的可持续发展道路；对支撑能源、资源、环境等关键瓶颈的新材料，实施集中突破，建立资源节约、环境友好的技术体系、生产体系和效益体系，保障可持续发展。

（4）坚持协调推进，促进市场合作

加强先进基础材料与下游产业的相互衔接，充分调动研发机构、生产企业、消费者的积极性；在基础材料的研发过程中，不断催生新材料，带动其他材料的升级换代；加快军民材料技术双向转移；充分利用国外创新资源，培育自己的特色产业群，走开放式协同创新发展道路。

3.3 战略目标

（1）2025 年先进皮革材料战略目标

皮革基础材料整体水平达到国际先进水平，实现皮革全行业规模化的绿色制造和循环利用，建成高性能、功能化皮革材料产业创新体系，实现部分高性能皮革材料的自给和部分高性能皮革材料输出，带动全球相关产业的发展，突破高性能皮革材料及相关制品产业的工程化能力。到 2025 年形成 300 亿元高性能皮革材料规模，带动相关产业 1000 亿元，促进全行业领域节能 30% 以上，减排 40% 以上。

（2）2030 年先进皮革材料战略目标

皮革材料整体水平达到国际先进水平，实现皮革全行业大规模的绿色制造和循环利用，建成高性能、功能化皮革材料产业创新体系，实现绝大部分高性能皮革材料的自给和部分高性能皮革材料输出，带动全球相关产业的发展，突破下一代皮革生产及相关制品产业的工程化能力。到 2030 年形成 1000 亿元高性能皮革材料规模，带动相关产业 3000 亿元，促进全行业领域节能 30% 以上，减排 40% 以上。

（3）2035 年先进皮革材料战略目标

皮革材料整体水平达到国际领先水平，实现皮革全行业全面的绿色制造、生态制造和循环利用，建成高性能皮革材料产业创新体系，实现绝大部分高性能皮革材料的自给和输出，领导全球相关产业的发展，突破下一代皮革生产及相关制品产业的核心技术。到 2035 年形成 2000 亿元高性能皮革材料规模，带动相关产业 5000 亿元，促进全行业领域节能 40% 以上，减排 50% 以上。

3.4 先进皮革材料强国指标

先进皮革材料强国指标见附录表1。

附录表1　先进皮革材料强国指标

一级指标	权重	二级指标	2008年	2009年	2010年	2011年	2012年	2013年	2014年	2015年	2016年	2017年
规模发展 0.1951（权重）	0.0811	皮革加工量在全球的占比/%	30									
	0.0650	皮革出口额在全球的占比/%										
	0.0490	人均皮革消费量/[m²/（人·年）]	0.462	0.498	0.539	0.493	0.537	0.396	0.427	0.431	0.529	0.453
质量效益 0.3620（权重）	0.1207	工业增加值率/%	21.75	9.70	21.23	25.06	14.01	8.4	9.8	6.1	5.6	−0.4
	0.1303	行业销售利润率/%	5.13	5.34	5.48	31.73	10.03	20.9	13.7	5.4	2.8	1.7
	0.1110	中轻皮革景气指数（无量纲）	—	—	—	—	—	—	89.02	89.36	86.9	88.96
结构优化 0.2116（权重）	0.0619	皮革产业集中度（无量纲）										
	0.0705	原料对外依存度/%	8.77	6.57	7.09	6.89	6.27	6.51	7.01	4.99	4.50	4.92
	0.0792	生态皮革产品的占比/%										
持续发展 0.2313（权重）	0.0687	发明专利授权量在全球的占比/%										
	0.0578	单位产品能耗/[kg（标准煤）/m²]										
	0.0514	单位产品COD排放量/（g/m²）										
	0.0534	工业废水排放量占制造业的比重/%										

3.5 重点发展任务

结合先进皮革材料种类，分阶段、分类描述其重点发展任务（2025年、2030年、2035年），围绕精品制造，重点突出支撑保障、创新引领、绿色发展三大要素，见附录表2～附录表7。

附录表2　无铬鞣皮革重点发展任务

关键技术	主要性能指标	2025年技术指标	2030年技术指标	2035年技术指标
1.无铬鞣皮革鞣制、结合鞣技术；2.无铬鞣复鞣、染色、加脂的配套技术；3.无铬鞣皮革的后整饰技术；4.无铬鞣皮革综合废水处理技术；5.建立产品性能的评价、品质检测方法及标准体系	收缩温度≥95℃；其他物理性能指标、感官性能指标、生态性能指标符合国家标准要求的相关规定	突破无铬鞣皮革生产工艺；产品指标符合国家标准；建立无铬鞣皮革生产示范线	建立无铬鞣皮革生产示范工厂；实现绝大部分高性能皮革材料的自给；突破下一代皮革生产及相关制品产业的工程化；促进全行业领域节能30%以上，减排40%以上	大规模地推广无铬鞣皮革生产工艺；建成产业创新体系，实现绝大部分高性能皮革材料的自给和部分高性能皮革材料的输出；促进全行业领域节能40%以上，减排50%以上

附录表3　阻燃皮革重点发展任务

关键技术	主要性能指标	2025年技术指标	2030年技术指标	2035年技术指标
1.阻燃皮革的生产技术；2.阻燃皮革的配套技术；3.皮革专用阻燃剂的生产技术；4.建立产品性能的评价、品质检测方法及标准体系	水平燃烧速度≤100mm/min；其他物理性能指标、感官性能指标、生态性能指标符合国家标准要求的相关规定	突破阻燃皮革生产工艺；产品指标符合国家标准；建立阻燃皮革生产示范线；建立产品性能的评价、品质检测方法及标准体系	建立阻燃皮革生产示范工厂；实现绝大部分高性能皮革材料的自给；突破相关制品产业的工程化	大规模地推广阻燃皮革生产工艺；建成高性能、功能化皮革材料产业创新体系，实现绝大部分高性能皮革材料的自给和部分高性能皮革材料的输出

附录表4　抗菌抑菌皮革重点发展任务

关键技术	主要性能指标	2025年技术指标	2030年技术指标	2035年技术指标
1.抗菌抑菌皮革的生产技术；2.抗菌抑菌皮革的配套技术；3.皮革专用抗菌抑菌剂的生产技术；4.建立产品性能的评价、品质检测方法及标准体系	对大肠杆菌、金黄色葡萄球菌和白色念珠菌的抑菌率、杀菌率≥95%；其他物理性能指标、感官性能指标、生态性能指标符合国家标准要求的相关规定	突破抗菌抑菌皮革生产工艺；产品指标符合国家标准；建立抗菌抑菌皮革生产示范线；建立产品性能的评价、品质检测方法及标准体系	建立抗菌抑菌皮革生产示范工厂；实现绝大部分高性能皮革材料的自给；突破相关制品产业的工程化	大规模地推广抗菌抑菌皮革生产工艺；建成高性能、功能化皮革材料产业创新体系，实现绝大部分高性能皮革材料的自给和部分高性能皮革材料的输出

附录表5　三防皮革重点发展任务

关键技术	主要性能指标	2025年技术指标	2030年技术指标	2035年技术指标
1.防水、防污、防油皮革的生产技术；2.防水、防污、防油皮革的配套技术；3.皮革专用防水、防污、防油剂的生产技术；4.建立产品性能的评价、品质检测方法及标准体系	皮革防水性：弯曲次数≥15000次，水不渗透；防油污性≥6级；其他物理性能指标、感官性能指标、生态性能指标符合国家标准要求的相关规定	突破防水、防污、防油皮革生产工艺；产品指标符合国家标准；建立防水、防污、防油皮革生产示范线；建立产品性能的评价、品质检测方法及标准体系	建立防水、防污、防油皮革生产示范工厂；实现绝大部分高性能皮革材料的自给；突破相关制品产业的工程化	大规模地推广防水、防污、防油皮革生产工艺；建成高性能、功能化皮革材料产业创新体系，实现绝大部分高性能皮革材料的自给和部分高性能皮革材料的输出

附录表6　可洗皮革重点发展任务

关键技术	主要性能指标	2025年技术指标	2030年技术指标	2035年技术指标
1.可洗皮革的生产技术；2.可洗皮革的配套技术；3.可洗革配套材料的生产技术；4.建立产品性能的评价、品质检测方法及标准体系	色泽牢度（耐光、耐水洗）≥4级，面积收缩率≤3%；其他物理性能指标、感官性能指标、生态性能指标符合国家标准要求的相关规定	突破可洗皮革生产工艺；产品指标符合国家标准；建立可洗皮革生产示范线；建立产品性能的评价、品质检测方法及标准体系	建立可洗皮革生产示范工厂；实现绝大部分高性能皮革材料的自给；突破相关制品产业的工程化	大规模地推广可洗皮革生产工艺；建成高性能、功能化皮革材料产业创新体系，实现绝大部分高性能皮革材料的自给和部分高性能皮革材料的输出

附录表7　高强度皮革重点发展任务

关键技术	主要性能指标	2025年技术指标	2030年技术指标	2035年技术指标
1.高强度皮革的生产技术；2.高强度皮革的配套技术；3.高强度皮革配套材料的生产技术；4.建立产品性能的评价、品质检测方法及标准体系	抗拉强度≥200MPa；其他物理性能指标、感官性能指标、生态性能指标符合国家标准要求的相关规定	突破高强度皮革生产工艺；产品指标符合国家标准；建立高强度皮革生产示范线；建立产品性能的评价、品质检测方法及标准体系	建立高强度皮革生产示范工厂；实现绝大部分高性能皮革材料的自给；突破相关制品产业的工程化	大规模地推广高强度皮革生产工艺；建成高性能、功能化皮革材料产业创新体系，实现绝大部分高性能皮革材料的自给和部分高性能皮革材料的输出

3.6　实施路径

先进皮革材料分阶段的发展技术路线图(2025年、2030年、2035年)见附录表8～附录表13。围绕精品制造，重点突出支撑保障、创新引领、绿色发展三大要素。

附录表8　无铬鞣皮革分阶段的发展技术路线

材料类型	2019年	2025年	2030年	2035年	总体目标
基础无铬鞣皮革材料	●无铬鞣皮革鞣制、结合鞣工艺研究 ●无铬鞣皮革染色加脂配套工艺研究 ●无铬鞣皮革整饰工艺研究 ●无铬鞣鞋面革、服装革、沙发革的工艺研究 ●无铬鞣皮革废水处理技术 ●建立无铬鞣皮革产品性能的评价、品质检测方法及标准体系的研究	●建立无铬鞣皮革生产示范线 ●无铬鞣配套材料的研究 ●无铬鞣皮革相关制品产业的工程化研究 ●无铬鞣皮革生产过程中节能减排的研究	●无铬鞣皮革规模化生产的研究 ●无铬鞣配套材料规模化生产的研究 ●无铬鞣皮革相关制品产业规模化生产的研究	到2025年，确定无铬鞣皮革鞣制、结合鞣、染色加脂、整饰工艺配方；确定无铬鞣鞋面革、服装革、沙发革工艺；确定无铬鞣皮革废水处理方法；建立产品性能的评价、品质检测方法及标准体系 到2030年，建立无铬鞣皮革生产示范线；确定无铬鞣配套材料生产工艺；确定无铬鞣皮革相关制品产业的产业化生产；确定无铬鞣皮革生产过程中节能减排的方案 到2035年，实现大规模地推广无铬鞣皮革生产工艺；无铬鞣配套材料规模化生产；无铬鞣皮革相关制品产业规模化生产；建成产业创新体系

附录表9　阻燃皮革分阶段的发展技术路线

材料类型	2019年	2025年	2030年	2035年	总体目标
基础阻燃皮革材料	●阻燃皮革的生产工艺研究 ●阻燃皮革的配套工艺研究 ●阻燃鞋面革、服装革、沙发革的工艺研究 ●皮革阻燃机理的研究 ●阻燃皮革产品性能的评价、品质检测方法及标准体系				到2025年，确定阻燃皮革鞣制、染色加脂、整饰工艺配方；确定阻燃皮革鞋面革、服装革、沙发革工艺；建立阻燃皮革性能的评价、品质检测方法及标准体系
		●建立阻燃皮革生产示范线 ●皮革专用阻燃材料的研究 ●阻燃皮革相关制品产业的产业化研究			到2030年，建立阻燃皮革生产示范线；确定阻燃皮革配套材料生产工艺；确定阻燃皮革相关制品产业的产业化生产
			●阻燃皮革规模化生产的研究 ●阻燃配套材料规模化生产的研究 ●阻燃皮革相关制品产业规模化生产的研究		到2035年，实现大规模地推广阻燃皮革生产工艺；阻燃皮革配套材料规模化生产；阻燃皮革相关制品产业规模化生产

附录表 10　抗菌抑菌皮革分阶段的发展技术路线

材料类型	2019年	2025年	2030年	2035年	总体目标
基础抗菌抑菌皮革材料	●抗菌抑菌皮革的生产工艺研究 ●抗菌抑菌皮革的配套工艺研究 ●抗菌抑菌鞋面革、服装革、沙发革的工艺研究 ●皮革抗菌抑菌机理的研究 ●抗菌抑菌皮革产品性能的评价、品质检测方法及标准体系				到2025年，确定抗菌抑菌皮革鞣制、染色加脂、整饰工艺配方；确定抗菌抑菌皮革鞋面革、服装革、沙发革工艺；建立抗菌抑菌皮革性能的评价、品质检测方法及标准体系
		●建立抗菌抑菌皮革生产示范线 ●皮革专用抗菌抑菌材料的研究 ●抗菌抑菌皮革相关制品产业的产业化研究			到2030年，建立抗菌抑菌皮革生产示范线；确定抗菌抑菌皮革配套材料生产工艺；确定抗菌抑菌皮革相关制品产业的产业化生产
			●抗菌抑菌皮革规模化生产的研究 ●抗菌抑菌配套材料规模化生产的研究 ●抗菌抑菌皮革相关制品产业规模化生产的研究		到2035年，实现大规模地推广抗菌抑菌皮革生产工艺；抗菌抑菌皮革配套材料规模化生产；抗菌抑菌皮革相关制品产业规模化生产

附录表 11　三防皮革分阶段的发展技术路线

材料类型	2019年	2025年	2030年	2035年	总体目标
基础防水、防污、防油皮革材料	●防水、防污、防油皮革的生产工艺研究 ●防水、防污、防油皮革的配套工艺研究 ●防水、防污、防油鞋面革、服装革、沙发革的工艺研究 ●皮革防水、防污、防油机理的研究 ●防水、防污、防油皮革产品性能的评价、品质检测方法及标准体系				到2025年，确定防水、防污、防油皮革鞣制、染色加脂、整饰工艺配方；确定防水、防污、防油皮革鞋面革、服装革、沙发革工艺；建立防水、防污、防油皮革性能的评价、品质检测方法及标准体系
		●建立防水、防污、防油皮革生产示范线 ●皮革专用防水、防污、防油材料的研究 ●防水、防污、防油皮革相关制品产业的产业化研究			到2030年，建立防水、防污、防油皮革生产示范线；确定防水、防污、防油皮革配套材料生产工艺；确定防水、防污、防油皮革相关制品产业的产业化生产
			●防水、防污、防油皮革规模化生产的研究 ●防水、防污、防油配套材料规模化生产的研究 ●防水、防污、防油皮革相关制品产业规模化生产的研究		到2035年，实现大规模地推广防水、防污、防油皮革生产工艺；防水、防污、防油皮革配套材料规模化生产；防水、防污、防油皮革相关制品产业规模化生产

附录表12　可洗皮革分阶段的发展技术路线

材料类型	2019年	2025年	2030年	2035年	总体目标
基础可洗皮革材料	●可洗皮革的生产工艺研究 ●可洗皮革的配套工艺研究 ●可洗鞋面革、服装革、沙发革的工艺研究 ●皮革可洗机理的研究 ●可洗皮革产品性能的评价、品质检测方法及标准体系				到2025年，确定可洗皮革鞣制、染色加脂、整饰工艺配方；确定可洗皮革鞋面革、服装革、沙发革工艺；建立可洗皮革性能的评价、品质检测方法及标准体系
		●建立可洗皮革生产示范线 ●皮革专用可洗材料的研究 ●可洗皮革相关制品产业的产业化研究			到2030年，建立可洗皮革生产示范线；确定可洗皮革配套材料生产工艺；确定可洗皮革相关制品产业的产业化生产
			●可洗皮革规模化生产的研究 ●配套材料规模化生产的研究 ●可洗皮革相关制品产业规模化生产的研究		到2035年，实现大规模地推广可洗皮革生产工艺；可洗皮革配套材料规模化生产；可洗皮革相关制品产业规模化生产

附录表 13　高强度皮革分阶段的发展技术路线

材料类型	2019年	2025年	2030年	2035年	总体目标
基础高强度皮革材料	●高强度皮革的生产工艺研究 ●高强度皮革的配套工艺研究 ●高强度鞋面革、服装革、沙发革的工艺研究 ●皮革高强度机理的研究 ●高强度皮革产品性能的评价、品质检测方法及标准体系		● 建立高强度皮革生产示范线 ● 皮革专用高强度材料的研究 ● 高强度皮革相关制品产业的产业化研究	●高强度皮革规模化生产的研究 ●配套材料规模化生产的研究 ●高强度皮革相关制品产业规模化生产的研究	到2025年，确定高强度皮革鞣制、染色加脂、整饰工艺配方；确定高强度皮革鞋面革、服装革、沙发革工艺；建立高强度皮革性能的评价、品质检测方法及标准体系 到2030年，建立高强度皮革生产示范线；确定高强度皮革配套材料生产工艺；确定高强度皮革相关制品产业的产业化生产 到2035年，实现大规模推广高强度皮革生产工艺；高强度皮革配套材料规模化生产；高强度皮革相关制品产业规模化生产

第2篇 绿色制造

第 1 章
制浆造纸行业绿色制造发展现状

1.1 制浆造纸行业绿色制造的现状与趋势

　　造纸工业是与国民经济和社会事业发展关系密切的重要基础原材料工业，具有资金技术密集、规模效益显著的特点，其产业关联度强、市场容量大，是拉动林业、农业、化工、印刷、包装、机械制造等产业发展的重要力量。据中国造纸协会调查资料，2019 年全国纸及纸板生产企业约 2700 家，全国纸及纸板生产量 10765 万 t，较 2018 年增长 3.16%；消费量 10704 万 t，较 2018 年增长 2.54%，人均年消费量为 76kg（按 14.00 亿人计）。2010～2019 年纸及纸板生产和消费情况见图 2-1-1，生产量年均增长率 1.68%，消费量年均增长率 1.73%。

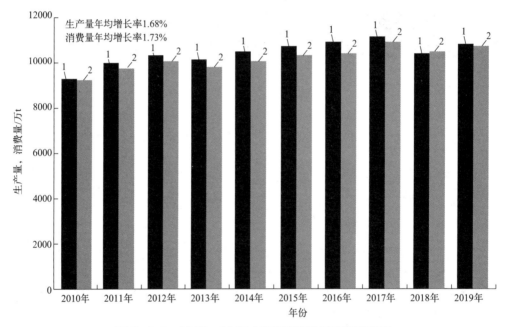

图 2-1-1　2010～2019 年纸及纸板生产和消费情况

1—生产量；2—消费量

1.1.1 制浆绿色制造现状与趋势

　　制浆离不开纤维原料，由于各国植物纤维原料资源不同，各国使用原料的情况也不一样。为了适应造纸工业发展的需要，保护环境、节约资源，废纸的回收利用越来越引起各国的重视，废纸回收率和利用率逐年提高。我国的制浆原料，既有木材，也有竹子、草类等非木材原料。近十多年来，废纸的回用量大幅增加，废纸浆在造纸用浆中的比例越来越大。我国造纸工业原料结构调整的战略目标是逐步形成以木材纤维为主、扩大废纸回收利用和科学合理使用非木材纤维的多元化原料结构。

据中国造纸协会调查资料,2019 年全国纸浆生产总量 7207 万 t,较 2018 年增长 0.08%（表 2-1-1）。其中,木浆 1268 万 t,较 2018 年增长 10.55%;废纸浆 5351 万 t,较 2018 年降低 1.71%;非木浆 588 万 t,较 2018 年降低 3.61%。本书着重选取漂白硫酸盐浆、化学机械浆和废纸浆三种重点纸浆产品作为研究对象,介绍制浆绿色制造现状与趋势。

表 2-1-1 2010～2019 年纸浆生产情况
单位: 万 t

品种	2010 年	2011 年	2012 年	2013 年	2014 年	2015 年	2016 年	2017 年	2018 年	2019 年
木浆	716	823	810	882	962	966	1005	1050	1147	1268
废纸浆	5305	5660	5983	5940	6189	6338	6329	6302	5444	5351
非木浆	1297	1240	1074	829	755	680	591	597	610	588
纸浆合计	7318	7723	7867	7651	7906	7984	7925	7949	7201	7207

1.1.1.1　漂白硫酸盐浆生产过程的绿色制造现状与趋势

（1）硫酸盐浆绿色制造现状分析

硫酸盐法制浆技术在 20 世纪 30 年代逐步取代亚硫酸盐法制浆技术,成为最重要的化学制浆方法。由于在该方法中木材成为最重要的制浆原料,并利用较低廉的化学品作为化学药剂和高效率的机械设备取代手工操作,为现代化学法制浆奠定了基础。纸浆漂白技术和从纸浆蒸煮废液中回收化学品及热能等技术的发展,使化学制浆方法逐步完善,基本工艺已比较稳定。

硫酸盐法制浆技术由于质量以及生产效率和经济方面的原因在很长时间内仍将保持主要制浆方法的地位。进入 21 世纪以来,硫酸盐法制浆技术出现了如下的新发展:①通过蒸煮降低漂白前的卡伯值,取得较高的得率和产品质量;②主要采用间歇式快速置换加热法和卡米尔（Kamyr）改进型连续蒸煮使连续蒸煮达到卡伯值更低;③采用各种添加剂和不同的预处理/活化作用以提高脱木素率;④采用无氯化学药品漂白工艺减少环境污染。

硫酸盐蒸煮技术在连续蒸煮和间歇蒸煮的竞争中不断进步。连续蒸煮方面有克瓦纳（Kuaener）公司的等温蒸煮（ITCTM）和黑液浸渍（BLITM）技术以及安德里茨（Andritz,原奥斯龙 Ahistrom）公司的低固形物（Lo-Solids™）技术,1997 年设计出了紧凑蒸煮（compact cooking）系统。间歇蒸煮则有美卓（Metro）公司的超级间歇蒸煮（super-batch）技术、原贝洛依特（Beloit）公司的快速热交换（RDH）技术和奥钢联（Voes-Alpine）的节能蒸煮技术。

20 世纪 80 年代以来,连续蒸煮和间歇蒸煮技术的重大突破就是低能耗和低卡伯值以及随卡伯值降低带来的低污染负荷。改良后的蒸煮技术,蒸汽消耗比传统蒸煮方法约可节省一半,其中超级间歇蒸煮不到一半,连续蒸煮则略多于一半。卡伯值则比传统蒸煮降低 1/3 左右，污染负荷也可相应地降低。由于激烈的商业竞争，设备制造商都不遗余力地研究改进全自动的技术。因此，连续蒸煮和间歇蒸煮技术在性能、造价、消耗各个方面都越来越接近，往往不分伯仲。

连续蒸煮技术的好处：①蒸煮均匀，成浆卡伯值波动少，浆渣含量低，总的浆渣含量可以从 1.5%降至 0.5%，甚至更低，蒸煮得率提高，原料消耗降低；②浆料黏度提高，强度提高，使连续蒸煮与超级间歇蒸煮的强度差距进一步缩小，业界认为目前两者在强度方面的差异仅为 5%左右；③未漂浆的白度和可漂性提高，漂白的化学药品用量减少；④蒸煮用碱量降低。

筛选技术的进步使筛选浓度提高，现代的压力筛已经达到 3%以上，因而使浆泵动力消耗降低。新型缝筛的筛缝宽度最小只有 0.15mm，筛选的效率和浆的净度均大大提高。传统的高白度化学浆的漂白与精选都是浓度低、进浆压头高的锥形除渣器，现在已经可以用细缝的压力筛来替代，进浆浓度的提高和压力的降低使动力消耗大大降低。

目前无元素氯漂白（ECF）技术被广泛采用，主要使用的漂白剂除 ClO_2、$NaOH$、O_2 等传统的无元素氯漂剂外，还发展了 O_3、H_2O_2 强化碱抽提、聚木糖酶处理等漂白技术，以进一步减少废水的污染负荷，或减少漂白化学品的用量，降低成本。因成本较高、浆的质量较 ECF 差，还有人们对废水和浆中有机氯化物的含量及危害性有了更全面的了解和认识等因素影响，全无氯漂白（TCF）的发展远没有 ECF 迅速和普及，TCF 漂白浆的产量目前停滞不前。

蒸发设备向高效、节能发展。板式降膜蒸发器和管式降膜蒸发器（蒸汽在管外，黑液在管内）占据了蒸发设备市场的主要份额，另一种新型管屏式蒸发器（黑液在管外，蒸汽在管内）也初露端倪，更多地扮演增浓器的角色。

上述硫酸盐法制浆技术和设备的快速发展，使得该技术的能耗更低、污染物排放更少、原料的利用更充分、环境友好性更强，越来越具有绿色制造的特征。

（2）化学浆绿色制造发展趋势

化学法制浆的主要目的是利用化学药剂将造纸原料中的木素溶出，并且使纤维素和半纤维素尽可能少地降解，来提高纸浆的得率和强度。生产上，提高纸浆的得率，降低制浆能耗是关键。在降低蒸煮温度、蒸煮终点提前、强化氧脱木素等方面的技术取得了一些进展。紧凑连续蒸煮，具有连续、低温蒸煮、液比高、脱木素选择性好、系统启动迅速、生产消耗低和产品质量稳定等优点，适合木材和竹子原料制浆，成为大型制浆厂采用的主流技术。2011 年，湛江晨鸣浆纸有限公司建成了以桉木为原料年产 50 万 t 的商品浆生产线；2015 年，山东晨鸣纸业集团股份有限公司在总部建成年产 40 万 t 的硫酸盐化学木浆生产线，安徽华泰林浆纸股份有限公司建成年产 30 万 t 的木浆生产线。

置换蒸煮对制浆厂具有较好的适应性,目前主要有快速置换加热(rapid displacement heating,RDH)间歇蒸煮、超级间歇蒸煮(super-batch)和置换蒸煮系统(displacement digester system,DDS)三种形式,操作基本相同。DDS 是低能耗置换间歇蒸煮技术,蒸煮均匀、浆料质量稳定、卡伯值低。该技术扩展了初级蒸煮(温黑液+白液)的作用,提高了纸浆得率,得到了强度高的纸浆,项目投资要比塔式连续蒸煮系统少,适合中小规模木(竹)纸浆的生产。绿液蒸煮-氧脱木素联合制浆处于研究阶段。草类原料制浆最大的难题在于硅含量高,要缩短制浆时间,并减少原料中硅对制浆过程的影响。

经过多年的产业调整和政府部门重视,纸浆的漂白在大踏步向无元素氯漂白(ECF)和全无氯漂白(TCF)技术迈进。以前我国的 ClO_2 生产受到国外技术的垄断,发展 ECF 受到一定制约。随着该技术的国产化,ECF 不再是障碍。中冶美利崃山纸业有限公司年产 9.5 万 t 竹浆生产线采用国产 ClO_2 的 ECF;2015 年,我国 ClO_2 生产技术打开国际市场,承建了印度尼西亚 APP 金光集团 35t/d 综合法 ClO_2 项目。对于木浆厂,采用 ECF 是主流生产工艺,但是也有向 TCF 发展的趋势。海南金海浆纸业有限公司一期工程年产 100 万 t 化学漂白硫酸盐桉木浆,采用 $OD_0(E_{op})D_1$ 漂白工艺,2015 年纸浆生产量达到 150 万 t。山东晨鸣纸业集团股份有限公司新建年产 40 万 t 漂白硫酸盐化学木浆生产线,采用国际上最先进成熟的 ECF+臭氧漂白工艺。臭氧漂白的使用标志着我国的纸浆漂白走向 TCF,为进一步减少环境污染打下坚实基础。2011 年出台的《产业结构调整指导目录(2011 年本)》明确将采用清洁生产工艺、以非木材纤维为原料、单条年产 10 万 t 及以上的纸浆生产线建设列入“鼓励类”内容。氧脱木素正以其独特的优势被认为是蒸煮后浆料进一步脱除残余木素最经济、最有效的方法。氧脱木素后,结合 ECF 或者 TCF,驻马店市白云纸业有限公司采用 $D_0(E_{op})D_1$ 漂白工艺,成功将麦草终漂浆白度提高至 83% ISO。河南省仙鹤纸业有限公司建成了年产 6 万 t 麦草浆中浓全无氯漂白生产线,采用 O-Q-(PO)三段漂白,实现了麦草浆全无氯漂白工业化。

1.1.1.2 化学机械浆生产过程的绿色制造现状与趋势

(1)化学机械浆绿色制造现状分析

20 世纪 90 年代以来,具有更高木材原料利用率和低水耗、低污染负荷技术特点的新型化机浆生产技术方兴未艾,特别是最近二十年取得长足发展和更加广泛的应用,显著提升了现代制浆造纸工业技术水平和装备水平,为现阶段制浆造纸技术可持续进步和不断适应现代社会需求,建立了全新的发展路径,确立了化机浆生产技术在制浆造纸行业中不可或缺的组成部分和重要的战略地位。

与传统化学浆生产技术相比,现代化机浆生产过程显著降低了纸浆制备过程对于自然水体的污染负荷，基本上消除了传统制浆工艺中甲硫醇、硫化氢、甲醇等高毒性气态污染物对于大气环境的直接危害，完全避免了漂白废水中氯代苯酚、多氯联苯、二噁英等难降解、高毒性的致癌、致畸、致突变有机氯化物成分通过"浮游生物—水生动物体—人类"生物链所产生的生物积累效应对于人类健康的潜在危害。

基于绿色制造的概念，化机浆生产制造目标设置、技术路线规划以及生产过程中化学药品工艺参数的选择等基本要素，全面体现了产品从设计、制造到储运、应用全过程综合考虑环境影响和资源效益的现代化绿色制造具体标准和要求。其纸浆产品生产过程废水处理工艺简单、高效，不产生毒性物质；纸浆产品清洁无残毒，适合食品、药品等高端包装材料应用。在化机浆产品全生命周期中，力求对环境的影响（负作用）最小、资源利用率最高，并使企业经济效益和社会效益协调优化，从而实现"资源利用-环境保护-生产应用"三位一体、高度融合、和谐发展的绿色制造模式。

由于化机浆生产过程主要利用机械能和少量、温和的化学处理共同完成纸浆纤维分离处理，采用双氧水等清洁漂剂完成漂白，其用水量一般在 10～15m³/t（浆），仅为传统化学制浆工艺的 1/3 左右，制浆得率 80%～90%，远高于传统化学浆的 42%～45%，在纸浆生产与消耗量基本不变的条件下，大幅度降低了木材原料消耗量，有效节约了木材资源和淡水资源。同时，根据产品应用需求差异，小径材、枝丫材等不利于传统化学浆生产应用的低等级木材原料也可以满足化机浆生产，一定程度上拓展了原料来源，符合合理利用自然资源的绿色制造理念要求。

近年来，化机浆生产规模不断扩大，成为国内提高自产木浆比例的主要原因之一，其原料来源既可以是优质的原木或木片，也可以是林区木材加工生产后剩余的心材、边角料等木材加工剩余物，甚至全树混合木片都可用于化机浆生产。按照目前国内的化机浆生产技术水平，由于综合采用先进的工艺设备，实现水的封闭、逆流高效利用，在相同工程建设规模条件下，化学机械浆制浆生产线占用资金量相对较少，投资仅为化学浆厂的一半，而且生产线结构紧凑、工序简洁，易于实现连续化生产.特别是近年发展起来的 P-RC APMP 制浆技术大大降低了化机浆电能消耗，与常规 BCTMP 技术相比可降低能耗 30%～50%，综合能耗（热能、电能）下降显著。以杨木、桉木等速生阔叶材漂白化机浆为例，综合制浆成本约为阔叶木化学浆的 60%～70%。

（2）化学机械浆绿色制造发展趋势

Alfred H. Nissan 提出"高得率、高白度和高强度"未来制浆技术发展理念，并用"90-90-9"扼要表述了未来制浆技术的期望目标，即 90%的得率、90%的白度和 9km 的裂断长。目前的漂白化机浆生产基本上可以达到 85%的得率、80%以上的白度和 5km 的裂断长，与全面实现上述目标尚存一定差距，但与化学法制浆相比，制浆得率指标已经取得领先地位。其在成浆白度和强度指标方面与化学浆存在较大差距，将会成为今后一段时期内制浆造纸新技术研发的热点课题之一。

根据中国造纸协会发布的《中国造纸工业 2019 年度报告》统计数据，2019 年进口废纸浆数量同比下降 36.17%。今后，随着我国限制废纸进口政策的进一步落实和纸质包装材料消费量的增加，国内造纸工业每年替代废纸的纤维原料需求缺口将达到 2000 多万 t，纤维原料的短缺已影响到造纸企业可持续运行。包括林产加工行业边角料、小径材在内的各类廉价木材纤维以及各种非木材纤维原料都将成为化机浆生产原料的重要来源，可在一定程度上缓解废纸纤维短缺造成的困难。目前，国内多家大型造纸企业已将非木材纤维原料基地建设工作纳入企业原料战略规划，部分项目已在施工建设中。

可以预见，随着我国高得率浆生产装备和技术的发展以及原料结构和产品结构的进一步丰富，我国高得率制浆技术将呈现如下新的发展趋势：

一是引入先进蒸发浓缩技术，实现化机浆生产过程的节水减排。

通常的化学机械浆生产过程会产生浓度 1%～2% 左右的制浆废液，传统的处理方法是将这部分污染物与其他中段水混合处理，一般经过"絮凝-厌氧-好氧-深度氧化"等物化、生化处理后，即可达标排放。由于化机浆废液的污染负荷高于通常的中段水，因此，一定程度上对制浆造纸企业的污染处理造成冲击。

新兴的现代化学机械浆在大幅度降低制浆污染物排放方面进行了大量的工艺、装备改良工作，具有代表性的关键技术之一是采用高效的蒸发设备组合技术，在做到经济可行性的同时，把来自化学机械浆系统浓度为 1.65% 的固形物含量浓缩到 45%，从而达到进入碱回收炉燃烧的浓度要求。常规的多效式蒸发器处理低浓废液时，运行成本高、操作不方便、工人劳动强度大。新型热泵蒸发器主要由蒸发器、空气压缩风机、热交换器、废水循环组成，其主要工作原理是以电为能源，把电能转化为机械能，再将机械能转化为热能。化学机械浆系统浓度 1.65% 的废水，经浓缩后分为两个区域，在第一个区域污水的浓度达到 7%，在第二个区域时浓度达到 15%。新型热泵蒸发器具有能量消耗成本低，几乎不需要蒸汽和冷却水，其他辅助设备很少，占地面积小等诸多技术优势。其冷凝水分离技术先进，可有效分离清洁的二次冷凝水和污冷凝水，使得二次冷凝水完全回到化机浆车间作为清水使用，从而有效降低清水消耗量。分离后的污冷凝水则全部应用于化机浆车间的木片洗涤工段，实现化机浆废水车间内封闭循环，以分值分级利用方式，提高废水浓度和水资源的重复利用率。

二是提升化机浆生产过程中的资源效益与社会效益。

当前，绿色制造理念逐步成为现代化企业建设的基本要求、先进制造业生存和发展的必由之路，部分国内制浆造纸行业积极谋求转型发展，率先实践。其中，在传统化学浆黑液碱回收处理技术基础上发展起来的化机浆废液蒸发处理系统，很大程度上实现了化机浆废液无害化。该系统将化机浆制浆废水送入碱回收车间，经蒸发浓缩后送到碱回收炉燃烧，废水中有机物燃烧产生热能，同时又通过苛化工艺将污染物中的碱进行回收利用，从而降低了污染物处理难度，最终实现节能减排、清洁生产的目标。目前该系统试生产期运行顺利，白水回用率 80%，全厂水循环回用率 95%，碱回收率 93%，碱回收车间回收的清洁热水，折算后相当于每年节约标准煤约 3.5 万 t。经碱回收系统处理后废水再经项目配套建设的污水处理厂处理，排放时 COD 浓度为 60～80mg/L，BOD 浓度约为 20mg/L，废水排放量约为 10m^3/t（浆）。该系统技术方法先进，被列为环保部 2010 年度《国家鼓励发展的环境保护技术目录》，成为国家鼓励示范推广的化学浆和化学机械污染物防治应用工程成熟技术。

化机浆废液的蒸发燃烧处理工艺，近年来在国内制浆造纸行业中得到迅速的推广和普及，为彻底消除制浆造纸工业污染提供了切实可行的技术途径。目前，金东纸业、晨鸣集团、太阳纸业等多家大型龙头企业完成了产业化应用，实现了连续生产，取得了卓有成效的技术进步。其中，山东太阳纸业积极发展杨木速生材原料 P-RC APMP 生产，依托年产 12 万 t 化机浆生产线废水热泵蒸发处理技术，实现了较为完善的化机浆绿色制造生产线建设。该企业将"环保工程"作为企业发展的三大生命工程之一，积极发展循环经济，扎实推进节能减排和清洁生产，累计投入 26 亿元用于环保设施建设。其中投资 3 亿元建成 8 万 m^3 水处理设施，外排废水 COD 约 50mg/L，低于山东省排放标准。广西金桂浆纸业有限公司以桉木为原料，建起年产 30 万 t 化机浆生产线，2010 年投入试生产运行，2011 年 12 月 30 日获得环保部竣工环境保护验收批复，目前生产运行正常。此项目同时配套建成了碱回收系统，也投入了运行，成为国内首套专为处理化机浆生产废水的碱回收系统。该项目环保投资达 6.6 亿元，占项目总投资的 8.12%，其中碱回收系统超过 4 亿元，直接从源头上将化机浆生产过程中产生的主要污染物进行处理，提高环保标准。

1.1.1.3　废纸浆生产过程的绿色制造现状与趋势

（1）废纸浆绿色制造现状分析

废纸作为一种可再生的造纸原料，也称为"再生纤维"，其制浆过程不需要加蒸煮化学试剂，因此可显著减少化学药品的用量。与常规化学浆相比，废纸浆生产过程废水 SS 降低 25%，BOD$_5$ 下降 40%，大气污染物排放量降低 60%～70%，固体废弃物发生量减少 70%；并且，废纸回收过程属于终端产品的循环利用，符合清洁生产要求。此外，废纸浆生产线工艺流程简洁，同等生产规模条件下项目建设费用低、生产成本低，可有效降低项目投资和运行费用，提高经济效益和市场竞争力，具备清洁生产和循环经济的典型特征。山东华泰集团引进了年产 45 万 t 全球最先进的新闻纸生产线，采用 100%废纸作为原料，水循环利用率达到 96%以上，吨纸水耗 8m³ 以下；从瑞典 Purac 公司引进厌氧水处理系统，实现了物化-厌氧生化-好氧-化学处理相结合的废水处理流程，污染物去除效率由原来的 85%提升到 95%以上，生产线排水经处理后可大量回用到生产工段，也可根据需要用于灌溉造纸速生林和芦苇基地，形成循环经济产业链。我国广纸、南纸等大型制浆造纸企业采用废纸作为原料生产新闻纸，采用先进的脱墨生产系统和污水处理技术装备，吨纸水耗均达到 10m³ 以下，对于制浆造纸行业节水减排工作起到了重要的促进作用。

（2）废纸浆绿色发展趋势

不断提高废纸制浆品质，深入挖掘技术潜力，实现减排降耗，是我国废纸制浆生产的长期发展目标和主要技术发展方向。随着各类新工艺、新技术装备投入实际生产，废纸制浆废水污染负荷大幅度降低。近年来，国内研究开发了废纸制浆造纸生产用水的动态平衡短流程零排放技术，将废纸制浆造纸过程的各段废水按水量和水质进行统筹安排，实现分级分质利用。2007～2017 年期间，由于大幅度增加废纸浆原料比例，虽然纸及纸板产量从 7980 万 t 增至 11130 万 t，但新鲜水消耗量却从 2007 年的 48.8 亿 t 降至 28.98 亿 t，化学需氧量排放量由 157 万 t 降至 33.5 万 t，节水减排取得了显著成效，同时节约了大量的原生纤维，极大地节约了资源和改善了环境。

1.1.2 造纸绿色制造现状与趋势

目前世界上造纸产品有上千种，我国生产的种类达几百种。新中国成立以来，特别是改革开放以来，我国的造纸工业在国民经济中发挥了积极的作用并赢得了重要的地位。2019 年 1 月发布的《中国造纸工业可持续发展白皮书》指出：造纸业作为重要的基础原材料产业，在国民经济中占据重要地位。造纸产业关系到国家的经济、文化、生产、国防各个方面，其产品用于文化、教育、科技和国民经济的众多领域。2019 年纸及纸板生产和消费情况见表 2-1-2。本书着重选取印刷书写纸、包装纸和生活用纸三种重点纸制品作为纸制品绿色制造的研究对象，介绍造纸绿色制造现状与发展趋势。

表 2-1-2 2019 年纸及纸板生产和消费情况　　　　　　　单位：万 t

品种		生产量			消费量		
		2018 年	2019 年	同比增长/%	2018 年	2019 年	同比增长/%
印刷书写纸	新闻纸	190	150	−21.05	237	195	−17.72
	未涂布印刷书写纸	1750	1780	1.71	1751	1749	−0.11
	涂布印刷纸[①]	705（655）	680（630）	−3.55（−3.82）	604（581）	542（535）	−10.26（−7.92）

续表

品种		生产量			消费量		
		2018 年	2019 年	同比增长/%	2018 年	2019 年	同比增长/%
包装纸	包装用纸	690	695	0.72	701	699	−0.29
	白纸板②	1335（1275）	1410（1350）	5.62（5.88）	1219（1158）	1277（1216）	4.76（5.01）
	箱纸板	2145	2190	2.10	2345	2403	2.47
	瓦楞原纸	2105	2220	5.46	2213	2374	7.28
生活用纸		970	1005	3.61	901	930	3.22
特种纸及纸板		320	380	18.75	261	309	18.39
其他纸及纸板		225	255	13.33	207	226	9.18
总量		10435	10765	3.16	10439	10704	2.54

① 括号中的数据为铜版纸；

② 括号中的数据为涂布白板纸。

1.1.2.1　印刷书写纸绿色制造现状与趋势

（1）印刷书写纸绿色制造现状分析

印刷书写纸是用于传播知识的书写、印刷纸张，包括新闻纸、未涂布印刷书写纸和涂布印刷纸。印刷书写纸的生产保证了全国每年约 2.5 亿人在各类层次学校接受教育（含学龄前教育）所需的课本教材等。同时其更多地用于在文化宣传的书籍、期刊及办公用纸等消费上，并且每年还有一定数量的产品出口国际市场，为文化建设和文化传承发挥着应有作用。

印刷书写纸中，未涂布印刷书写纸主要包括复印纸、胶版印刷纸、胶印书刊纸、轻型印刷纸、字典纸等，涂布印刷纸主要包括铜版纸等。复印纸主要用于复印、打印和传真；胶版印刷纸、胶印书刊纸和轻型印刷纸主要用于课本、教材、书籍、周刊和杂志等；铜版纸主要用于单色或彩色印刷的画册、画报、书刊封面、插页、美术图片及商品商标等；热敏纸主要用于传真、购物小票等；无碳复写纸主要用于各类单据、表单等。

2019 年，印刷书写纸约占我国纸和纸板总生产量的 24.25%。其中，新闻纸生产量 150 万 t，较 2018 年降低 21.05%；消费量 195 万 t，较 2018 年降低 17.72%。2010～2019 年新闻纸生产量年均增长率–11.04%，消费量年均增长率–8.24%，如图 2-1-2 所示。未涂布印刷书写纸生产量 1780 万 t，较 2018 年增长 1.71%；消费量 1749 万 t，较 2018 年降低 0.11%。2010～2019 年未涂布印刷书写纸生产量年均增长率 1.05%，消费量年均增长率 1.06%，如图 2-1-3 所示。涂布印刷纸生产量 680 万 t，较 2018 年降低 3.55%；消费量 542 万 t，较 2018 年降低 10.26%。2010～2019 年涂布印刷纸生产量年均增长率 0.68%，消费量年均增长率–0.14%。涂布印刷纸中，铜版纸生产量 630 万 t，较 2018 年降低 3.82%；消费量 535 万 t，较 2018 年降低 7.92%。2010～2019 年铜版纸生产量年均增长率 1.42%，消费量年均增长率 1.21%，如图 2-1-4 所示。

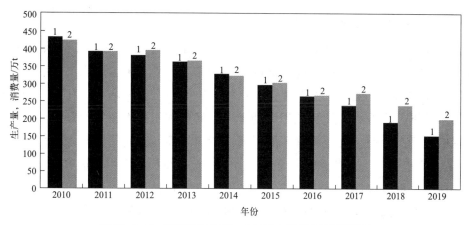

图 2-1-2　新闻纸 2010～2019 年生产量和消费量

1—生产量；2—消费量

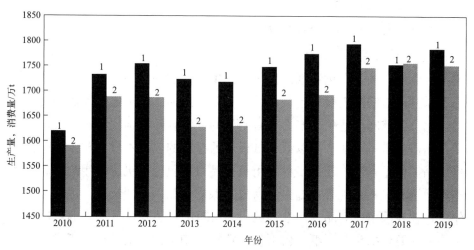

图 2-1-3　未涂布印刷书写纸 2010～2019 年生产量和消费量

1—生产量；2—消费量

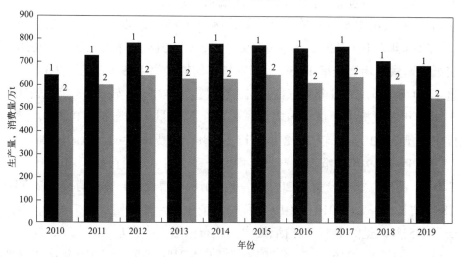

图 2-1-4　涂布印刷纸 2010～2019 年生产量和消费量

1—生产量；2—消费量

（2）印刷书写纸绿色发展趋势

在 IT 产业的冲击下，当前在全球范围内对印刷书写纸产品需求下降，新闻纸和书写纸生产持续下滑。但由于庞大的内部市场需求拉动，中国印刷书写纸市场保持了平稳快速的增长，生产企业的整体素质和竞争能力进一步增强。在国家相关产业政策的引导下，产业结构从资源和劳动密集型向资本和技术密集型升级，企业结构从小规模生产向大型化集团经营发展，产业特点从高耗、高污染的"黑色工业"向"清洁工业"转变，产品技术从传统机械化作业向高新技术应用渗透方向发展，产业模式从传统林纸分离向"林纸一体化"转变，产业转移从以贸易出口为主向以投资建厂为主转变，适时与外资进行多领域、多形式的合作成为印刷书写纸生产企业的发展策略之一。但目前一些较小规模的生产企业还存在着原料结构落后、技术装备落后的问题，对环境仍有影响。

1.1.2.2　包装纸绿色制造现状与趋势

（1）包装纸绿色制造现状分析

造纸工业生产的各类包装纸，是与人民生活、农副产品和工业生产所需紧密相关的基础原材料。纸及纸板在包装领域里，从生产加工、运输至回收等环节与其他包装材料比，在成本和适用性方面具有明显的优势。随着国民经济发展，各类包装纸的产量和需求量不断增加。以纸和纸板作为材料的包装不仅为与人民生活息息相关的日用品提供了方便，还为多种耐用消费品（彩色电视机、家用电冰箱、家用空调器、家用洗衣机和手机等）提供了有效的保护产品，方便运输、品牌塑造、提升形象作用。在我国出口商品中，纸和纸板为材料的包装发挥着重要的作用。

包装纸主要包括包装用纸、白纸板、箱板纸和瓦楞原纸。白纸板常用于包装食品、医药品和化妆品等，箱板纸和瓦楞原纸则多用于家电包装和日化包装等领域。我国纸张市场对各类包装纸的需求始终占纸张品种的主导地位。

2019 年包装纸生产量占总生产量的比例为 60.52%。其中，包装纸生产量 695 万 t，较 2018 年增长 0.72%；消费量 699 万 t，较 2018 年降低 0.29%。2010～2019 年包装纸生产量年均增长率 1.65%，消费量年均增长率 1.49%，见图 2-1-5。白纸板生产量 1410 万 t，较 2018 年增长 5.62%；消费量 1277 万 t，较 2018 年增长 4.76%。2010～2019 年白纸板生产量年均增长率 1.35%，消费量年均增长率 0.20%，见图 2-1-6。箱纸板生产量 2190 万 t，较 2018 年增长 2.10%；消费量 2403 万 t，较 2018 年增长 2.47%。2010～2019 年箱纸板生产量年均增长率 1.71%，消费量年均增长率 2.37%，见图 2-1-7。瓦楞原纸生产量 2220 万 t，较 2018 年增长 5.46%；消费量 2374 万 t，较 2018 年增长 7.28%。2010～2019 年瓦楞原纸生产量年均增长率 1.92%，消费量年均增长率 2.57%，见图 2-1-8。白纸板中，涂布白纸板生产量 1350 万 t，较 2018 年增长 5.88%；消费量 1216 万 t，较 2018 年增长 5.01%。2010～2019 年涂布白纸板生产量年均增长率 1.32%，消费量年均增长率 0.11%。

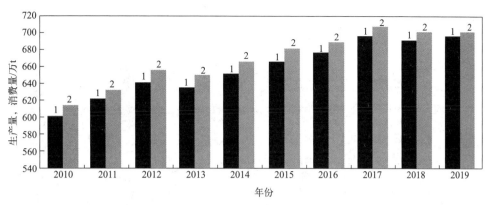

图 2-1-5　包装纸 2010～2019 年生产量和消费量

1—生产量；2—消费量

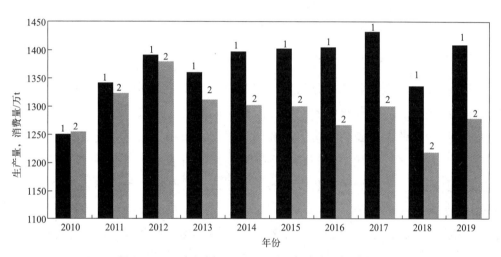

图 2-1-6　白纸板 2010～2019 年生产量和消费量

1—生产量；2—消费量

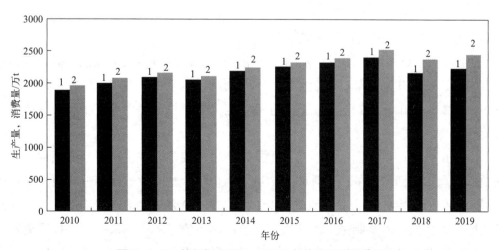

图 2-1-7　箱纸板 2010～2019 年生产量和消费量

1—生产量；2—消费量

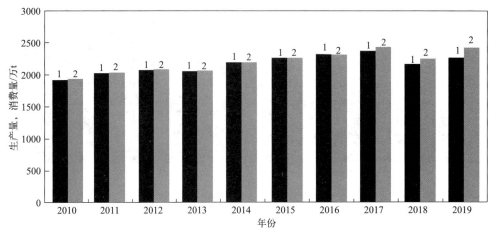

图 2-1-8　瓦楞原纸 2010~2019 年生产量和消费量
1—生产量；2—消费量

（2）包装纸绿色发展趋势

包装纸作为造纸行业的细分领域，其本身具有良好的环保性，对环境的影响主要来自造纸生产过程和对废纸的回收。因此，只要努力改造生产过程和生产工艺，控制三废排放，使之达到有关排放标准，加强废纸的回收和再生纸浆的利用，实施包装纸的绿色生产，并从原料的绿色选择和制浆的清洁生产两方面着手进行，就有希望实现真正意义上的绿色包装纸材料。近年来，政府出台多项政策鼓励发展绿色环保、可循环使用的包装，推动包装产业转型发展，致使市场对包装材料环保性的要求日益提高。包装纸作为绿色环保的包装材料，具有易降解、再循环使用、节约成本等特点，符合我国节能减排和可持续发展的目标。受益于政府的政策支持与公众环保意识的提升，未来纸包装行业将迎来进一步的发展。

1.1.2.3　生活用纸绿色制造现状

（1）生活用纸绿色制造现状分析

生活用纸一般指为照顾个人居家、外出等所使用的各类卫生擦拭用纸，包括卷筒卫生纸、抽取式卫生纸、盒装面纸、袖珍面纸、纸手帕、餐巾纸、擦手纸、厨房纸巾。妇女卫生巾、产妇褥垫、婴儿尿裤、老人失禁用品等生理卫生制品也属于生活用纸范畴。

生活用纸主要供人们生活日常卫生之用，是人民生活中不可或缺的纸种之一。它的形状有单张四方形的，这种叫方巾纸或面巾纸；也有卷成滚筒形状的，这种叫卷纸。它们通常由棉浆、木浆制造，少量由竹浆、草浆或者废纸浆制造。质量好的卫生纸都是由原生木浆制成，跟一般文化纸的制造流程相近，只是要求松薄柔软，以达到亲肤使用的目的。生活用纸一般属于薄型纸（tissue paper）。抄纸前的纸料中一般不添加填料，纸页通常经起皱或压花处理；纸页柔软且具有良好的吸水性，并符合规定的卫生要求。

2019 年生活用纸产量占总产量的比例为 9.34%。生活用纸生产量 1005 万 t，较 2018 年增长 3.61%；消费量 930 万 t，较 2018 年增长 3.22%。2010~2019 年生活用纸生产量年均增长率 5.51%，消费量年均增长率 5.65%（图 2-1-9）。根据中国造纸协会生活用纸专业委员会的统计，2018 年生活用纸总产量约 956.3 万 t，销售量约 958.4 万 t，人均年消费量约 6.4kg，已明显超过 RISI 统计的 2017 年世界人均消费量水平（5.1kg）。国内市场规模约 1168.0 亿元，比 2017 年增长 5.6%（表 2-1-3）。

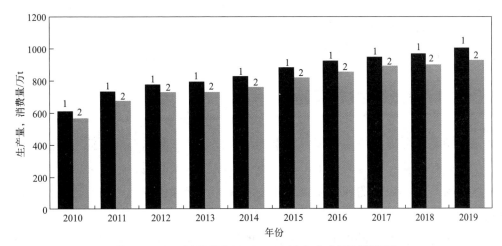

图 2-1-9　生活用纸 2010~2019 年生产量和消费量

1—生产量；2—消费量

表 2-1-3　2018 年中国生活用纸行业的总规模

项目	2017 年	2018 年	同比增长/%
产能/万 t	1215.0	1310.0	7.8
产量/万 t	923.4	956.3	3.6
出口量/万 t	74.0	73.8	−0.2
消费量/万 t	851.1	889.6	4.5
人均消费量/kg	6.1	6.4	4.9
国内市场规模/亿元	1106.4	1168.0	5.6

2018 年，现代化产能总计为 1222.15 万 t，开机中的现代化产能约为 1187.15 万 t，占生活用纸总产能的 90.6%。2018 年，环保要求和市场竞争加速了河北、四川等地区中小型生活用纸生产企业对高能耗小纸机的淘汰进程。以河北地区为代表的行业升级持续进行，截至 2018 年底，当地企业淘汰落后产能工作基本结束，同时，新增现代化产能，继续集中投产，并开启了在全国新建生产基地的战略布局。据中国造纸协会生活用纸专业委员会统计和估计，2018 年全国淘汰和停产的生活用纸产能约 54 万 t，新增的约 167 万 t 现代化产能中，中小型企业纸机更新换代项目数量继续大

幅增加，也进一步推动了行业的优化升级。引进先进卫生纸生产线提高了生活用纸行业现代化产能占比，据生活用纸委员会统计，截至 2018 年底，我国已投产的进口新月型成形器卫生纸机累计达 167 台，产能合计 676.2 万 t/a；真空圆网型卫生纸机累计达 10 台，产能合计 143 万 t/a；斜网卫生纸机 1 台，产能 1 万 t/a。以上进口卫生纸机产能总计为 820.2 万 t/a，约占 2018 年生活用纸总产能的 62.6%。

（2）生活用纸绿色发展趋势

生活用纸是唯一直接提供消费者使用的一个纸种，是日常必需的快速消费品。从而，生活用纸的消费水平是衡量一个国家现代化水平和文明程度的标志之一。近几年来，随着国家实施节能减排和强制淘汰落后产能政策及市场的竞争和调整，行业落后产能的淘汰步伐加快，促使中国生活用纸行业现代化产能的比例持续提高。

1.1.3 制浆造纸绿色发展趋势

鉴于资源、环境、效益等诸多因素的约束，近年来我国造纸工业一直在加快技术进步和科技创新，朝着高效率、高质量、高效益、低消耗、低污染、低排放的方向发展，实现循环经济的现代化大工业发展模式，向绿色制造迈进，走可持续发展之路。

造纸工业使用的原料和生产过程排放的固态、气态、液态废物基本上可回收利用，纸张产品更是可以循环利用，这一特性奠定了造纸工业循环经济基础。造纸工业实施全生命周期管理，致力于提高资源的高效和循环利用。开发绿色产品，创建绿色工厂，引导绿色消费，转变发展方式，按照减量化、再利用、资源化的原则，提高水资源、能源、土地及植物原料等的利用效率，减少能源消耗和污染物排放。造纸工业开展循环经济、节能减排等工作，对产业结构调整和产业升级起着重要支撑和推动作用。

造纸行业坚持绿色发展和环保优先，表现出三大趋势。一是节约资源的趋势。充分利用间伐材、小径材、林业速生材、加工剩余物生产纸浆，有效提高木材的综合利用率；强化废纸利用，拓宽国外废纸回收渠道，建设国内废纸回收系统，努力提高废纸资源利用率；充分利用竹子、芦苇、蔗渣、秸秆等非木材资源，有效推动非木材浆造纸积极发展。二是降低能耗的趋势。加强资源循环利用，充分利用黑液、废渣、污泥、生物质气体等能源，回收利用余压、余热、废气、废液及其他废弃物，提高资源综合利用水平，有效降低造纸能耗。三是减少污染的趋势。加强对锅炉、焚烧炉、碱回收炉、石灰窑炉的废气、废水排放治理，确保污染物达标排放；强化固体废物处置，加强无组织逸散污染物的收集和处理，有效防止环境污染和生态破坏。通过节约资源、降低能耗和减少污染，努力建设资源节约型、环境友好型造纸工业。为适应未来发展趋势，造纸行业加大了对低定量化、功能化、环保型纸及纸板新产品的研发，以适应市场需求变化。

1.2 制浆造纸典型材料和产品主要流程和产能

1.2.1 制浆原料的特性

目前造纸工业所应用的植物纤维原料种类繁多，根据原料的形态特征、来源及我国的习惯，可大体上分为：

（1）木材纤维原料

我国虽然是个树木资源丰富、品种繁多的国家，但又是个森林覆盖率低的贫林国。木材纤维作为主要的造纸原料来源，主要有以下几种：①针叶材原料。由于这类原料的叶子多呈针状、条形或鳞形，因此一般称为针叶材原料。同时，因原料的材质一般比较松软，故又称软木。这类原料中，造纸工业用得最多的是云杉、冷杉、马尾松、落叶松、湿地松、火炬松等。②阔叶材原料。这类原料的叶子多为宽阔状，故称阔叶材。由于其材质较坚硬，因此一般又称为硬木。实际上，造纸工业所使用的仅是阔叶材中材质较松软的品种，如杨木、桦木、桉木、榉木、楠木、相思木等。

（2）非木材纤维原料

非木材原料是我国造纸工业中使用较多的原料，其品种繁多。其中，有一年生的农业废料，也有自然生长或人工培植的禾本科植物等各种原料。①禾本科纤维原料。这类原料主要有竹子、芦苇、荻、芦竹、芒秆、甘蔗渣、高粱秆、稻草、麦草等。禾本科原料是我国最主要的造纸原料，其中最主要的是芦苇、荻、竹子、甘蔗渣、麦草等原料。②韧皮纤维原料。这类原料大体上包括两类：a.树皮类。因部分树木的皮层中含有较多的纤维，故有造纸利用价值。据初步统计，我国有几十种树的树皮具有制浆造纸价值，如桑皮、檀皮、雁皮、构皮、棉秆皮等。b.麻类。包括红麻、大麻、黄麻、青麻、苎麻、亚麻、罗布麻等。③籽毛纤维原料。这类原料包括棉花、棉短绒及棉质破布等。④叶部纤维原料。部分植物的叶子中富含纤维，故有制浆造纸价值，如香蕉叶、龙舌兰麻（如剑麻、灰叶剑麻、番麻等）、甘蔗叶、龙须草等。棉秆的形态、结构介于木材和禾本科原料之间，分类学上属于锦葵科棉属，全世界约有 35 个品种。其化学成分、形态结构及物理性质与软阔叶材相近。我国是世界上第二大产棉国，有丰富的棉秆资源可供制浆造纸开发利用。

1.2.1.1 漂白硫酸盐浆原料特性

漂白硫酸盐浆一般是以木材（针叶木或阔叶木）为原料，采用硫酸盐法蒸煮、漂白后制得的一种化学纸浆。硫酸盐法蒸煮是用氢氧化钠和硫化钠等化学药剂的水溶液，在一定的温度下处理植物纤维原料，将原料中的绝大部分木素溶出，使原料中的纤维彼此分离成纸浆。漂白硫酸盐浆在商品纸浆中应用最为广泛，硫酸盐法几乎适用于各种植物纤维原料，如针叶木、阔叶木、竹子、草类等，还可用于质量较差的废材、枝丫材、木材加工下脚料、锯末以及树脂含量很高的木材。烧碱法适用于棉、麻、草类等非木材纤维原料，也有用于蒸煮阔叶木的，很少用于蒸煮针叶木。根据不同的植物纤维原料、蒸煮漂白工艺和操作条件，漂白硫酸盐浆几乎可以生产所有的纸种（特殊品种例外）。

植物纤维原料经过备料后，合格的料片送到蒸煮器中。对于木材原料，木片先经蒸汽汽蒸，将木片中的空气驱除，以利于蒸煮药液浸透，然后将蒸煮液（一般为80～100℃）送入蒸煮器内。蒸煮液由白液、黑液和水按照设定的浓度配制而成，送液量由蒸煮的液比和木片水分而定。送液完毕，为了使蒸煮化学反应进行得均匀，可在升温之前进行空运转，然后通过间接加热或直接通蒸汽加热升温至蒸煮化学反应所需的温度（一般为150～170℃），并在此温度下保温一定时间，使原料中的木素脱除，纤维彼此分离。蒸煮到达终点后，蒸煮器内的物料直接喷放或者泵送到喷放锅内。

木材（包括针叶材和阔叶材）是漂白硫酸盐浆的主要原料。漂白针叶木硫酸盐浆一般以松木和云杉为原料，纤维长度在 3.1～3.3mm，纤维十分均匀，细胞壁薄。由于这些浆的纤维细且不长，因此每克纸浆纤维根数比一般针叶木浆多，适宜用来生产要求平滑度高、强度好的纸张，如各类涂布原纸、凹版印刷纸和离型原纸等。俄罗斯的漂白针叶木硫酸盐浆和北欧的相似。加拿大的漂白针叶木硫酸盐浆根据产地在西海岸、安大略省、魁北克省和沿海各省不同而有所差异。

漂白阔叶木硫酸盐浆直到20世纪80年代中期，都是北方混合阔叶木硫酸盐浆，主要材种有枫树、桦木、山毛榉、杨木。20 世纪 80 年代中期起，工厂开始生产以枫木为主的阔叶木浆。现在几乎所有漂白阔叶木硫酸盐浆的生产商都供应80%枫木和少量小密度的阔叶木如杨木的产品。这种单一树种阔叶木浆有很好的均匀性，是任何混合阔叶木浆都不能及的，能有效地与北欧的桦木浆、巴西和智利的桉木浆以及加拿大的杨木硫酸盐浆竞争。

漂白杨木硫酸盐浆常常和其他漂白阔叶木硫酸盐浆归在一类，其实它值得单独划成一类。一方面杨木密度小，纤维细胞壁薄，从而具有较低的平均松厚度和不透明度，而且在打浆时倾向于产生较多的细小纤维；另一方面，杨木纤维易于塌陷变成平整的纽带，从而有很高的平滑度、油墨保留性和印刷光泽度。杨木硫酸盐浆是生产各种凹版印刷纸和要求印刷光泽度高的纸的理想原料。考虑到杨木硫酸盐浆是一种十分优秀的阔叶浆种，用杨木生产漂白硫酸盐浆也是一种合理的选择，目前我国不少林纸一体化项目都是种植杨树。

漂白桉木硫酸盐浆主要有两种，一种是巴西的，以巨桉为主，另一种是伊比利亚（西班牙和葡萄牙）的，以蓝桉为主。前者主要是人工林，后者是天然林。20 世纪 50 年代巴西开始种植桉树，70 年代生产漂白浆。桉木浆是十分均匀的纸浆，对提高纸张不透明度、平滑度、匀度和印刷光泽度都有很好的作用，比传统的北方阔叶木浆和桦木浆都好。20 世纪 70 年代末又发现桉木单根纤维的弯曲性低，且单位质量纸浆纤维数目多，因而是面巾纸等生活用纸的优质原料。与针叶木浆相比，桉木浆的主要优点是有较高的松厚度、不透明度、匀度和平滑度；不足之处是强度较差，但是可以通过适当地打浆提高其强度。桉木浆以轻度打浆为宜，在用 100%桉木生产印刷书写纸和涂布原纸时，常控制打浆度在 28～35ºSR。

近年来，生产混合热带阔叶木和相思树漂白硫酸盐浆的企业增加较多。前者纤维较粗，松厚度和挺度好，不透明度一般，适于生产书籍用纸。相思树纸浆是单一树种纸浆，纤维均匀且短小，能够提供优良的平滑度和不透明度，可用于生产生活用纸、高级纸、无碳复写纸原纸等；因为纸浆很洁净，也适用于生产数字打印纸。一般不把混合阔叶木浆作为相思树浆的替代品，而是把 CTMP 作为替代品。作为单一树种的相思树浆可以与桉木浆媲美。总的来说，前者有更好的不透明度，后者有更高的强度和松厚度，两者都可用来生产生活用纸。

1.2.1.2 化学机械浆原料特性

近 20 年来，国外高得率浆的生产原料保持传统的针叶木作为主要木材原料来源。进入国内市场后，限于我国木材原料结构，化机浆主要原料来源从传统的针叶木长纤维转变为杨木、桉木等速生阔叶材。同时，一系列适应国内原料市场的改良化机浆生产工艺应运而生，其中典型的代表性生产工艺 P-RC APMP 得以迅速发展，占据国内化机浆生产市场的主流地位。

针叶材纤维长且直径较大，为得到较好的纸张平滑度，通常需要处理到较低游离度（一般低于 150mL）浆料使用，而高游离度的针叶木高得率浆一般用于抄造纸板等包装纸产品。与针叶木相比，常用的杨木、桉木、桦木、枫木、相思木等阔叶木原料纤维短且直径较小，对提高纸张匀度和表面性能有利。虽然采用单纯机械处理所获得的阔叶木化机浆强度较低，尤其是撕裂强度差，但经化学预处理后的热磨机械浆大大改善了成浆强度，使得阔叶木化学机械浆广泛应用于多种高等级文化纸产品。由于其纤维较短，阔叶木化机浆的游离度（CSF）可以保持在较高的范围（250～350mL）而不显著影响成纸的匀度和表面粗糙度。

在化学机械浆生产技术方面，国家自"八五"和"九五"期间就着手广泛开展相关关键技术攻关，目前已经完成世界先进水平的高得率制浆整套设备的"引进-

消化-再创新"及产学研一体化研究，系统研究了速生杨、桦、桉等阔叶材及杉木、马尾松等速生针叶材制浆适宜性能，提出了适宜的高得率浆生产工艺技术、漂白工艺及相关废水处理技术等，完成了系统发展高得率浆生产技术基础研究，为化机浆生产技术的国产化应用和快速发展确立了有利条件。

1.2.1.3 废纸浆原料特性

废纸浆以废板纸、废报纸、废书刊纸等为主要原料，可以解决木材纤维原料短缺等问题，提高产品质量。对于不同类型的废纸浆纤维，其可回用次数也各有不同。一般说来针叶木纤维的回用次数较高，可以达到 5 次以上（到 8 次时强度大幅度下降），阔叶木纤维（短纤维）是 3 次，草类纤维只能回用 2 次，而棉花纤维和麻类纤维可以回用 10 次以上。总体上，利用 1t 废纸相当于节约 3m³ 的木材，且利用废纸生产 1t 高白度脱墨浆较利用植物原料生产 1t 漂白化学浆节约用水 50%，节约化学药品 60%～70%，节约能源 50%以上。因此废纸的循环利用不仅可以保护森林资源，减少环境污染，降低水、能源和化学药品的消耗，而且还可以降低纸和纸板的生产成本，被称为"城市里的森林工程"。

1.2.2 造纸原材料的特性

造纸原料具有先天的绿色属性，现代造纸工业的纤维原料主要来源于植物。植物生长依靠二氧化碳和水通过光合作用产生纤维素、半纤维素和木素等。制浆过程主要是提取纤维形成纸浆，进而生产纸张。植物纤维到纸浆、纸张再到废纸回收的过程，固碳作用明显，效果显著，体现了其绿色属性。

制浆造纸以天然植物纤维为原料，其产品不仅有循环再生优势，更重要的是有固碳作用。主要体现在以下几方面：可形成森林碳汇——植物生长通过光合作用吸收二氧化碳形成纤维材料，碳以纤维形态被固定，达到固定二氧化碳的作用，从而可发挥出森林碳汇功能。低碳排放——制浆造纸过程中黑液、废渣、污泥和沼气等可作为生物质能源回收利用，进而降低石化能源消耗，减少二氧化碳排放。循环再用——绝大部分纸产品使用后都能回收利用，废纸经处理后可代替原生纤维原料再用于造纸。这些功能和作用为造纸工业走循环经济、绿色经济、低碳经济之路奠定了基础。

具体来讲，我国纸浆结构由木浆、废纸浆和非木浆组成，其中以废纸浆为主。随着造纸工业结构调整，我国造纸原料结构持续优化，基本满足国内目前产品结构的生产需求。2008～2017 年我国废纸浆生产量提高 2.4%。受废纸进口政策影响，2018 年废纸浆生产量大幅下降，木浆使用比例逐渐提高。非木浆由于质量和环保等因素，生产用量逐渐降低，但在近两年迎来增长转机。

中国是非木材纸浆的生产大国，全球非木材纸浆生产的 70%产自中国。非木材纤维资源主要包括竹子、芦苇、麦草、稻草和甘蔗渣等。使用非木材纤维原料制浆造纸在中国有悠久的历史，产品应用也较广泛。随着生态环境质量要求越来越高和市场竞争越来越激烈，非木材纤维的劣势也在凸显，使得我国造纸业非木浆的比例近年来逐渐降低。深入开展对非木材纤维原料和工艺技术的研究，有望提高非木材纤维原料应用，缓解国内纤维原料的不足。

我国木材纤维资源短缺，非木材纤维资源利用又遇到瓶颈，因此当前支撑我国造纸工业发展的纤维原料，相当一段时间主要是废纸原料。由于国内产业结构和需求，尤其是制造业产品出口占比较大，国内约30%的纸张总量作为出口包装物、说明书和标牌等被携带到海外，加上人们日常生活和工业生产消耗及书籍、档案沉淀，造成国内废纸可回收量减少。所以，进口废纸原料就成为造纸工业纤维原料的主要补充来源和维持废纸纤维质量的保障。

1.2.2.1 印刷书写纸原料特性

印刷书写纸的原料种类多样。其中，涂布印刷纸和非涂布印刷书写纸的主要材料为木浆，包括阔叶浆、针叶浆、化学机械浆等，新闻纸原料主要为机械木浆和废纸浆。

新闻纸绝大多数以机械木浆（如磨石磨木浆、热磨机械浆、化学热磨机械浆、漂白化学机械浆等，我国一般采用磨木浆或化学机械浆）为主要原料，再掺用10%左右的化学木浆抄造而成。随着废纸回收利用技术的发展，废报纸、书刊、画报等经处理脱墨后的浆料，也逐渐成为生产新闻纸的重要原料之一，国内已有一些厂家采用100%废纸浆生产新闻纸。非木材纤维原料中的蔗渣、红麻、苇类原料通过不同的制浆方法，也可作为新闻纸生产的配浆。

涂布印刷纸中，铜版纸的主要原料是铜版原纸和涂料。铜版原纸用漂白化学木浆或配以部分漂白化机浆、漂白化学草浆在造纸机上抄造而成。铜版原纸必须厚薄均匀、伸缩性小、强度较高、抗水性好，纸面不许有斑点、皱纹、孔眼等纸病，用来涂布的涂料由优质的白色颜料（如高岭土、碳酸钙等）、胶黏剂（如胶乳、淀粉、聚乙烯醇等）及辅助添加剂（如光泽剂、硬化剂、塑化剂等）组成。轻量涂布纸的原料一般为漂白化学浆和化机浆。国产的轻量涂布纸还配有脱墨浆或漂白化学草浆。

非涂布印刷书写纸中，生产书写纸的纤维原料来源比较广泛，国内主要采用的原料有麦草浆、芦苇浆、蔗渣浆、竹浆等，并根据质量要求的高低配入不同比例的漂白化学木浆。生产复印纸的原料最好是100%硫酸盐针叶木浆或配用少量的草浆，也有的纸厂是漂白硫酸盐竹浆、漂白硫酸盐麦草浆或漂白硫酸盐芒秆浆等浆料，配用少量木浆，或者直接采用100%的草浆进行抄造。制图纸的主要原料为漂白硫酸盐木浆，并配以少量的漂白棉浆或草浆。

1.2.2.2　包装纸原料特性

可以用于生产包装纸的原料范围非常广泛,除利用各种植物纤维原料(如木材、稻麦草)进行制浆用于包装纸的生产外,废纸已成为生产纸板的主要原料。因此我国在充分利用国内现有造纸资源外,进口长纤维废纸的用量也在逐年增加,而且还开发了一些新的原料资源(如红麻秆、柠条、苇子、竹材类等非木材资源),以适应纸板工业生产发展的需要。

包装用纸中,纸袋纸的原料大多采用未漂硫酸盐针叶木浆,在保证质量的前提下,有时也添加部分竹浆、棉秆浆、破布浆等。牛皮纸的原料主要是未漂硫酸盐针叶木浆,或其他强度类似的化学纸浆,有时还配比一定量的阔叶木浆、竹浆或草浆等。

白卡纸常采用 100%的漂白木浆作为原料,面层、底层采用硫酸盐化学针叶木浆,芯层采用阔叶木化学机械。白卡纸一般不能使用二次纤维。涂布白卡纸芯浆一般采用热磨机械浆和化学热磨机械浆或漂白化学机械浆以及在不影响质量的前提下使用一些较廉价的浆种和脱墨废纸浆。底浆采用阔叶短纤浆或竹浆、中长纤维浆等浆种或其混合浆,并配入一定比例的针叶木长纤浆,以提高纸张的挺度和强度。针叶木长纤维配入比例一般为 30%～40%。面浆一般采用阔叶木浆配入少量针叶木长纤维,可以在不影响质量的情况下配入一定比例的其他细短纤维浆种来降低生产成本。针叶木长纤维配入比例一般为 10%～20%。

箱纸板的原料有很多种,有木浆、草浆、竹浆、废纸浆等。普通箱纸板、牛皮挂面箱纸板的优等品和一等品质量要求高一些,通常采用 20%左右的硫酸盐本色针叶木浆生产挂面浆,底浆采用 20%左右的进口废旧瓦楞纸板浆或自制阔叶木浆,芯浆则采用自制草浆、竹浆、棉秆浆,也可加入部分废纸浆。

1.2.2.3　生活用纸原料特性

生活用纸的原料主要有漂白针叶木浆、漂白阔叶木浆和漂白草类原料的纸浆。漂白木浆是大多数高质量卫生纸产品的主要组分,它的主要功能是赋予卫生纸生产和使用所需的必要强度,但在获得这种强度的同时,不能损害其他重要的质量特性,如柔软度、松厚度和吸水能力。利用纤维性质上的不同,可生产适用于某种指定用途的卫生纸产品。针叶木浆和阔叶木浆在纤维性能上差别很大,因此它们的应用范围有明显的不同。即使都是针叶木浆,由于树种生长地点和树龄的不同,它们的纤维性能也不相同。

中国是非木材纤维原料的使用大国,非木材纤维原料物态共同的特点是叶、梢、节、穗、残粒含量高。目前,生活用纸行业非木材纤维原料生产的产品逐渐增多,尤其是竹类纤维原料制品。

1.2.3 纸浆绿色制造技术特征

1.2.3.1 漂白硫酸盐浆绿色制造技术特征

硫酸盐法是指木片在 NaOH 和 Na₂S 的溶液中进行蒸煮。碱液的侵袭使木素分子碎解成较小的组分，木素钠盐溶解于蒸煮液中。硫酸盐法国外俗称"Kraft"，德文中是强韧的意思。Kraft 纸浆可制造强韧的纸产品，但其未漂浆呈深棕色。硫酸盐法制浆有独特的臭味气体产生，主要是有机硫化物，会造成环境污染。在硫酸盐法的蒸煮液中，除 NaOH 的强碱性作用外，Na₂S 电离后的 S²⁻和水解后的产物 HS⁻有着相当重要的作用。此外，Na₂CO₃ 和 Na₂SO₃ 甚至是 Na₂Sₙ 等杂质成分也起到一定的作用。蒸煮液中含有 Na₂Sₙ（多硫化物）时，对蒸煮有益，能提高蒸煮得率，但有强烈的腐蚀作用。

1.2.3.1.1 漂白硫酸盐浆生产主要技术流程

漂白硫酸盐法制浆过程（图 2-1-10）可概述为以下几部分：

（1）蒸解工段（喂料系统、预浸管和蒸解釜）

从备木系统输送过来的合格木片由皮带运输机送至蒸解工段，然后依次通过木片仓、喂料计量螺旋、溜槽、低压喂料器（第一段喂料器）、喂料线分离器、高压喂料器（第二段喂料器）及高压预浸管进入连续蒸解釜蒸煮。蒸煮后的木片由蒸解釜底部的排料装置均匀地排放到喷放锅内。

（2）筛浆、洗浆工段（粗筛、细筛和压榨洗涤器）

浆料在经过喷浆槽的暂存后来到筛洗工段，首先是两个并列的相同的粗筛，通过粗筛后，合格浆料进入第一段细筛；从第一段细筛出来的合格浆料被送往压榨洗涤器进行洗涤，而不合格的浆料被送到第二段细筛继续循环。

从蒸解釜过来的粗浆中往往含有少量对造纸有害的杂质，如未蒸解部分（纤维块、树皮）以及外来的杂质（如砂石、金属杂物、橡胶和塑料）等。这些杂质不仅影响产品质量，而且还会损害设备，妨碍正常生产。因此，筛浆与净化的目的就是将这些杂质除去，以满足产品质量和正常生产的需要。筛选与净化是两种工作原理不太相同的过程，筛选是以几何尺寸进行分选，净化则是以物料的密度和几何尺寸同时进行分选。这两种方法互相补充，以获得达到要求的浆料。原料种类、制浆方法以及纸浆质量不同，所选择的筛选、净化设备和工艺流程、工艺条件也不相同。

植物纤维原料经蒸煮后得到大约 50% 的纸浆，另外 50% 左右的物质溶解在蒸煮液中，形成蒸煮废液。对于硫酸盐碱法制浆，这种废液叫作黑液。废液固形物的主要成分是有机物（主要是木素和聚糖的降解产物），黑液固形物中的有机物占 65%～70%，其余为无机物。纸浆洗涤的目的就是尽可能完全地把纸浆中的废液分离出来，以获得比较洁净的纸浆。

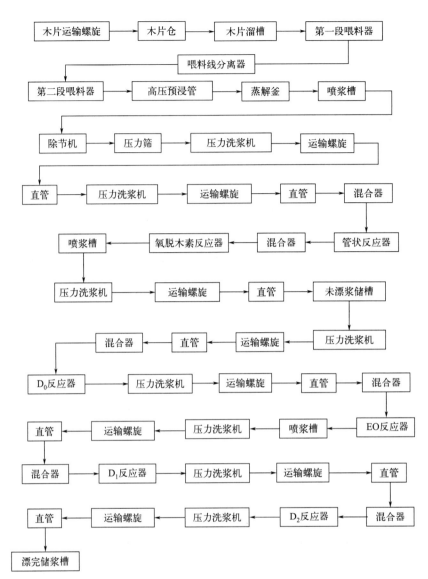

图 2-1-10 漂白硫酸盐制浆流程图

（3）氧脱木素工段

筛选和洗涤后的浆料送至氧脱木素工段，加入了氧化白液的浆料在与氧气混合后先通过管状反应器充分混合反应再加入中压蒸汽和氧气，随之浆料进入氧反应器内，在此再对浆料中残余的木素进行脱除。反应完毕的浆料由反应器顶部的排料口排至喷浆槽，从喷浆槽出来的浆料经过一压榨洗涤器后被送至漂白工段。

氧漂，又称氧脱木素，或预漂。在 1956 年苏联学者 Niktin 和 Akim 用分子氧在碱性条件下对溶解浆进行漂白和精制，但氧用于造纸用浆的漂白时没有成功，这是因为碳水化合物过多降解。1964 年，法国学者 Robert 等人发现氧碱漂白时添加

$MgCO_3$ 能够保护纸浆的强度。这一发现导致了两个氧漂系统的同时出现,南非的 Sopoxal 法和瑞典的 MoDo-CIL 氧漂系统于 1970 年开始商业运行。因为从氧碱预漂段(即位于传统 CEDED 流程以前的)排出的废水完全适应于硫酸盐制浆过程的碱回收系统,所以在生产过程中最初的很大兴趣来自它使浆厂污染有实质性的减少。目前氧脱木素工艺的大量运用主要是由于环境方面考虑,但也是由于目前中浓设备的使用提供了更多的选择。

现在,氧碱漂白(目前更普遍和准确的说法为"氧脱木素")已经成为一种工业化的成熟漂白技术,未漂浆残余木素的 1/3~1/2 可以用氧在碱性条件下除去,而不会引起纤维素强度严重的损失,并且废液中不含氯,可用于粗浆洗涤,且洗涤液可送到碱回收系统中处理和燃烧。氧脱木素是 ECF 的重要组成部分,成为纸浆漂白技术的一个发展方向。

20 世纪 80 年代初,由于高效的中浓混合器和中浓浆泵的出现,使中浓氧脱木素实现了工业化,并迅速得到发展。至 1993 年,中浓氧脱木素生产能力已经占总生产能力的 82%。粗浆经洗涤后加入 NaOH 和(或)氧化白液,落入低压蒸汽混合器与蒸汽混合,然后用中浓泵送到高剪切中浓混合器,与氧气均匀混合后落入反应器底部,在升流式反应器反应后喷放,并洗涤。氧脱木素是高效清洁的漂白技术,其缺点之一是脱木素的选择性不够好,一般单段的氧脱木素不超过 50%,否则会引起碳水化合物的严重降解。为了提高氧脱木素率和改善脱木素选择性,目前的发展趋势是采用两段氧脱木素。段间进行洗涤,也可以不洗;化学药品只在第一段加入,也可以在两段分别加入。

两段氧脱木素的脱木素效率可达 67%~70%,且脱木素选择性好,漂白浆的强度高,化学药品的耗用量减少,漂白废水的 COD 负荷降低。

(4)漂白工段

漂白硫酸盐浆厂的浆线漂白工段由四个阶段组成:热的二氧化氯漂白阶段;氧加强碱抽提阶段;最后两段是二氧化氯漂白工段。这一漂白过程通常写作:DualD,(EO),D_1,D_2。各漂白段后都用一压榨洗涤器单独洗涤,这样可以将酸性漂白阶段和碱性漂白分开,以减少不明化合物的急剧生成。

随着环境保护要求的日益严格,含氯漂白废水中含有的氯化有机物对环境的危害引起了人们广泛的关注,氯和次氯酸盐漂白正越来越受到限制,纸浆漂白正朝着无元素氯(ECF)和全无氯(TCF)方向发展。

DualD 阶段:热的二氧化氯漂白是阔叶木硫酸盐浆漂白新技术。在这段漂白中传统的二氧化氯漂白与热的浓硫酸相结合,使得浆料的卡伯值与传统的漂白相比有显著的降低。为了使反应条件处于最佳,温度必须保持在 85～90℃之间,反应时间为 2h。pH 必须低于 3.5,一般低于 3.0。浆料一般由 DUFLOTM 泵送往漂白塔,硫酸可以在直立管处加入。中压蒸汽在喷放混合器中加入来提高浆料的温度至 DualD 漂白塔所需的温度。二氧化氯在 DualD 混合器中加入,浆料在上升管中的停留时间为 30min。用氯量根据进入浆料的卡伯值确定。通过测定 EO 段后浆料的卡伯值或白度,可以对进入漂白塔的各个参数作出一定量的调整。

EO 阶段:反应是加压状态下的碱抽提。在这一阶段部分降解的木素碎片被溶解,卡伯值被进一步地降低;氧气的作用主要是提高纸浆的白度,对卡伯值的降低作用不是很大。NaOH 加在稀释液中,中压蒸汽加在喷放混合器中用来提高浆料的温度,氧气也在喷放混合器中加入。反应完后气体与浆料在喷放锅内分离,随后送入压力置换洗浆机。反应速度取决于化学品用量和温度,因此浆料卡伯值的降低与白度的提高便由化学品用量、温度以及 pH 值来控制。温度以及碱和氧气的用量由进入 DualD 段的卡伯值、化学品用量来决定。如果经过反应器后浆料的温度和白度与目标有差距,可以改变反应塔内的反应温度和化学品用量。

D_1、D_2 阶段:最后两段很相似,都为二氧化氯漂白,反应时间大约 3h,二氧化氯在 DualD 混合器中加入。为了控制最后阶段的 pH 值,浆料在进入 D_2 塔前就在稀释液中加入了 NaOH。在每个塔的底部都有一个卸料器将浆料送入泵中,然后送到压力置换洗浆机。根据进入浆料的白度和卡伯值可以先确定用氯量,而经过反应塔后浆料的白度又反馈回去来决定二氧化氯的用量。在 D_2 段中要用碱来控制浆料的卡伯值。经过漂白后的浆料进入两个储浆塔暂存,以备抄浆使用。

1.2.3.1.2 漂白硫酸盐浆产品特性和使用性能

硫酸盐法制浆的优点:

① 对各种木材纤维原料,如针叶木、阔叶木、竹及草类等都适用,还可以用于质量较差的废材、枝丫材、木材加工厂下脚料及树脂含量高的木材。

② 能生产很多品种的纸浆。如针叶木本色浆常用于电气绝缘纸、纸袋纸、强韧包装纸、特殊纸板及工业技术用纸,针阔叶木及草类漂白浆用于制造文化用纸及白纸板等,并生产溶解浆制人造纤维。硫酸盐法是当今化学制浆方法中广泛应用的一种。

③ 纸浆强度较好。与烧碱法相比浆的得率较高。

④ 对设备的腐蚀比较小。对蒸煮和洗涤设备的材料,一般采用碳钢即可,较易解决。

⑤ 可以经济而有效地对制浆化学药品和热能进行回收。如使用树脂含量较高的

针叶木制浆，还能生产出像松节油和塔罗油那样高价值的副产品，使生产成本和污染负荷降低。

⑥ 利用多段漂白方法和二氧化氯漂白剂，可以得到高强度和高白度的纸浆。

硫酸盐法制浆的缺点：

① 与亚硫酸盐制浆比较，硫酸盐木浆有得率稍低、原料消耗略高、纸浆颜色深、打浆漂白较困难、浆的成本高等缺点。对于多戊糖含量高的草类纤维，碱法浆的滤水性能较差，不透明度也较低。

② 制浆过程中不可避免地会产生难闻的臭气，既污染空气又对人体健康有害。

③ 不能有效地利用纤维原料的木素。黑液中的木素在碱回收锅炉中被燃烧。

漂白硫酸盐浆的性能标准详见 QB/T 1678—2017《漂白硫酸盐木浆》。

漂白硫酸盐木浆可供制造高级印刷纸、画报纸、胶版纸和书写纸等，主要有以下两种。

① 漂白硫酸盐针叶木浆简称漂针浆（NBKP），是以针叶木为原料，采用硫酸盐法蒸煮、漂白后制得的一种化学纸浆。它是商品纸浆中应用最为广泛的一种，根据不同的针叶木、蒸煮漂白工艺和操作条件，几乎可以生产所有的纸种（特殊品种例外）。漂针浆是"纸浆之王"。

② 漂白硫酸盐阔叶木浆简称漂阔浆（LBKP），也是用硫酸盐法生产的，只是采用的原料为阔叶木。它可以单独或与漂针浆配抄各种高级印刷纸等。

1.2.3.2 化学机械浆绿色制造技术特征

1.2.3.2.1 化学机械浆生产主要技术流程

总体上，高得率浆的生产过程具有原料利用率高、过程浓度高、单位产品水耗相对较少等技术特点。环境污染类型包括固废、粉尘、废水、噪声、废热等几种形式。以化机浆生产过程为例，其中固体废弃物主要发生于备料和洗涤阶段，废液及 COD 则主要产生于各化学预处理工段之后的脱水螺旋设备，而高浓盘磨和低浓打浆设备则主要产生噪声、废热与废汽污染。排污位置如图 2-1-11 所示。

（1）漂白化学热磨机械浆（BCTMP）及其主要技术流程

漂白化学热磨机械浆（BCTMP）是在机械磨浆前增加了化学预处理（一般用 NaOH 和 Na_2SO_3 对木片进行预浸渍）的工段。与 TMP 的热处理相比，BCTMP 的纸浆纤维软化效果明显，成浆性能提高。BCTMP 法制浆基本保留了木材原料基本组分，很少去除木素，纤维的柔韧性和纸浆的物理强度低于传统化学浆但高于单纯的机械浆，因而在高级文化纸、印刷纸中具有更为广泛的应用。其典型工艺流程如图 2-1-12 所示。

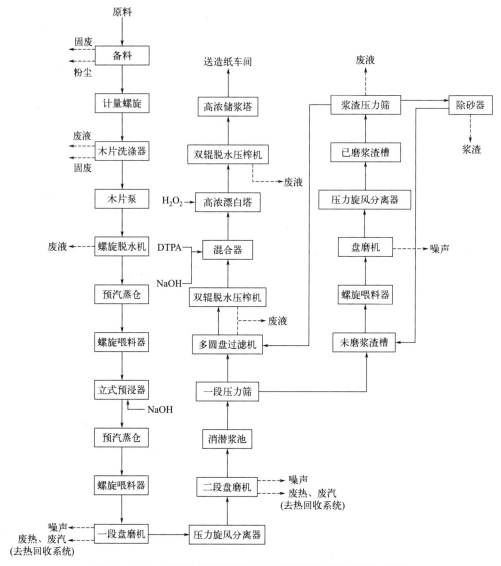

图 2-1-11 典型化学机械浆生产过程污染物发生位置和分类

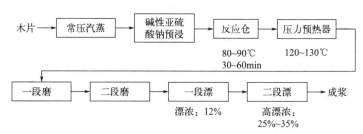

图 2-1-12 典型 BCTMP 工艺流程

（2）碱性过氧化氢机械浆（APMP）及其主要技术流程

碱性过氧化氢机械浆（APMP）的制浆和漂白工段在化学预浸渍中同时完成。

将原料在螺旋进料器中进行挤压处理，增强药液浸透，预浸渍阶段采用 NaOH 和 H_2O_2 进行润胀和漂白，简化了工艺流程，无需建造漂白车间，节省了设备及建设投资，降低了化学药品用量，减轻了污染负荷。在两段 APMP 制浆工艺中，预处理药液中 NaOH 和 H_2O_2 的用量，决定着成浆的强度性能和白度。若 NaOH 所占比例大，则主要起润胀和软化纤维的作用，溶出部分为非纤维素类的碳水化合物，同时调节药液的碱度，使 H_2O_2 发挥漂白作用；若 H_2O_2 值所占比例大，则 H_2O_2 的作用主要是与木素发色基团反应，破坏木素中的醌型结构，使木素大分子链断裂，增加木素的亲水性等。典型的 APMP 工艺流程如图 2-1-13 所示。

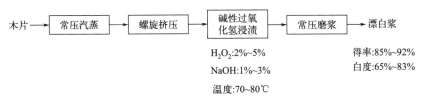

图 2-1-13　APMP 工艺流程

（3）盘磨化学预处理碱性过氧化氢机械浆（P-RC APMP）及其主要技术流程

P-RC APMP 制浆技术是在 APMP 的基础上发展而来的新型化机浆生产工艺，其技术关键在于利用高浓盘磨强剪切效应促进双氧水等漂白化学品与纸浆纤维的混合与传质，完成盘磨间漂白。该工艺预浸渍阶段采用 NaOH 和 H_2O_2 润胀和漂白木片，在磨浆机中进行部分漂白反应，结合了木片碱性过氧化氢预处理与盘磨漂白的优点。传统的 APMP 法注重在盘磨前进行化学预处理，浆料的白度和不透明度等都较低，不能满足纸浆的生产要求；在盘磨机中漂白的停留时间过短，漂白反应进行不彻底，残余的 H_2O_2 得不到充分利用。然而 P-RC APMP 克服了这些缺陷，在一段磨浆后不进行段间洗涤，而是增加了一个高浓储存塔，在预定温度下，利用残存的药液继续漂白反应，提高白度，改善浆料的光学性能。其典型工艺流程如图 2-1-14 所示。

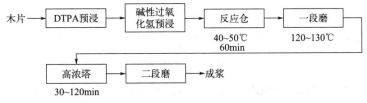

图 2-1-14　P-RC APMP 工艺流程

1.2.3.2.2　化学机械浆产品特性和应用性能

化机浆得率较高、成本低、细小纤维含量较高，具有高松厚度、高不透明度、高挺度等优点。现代化机浆木材原料利用率达到 80%～85%，可根据生产纸品要求采用本色浆或漂白浆工艺进行生产。本色浆能够用于抄造高强度包装纸板、本色包装用纸、本色生活用纸等产品，漂白化机浆则可用于制造高档文化印刷用纸、涂布纸（轻量涂布纸、铜版纸等）、新闻纸、白纸板、食品包装纸等纸种。高得率化机浆是新型的制浆技术，虽然历史不长，但是发展很快。中国是世界上高得率化机浆最大的生产国和消费国，从 20 世纪 90 年代后期国内首条高得率化机浆生产线建成投产后，中国高得率浆发展非常迅速。据统计，2009 年我国已建成高得率浆生产线 30 多条，生产能力约 300 万 t；截至 2018 年，我国化机浆的产能已达到 400 多万 t。

由于化机浆具有较高的松厚度指标，配抄生产相同定量的纸张产品可获得更高的厚度和不透明度，对于低定量新闻纸、低定量涂布纸的生产具有不可替代的优势。研究表明，利用杨木 CTMP 与美废脱墨浆配抄生产新闻纸，在杨木 CTMP 的加入量在 10%～30% 范围时，成纸松厚度显著提高，成纸撕裂指数 $\geq 6.78\text{mN} \cdot \text{m}^2/\text{g}$。采用蓝桉 CTMP 和针叶木 BKP（漂白硫酸盐浆）配抄新闻纸不仅具有适宜的光学性能，还具有较高的强度特性，能够满足高速纸机运转性能的要求并适用高速轮转胶版印刷机的印刷操作。

部分生产厂家为了改善纸页的表面性能和适印性，配用一定比例的阔叶木 CTMP 或 PGW 用于印刷纸生产。我国近年来新建的 LWC 纸生产线主要利用阔叶木速生材作为原料生产化机浆配抄漂白的化学硫酸盐浆，岳阳纸业利用 P-RC APMP 工艺生产漂白阔叶木化机浆配抄 LWC 纸，成功产出 $54～70\text{g/m}^2$ 的 LWC 纸，成纸的白度大于 85%，不透明度在 85% 以上，产品主要供应国内市场并出口日本。该公司采用 DIP 和 P-RC APMP 混合生产 SC 纸，其中 P-RC APMP 对于成纸白度和不透明度指标具有很好的作用，化机浆在制浆过程中纤维得到充分的细纤维化，在烧碱等化学药品对纤维的软化作用下，获得较好的透气度和纸页吸收性能，适合新闻纸、涂布纸生产。德国 Lanaken 厂以云杉和杨木按 80：20 的混合比，采用 CTMP 工艺生产化机浆配抄 LWC 纸，使纸页获得较好的表面性能、高松厚度和高不透明度。

化机浆的强度优于机械浆，具有良好的松厚度、不透明度和挺度。以化机浆替代部分化学浆，用于涂布白纸板的中间芯层，对改进产品的松厚度和挺度效果很好。在白卡纸的生产过程中，APMP 主要用于面层和芯层，减少化学木浆在面层的使用量，适当提高纸板挺度，改善纸板表面印刷适性，降低生产成本。在多层纸板中，化机浆多用在芯层，能够很好地促进纸板的挺度和松厚度。近年来，北美地区开发了枫木原料化机浆，利用该树种纤维壁厚、壁腔比较高等特点生产纸板专用化机浆，获得了高松厚度的浆料，取得良好的应用效果。

由于化机浆的游离度、成浆强度、吸水性、手感等技术参数和化学浆有较大差别，一般认为不宜单独抄造卫生纸，但是适当使用杨木化学机械浆可以在一定程度上改善卫生纸的松厚度和吸水性，获得较好的用户体验，满足了企业的质量要求，同时还能带来好的经济效益。

在无碳复写纸、壁纸原纸等特种纸产品中，化机浆产品所具有的独特性能得到了充分的利用。江河纸业使用适量的化学机械浆配抄无碳复写原纸，在定量相近的情况下，成纸的厚度和不透明度有所增加，抗张指数变化不大，白度损失控制在允许范围内。

1.2.3.3 废纸浆绿色制造技术特征

1.2.3.3.1 废纸浆生产主要技术流程

利用废纸制浆的主要工艺包括无脱墨废纸工艺和废纸脱墨浆生产工艺两大类。前者生产过程没有脱墨操作，几乎完全依靠机械处理，主要用于再生纸板、瓦楞原纸及分检后较清洁的废纸生产薄页纸；后者生产流程中增加了脱墨和漂白的工艺处理过程，可用于白板纸、印刷纸、生活用纸及新闻纸等的生产。其典型生产流程如图 2-1-15、图 2-1-16 所示。

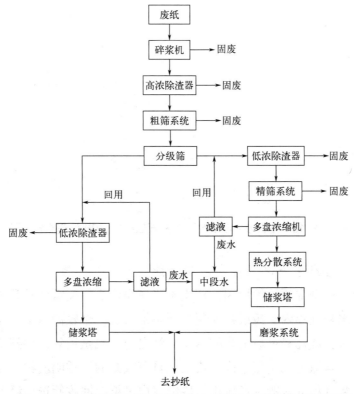

图 2-1-15 典型废包装纸制浆生产工艺流程和排污节点分布图

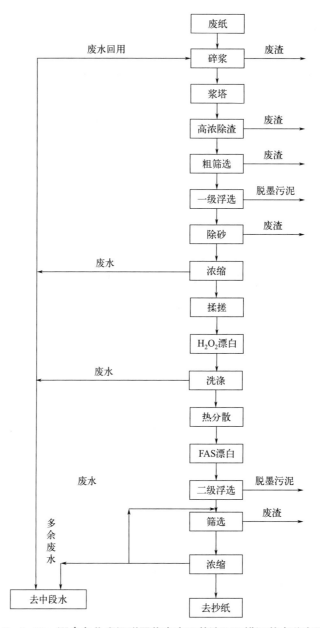

图 2-1-16　混合办公废纸脱墨浆生产工艺流程和排污节点分布图

1.2.3.3.2　废纸浆产品特性和应用性能

由于我国森林资源匮乏等原因，原生木浆使用较少，废纸浆是我国目前造纸的主要原料，且未来几年内，废纸浆使用量还将维持在一个较高水平。与原生纸浆相比，显著的环境资源优势是废纸浆的基本特性之一，也是近年来得到快速发展的主要原因。此外，与原生化学浆相比，废纸浆具有较好的不透明度和松厚度指标，适合印刷纸、包装纸和纸板的生产应用。废纸浆由废纸在回收筛选后经温水浸涨、打碎研磨等过程重新制成，因此其所含纤维被二次破坏，在造纸性能上劣于原生浆，同时其性质受废纸来源等因素影响明显。

采用废纸制浆不仅可以缓解世界范围内造纸原料日益短缺的矛盾，还可减轻对纤维原料、能源和水资源的消耗。废纸制浆的污染负荷量为草浆和木浆的 1/15，采用废纸制浆可实现废水的完全封闭循环，做到废水的零排放或接近零排放。目前，世界各国都在提高废纸的回收利用率，增加废纸的回收利用比例和再生能源的充分利用。

中国造纸协会数据显示，2018 年我国废纸浆总生产量为 5444 万 t，较 2017 年降低 13.61%，占纸浆消耗总量的 58%，其中进口废纸制浆占 16%，国产废纸制浆占 42%。同年全国废纸回收总量 4964 万 t，较 2017 年降低 6.07%，废纸回收率 48%，废纸利用率 64%。2009～2018 年废纸回收总量年均增长率 3.39%。我国未来长远的发展目标是：2035 年，国产木浆占比达到 40%，国产废纸浆占比达到 65% 以上。

在废纸浆利用方面，目前国内废纸浆主要产品有新闻纸、瓦楞原纸、箱纸板、文化用纸、压光纸、生活用纸等纸制品，也有少量用于生产大型包装材料、建筑材料及一些新型材料等。我国现有 700 多类纸品中有 60% 的原料中不同程度地含有废纸浆，如瓦楞纸目前基本已实现 100% 废纸浆生产，铜版纸原料也含有 70%～80% 的废纸浆，新闻纸中废纸原料配比达到 90%。

1.2.4 纸张绿色制造技术特征

造纸是将纸浆制成各种纸制品的过程。纸和纸板是纤维悬浮液在网上成形，然后经压榨、干燥而成。来自制浆车间的纸浆或浆板不能直接用来造纸，需要经过净化、筛选、打浆、加填、施胶、调色等一系列加工程序，然后在造纸机或纸板机上通过纸页成形、脱水、压榨、干燥、压光和卷取，抄成纸卷；纸卷经过分切，裁成一定规格的平板纸，或通过复卷，分卷为一定规格的卷筒纸，最终予以包装。一定情况下，在分切或复卷前，还需进行超级压光处理。造纸工艺比较复杂，不同性能的纸浆和工序，所生产的纸制品也不同。下面分别以印刷书写纸、包装纸和生活用纸三类纸张产品为重点，详细阐述其绿色制造技术特征。

1.2.4.1 印刷书写纸绿色制造技术特征

1.2.4.1.1 印刷书写纸生产主要技术流程

印刷书写纸生产技术流程（图 2-1-17）使用针叶木浆、阔叶木浆和机械浆作为原料，主要有打浆工段、抄纸工段和完成整饰工段三个造纸工段；完成车间卷筒纸包装，然后入卷筒纸仓库；切纸车间按照市场需求切成平板，平板包装后入平板纸仓库。

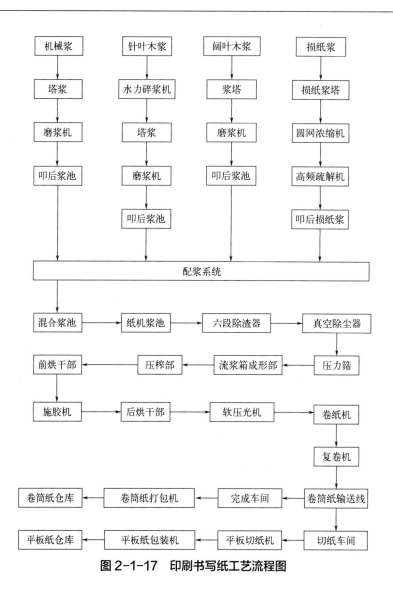

图 2-1-17　印刷书写纸工艺流程图

（1）打浆工段

针叶木浆板经链板输送机送到水力碎浆机中碎解，碎解好的浆料由泵送至浆塔储存，再用浆泵送进叩前浆池，然后用浆泵送至磨浆机，合格浆料进入叩后浆池，最后用浆泵送至配浆浆池进行配浆。漂白阔叶木浆送至浆塔储存，浆塔出来的浆料再用浆泵送进叩前浆池，然后用浆泵送至磨浆机，合格浆料进入叩后浆池，最后用浆泵送至配浆浆池进行配浆。机械浆送至浆塔储存，再用浆泵送至磨浆机或直接送入配浆浆池进行配浆。从抄纸工段送来的损纸浆进入损纸塔储存，再用浆泵送至疏解机疏解，疏解后的损纸浆进损纸混合浆池。混合浆池出来的混合损纸浆泵送至高浓筛，筛选后的良浆进入处理后损纸浆浆池，最后用浆泵送至配浆浆池进行配浆。筛选后的渣浆进入中间浆池，然后用浆泵送到磨浆机、高浓筛，筛后的良浆到处理后损纸浆浆池，浆渣则排地沟。

（2）抄纸工段和完成整饰工段

配浆系统：从各处理线送来的不同浆料按一定比例同时进入配浆浆池进行配浆，配好后的浆料进入成浆浆池，再用浆泵送至抄纸工段抄纸。同时用一台浆泵将部分浆料从配浆浆池的进浆管送到多盘纤维回收机作垫层浆用。

上浆系统：由配浆系统送来的合格浆料送到机外白水槽冲浆，由一段除砂器泵送到一级五段除砂器系统进行除砂；除砂后出来的良浆送至脱气器系统进行脱气，再经冲浆泵送到一级二段压力筛系统进行筛选；由一段压力筛出来的良浆送到流浆箱上网抄造。另外还有与之配套的稀释水系统，其流程为：稀释水泵将机外白水槽中的白水送至脱气器脱气系统进行脱气，然后由白水泵将脱气后的白水送到白水压力筛筛选，筛选后的白水送至流浆箱使用。系统回用后的多余白水由白水池收集，然后由白水泵送至多盘纤维回收机进行处理。

真空系统：从纸机各真空点抽取的汽水混合物经汽水分离器进行分离，白水去白水系统，压榨部毛布吸水箱的白水经弧形筛处理后再去白水系统。真空系统设备采用透平机。

清水及喷淋水系统：由清水管网来的清水进入清水槽后由低压喷淋泵、冷却水泵、密封水泵、中压水泵分别送至各用水点。另外，进入热水槽的清水经蒸汽加热后成为热水，再由热水泵、中压热水泵、高压热水泵分别送至各用水点。

蒸汽冷凝水系统：干燥部通汽分为多段通汽，每段的二次蒸汽回下一段使用，不足部分补以新蒸汽，通过蒸汽的串级使用。从厂外采购来的蒸汽经减温减压后进入蒸汽总管，调压进入分支管，然后分别进入各用汽烘缸。

损纸收集系统：本系统设有伏损池、压榨损纸池、施胶损纸池、压光损纸池、卷取损纸池、复卷损纸池等损纸收集及碎解系统，分别处理不同位置的损纸。碎解后的损纸浆由浆泵送至损纸浆塔。

白水及纤维回收系统：从抄纸工段送来的混合白水与按一定比例从配浆系统送来的垫层浆料共同进入多盘纤维回收机进行处理，处理后的浆料进入浆池，然后用浆泵送至配浆系统回用，处理后的超清白水、清白水、浊白水分别进入超清白水池、清白水池、浊白水池。超清白水用超清白水泵送至纸机喷淋系统，清白水由一台清白水泵送至多盘纤维回收机自身喷淋用，其余清白水用白水泵送至白水塔储存，然后用清白水泵送到纸机低压喷淋水系统和车间各清白水用水点。浊白水则用浊白水泵送回多盘纤维回收机循环处理。

纸机抄造系统：由上浆系统来的合格浆料送至流浆箱喷浆上网，经立式夹网成形器脱水，压榨部进一步脱水后进入前干燥部多组烘缸及稳定器系统进行干燥；由前干燥部出来的纸张进入施胶机进行施胶，由热风干燥箱及烘缸组成的组合式干燥系统干燥；出来的纸张压光处理，再在卷纸机上卷取，经搁纸架到分切复卷机分切复卷。

完成整饰工段：自动输送搁纸架将纸卷自动输送至分切复卷机进行分切复卷。分切复卷后的合格纸卷由纸卷自动输送线送至完成车间纸卷打包系统。

压缩空气系统：工艺连续用的压缩空气、工艺间断用的压缩空气以及仪表连续用的压缩空气分别由空压站接出来送到用气点。间断用的压缩空气和纸机毛布导向装置用气配备稳压缓冲罐。

（3）湿部化学品制备工段

造纸车间需要的各种湿部化学品，经化学品制备系统制备，其流程主要如下：

碳酸钙由罐车运至车间，输送至储存槽，经螺杆泵送至加入点。阳离子淀粉由料仓经可计量的水平喂料螺旋进入混合槽，溶解稀释后由泵送入喷射式蒸煮器中制备，至储存槽储存，经螺杆泵送至使用点。染料经溶解槽溶解稀释后进入储存槽储存，由计量泵送至使用点。其他各种化学品和杀菌剂分别经卸料罐由泵送至加入点。

（4）胶料制备工段

本工段表面施胶淀粉由料仓经可计量的水平喂料螺旋进入混合槽，溶解稀释后加入蒸煮器中蒸煮，至储存槽储存，经螺杆泵送至施胶机上料站。

不同印刷书写纸的生产技术流程略有不同。具体来讲，新闻纸的生产工艺过程比较简单，浆料经筛选后，经精浆机疏解，然后送至造纸机进行上网成形、压榨脱水、烘缸干燥、压光整饰等工序制成产品。为了利于印刷，提高其油墨吸收性，可向浆料中加入一些填料(如滑石粉等)，再适当添加靛蓝色料，以改善纸的外观白度。但是，新闻纸一般不添加松香胶和硫酸铝进行施胶，以利于油墨的快速吸收和干燥。纸机的车速一般为400m/min以上，有的纸机车速能达到2000m/min以上。

涂布印刷纸中，铜版纸的工艺流程是：由优质的白色颜料、胶黏剂及辅助添加剂组成的流动性大且固体物含量高的涂料，通过涂布机薄而均匀地涂刷在铜版原纸上，然后进行干燥，在卷纸机上卷成卷状，再经超级压光机进行压光整饰。

非涂布印刷书写纸中，书写纸的生产过程是，浆料首先经过中等程度的黏状打浆，然后加入20%左右的高岭土或滑石粉等填料，再进行施胶（AKD、ASA等），以提高书写纸的耐久性，并采用碳酸钙作为填料；最后在纸机上经过成形、压榨、干燥等操作，完成抄造，并经纸机压光或者超级压光完成整饰。复印纸的生产过程，采用长纤维黏状打浆方式，再在浆料中加入品蓝和增白剂，以提高复印纸的白度及亮度。此外，纸内可适当施胶、加填(数量视具体情况而定)，一般在长网多缸纸机上抄造而成。

1.2.4.1.2　印刷书写纸产品特性和使用性能

新闻纸，主要供印刷报纸使用，有时也用于印刷一些期刊。新闻纸的特点有：

纸质松轻、有较好的弹性，吸墨性能好，这就保证了油墨能较好地固着在纸面上；纸张经过压光后两面平滑，不起毛，从而使两面印迹比较清晰而饱满；有一定的机械强度；不透明性能好；适合于高速轮转胶印机印刷。对于新闻纸来说，首要的性能要求是油墨的吸收性和抗张强度，以便能够适应印刷时油墨快速干燥及高速轮转胶印机的生产要求，防止纸张被拉断。另外，纸面要求平滑，至少经过普通压光，使印刷出来的文字和新闻图片不漏线、不漏点，清晰美观，获得较好的印刷效果。最后，由于报纸是两面印刷品，纸张不允许透印（即印出的字迹在纸的另一面显现出来）。所以要求新闻纸应具有较高的不透明度。新闻纸是以机械木浆（或其他化学浆）为原料生产的，含有大量的木素和其他杂质，不宜长期存放。保存时间过长，纸张会出现发黄变脆、抗水性能差、不宜书写等现象，因此，新闻纸只适宜印刷报纸这类不需要长期保存的资料。必须使用印报油墨或书籍油墨，油墨黏度不要过高，平版印刷时必须严格控制版面水分。

涂布印刷纸中，铜版纸又称涂布美术印刷纸，它是以铜版原纸涂布白色涂料制成的高级印刷纸。铜版纸是供铜版印刷用的一种涂料加工纸，纸质均匀紧密、亮度较高（85%以上）、纸面光滑、光泽度高、尺寸稳定性好、抗张强度高、表面性能优异。由于铜版纸表面被涂料层覆盖，又进行了超级压光，因此铜版纸的压缩性较差、吸墨性低，在印刷生产中应注意油墨供应量及印刷压力的控制，并重点参考铜版纸的粗糙度指标，一般高光泽铜版纸的粗糙度在 $0.8\mu m$ 左右（粗糙度值越低，表示纸张表面越平整）。铜版纸的特点在于纸面非常光洁平整、平滑度高、光泽度好，印刷时网点光洁、再现性好、图像清晰、色彩鲜艳。因为所用的涂料白度达 90%以上，且颗粒极细，又经过超级压光机压光，所以铜版纸的平滑度一般是 300～1000s，两面差小，印刷效果逼真，具有极强的色彩还原力，其印后表现更加鲜明、突出。同时，涂料又很均匀地分布在纸面上而显出悦目的白色。对铜版纸的要求有较高的涂层强度，涂层薄而均匀、无气泡，涂料中的胶黏剂量适当，以防印刷过程中纸张脱粉掉毛。另外，铜版纸对二甲苯的吸收性要适当，能适合 60 线/cm 以上细网目印刷。

轻量涂布纸是一种单面涂布量通常不大于 $10g/m^2$ 的新型加工印刷涂布纸，具有优质（彩印效果可以与铜版纸媲美）、低成本（其中掺有廉价的机械木浆）、高附加值（售价比一般印刷纸高，但又比铜版纸便宜得多）、能适应快速印刷等优点，主要用于印刷期刊、广告、商品目录等。该纸定量一般是 55～70g/m²（原纸定量 35～50g/m²，单面涂布量为 8～10g/m²）。轻量涂布纸在生产过程中首先要注重原纸的质量，平整性要好、平滑度要高、含水量要合适；其次涂料的固含量一般在 50%～60%之间，保水性不能过高等。轻量涂布纸由于表面经轻微涂布处理，较非涂布纸具有更好的表面性质，品质介于涂布纸与非涂布纸之间。

非涂布印刷书写纸中，书写纸是一种消费量很大的文化用纸，适用于表格、练习簿、账簿、记录本等，供书写用。书写纸色泽洁白一致、两面平滑、质地紧密。书写纸的施胶度应能防止墨水扩散而影响美观或无法书写，施胶度也不能过高，否则不仅浪费施胶剂，而且也导致墨水干燥速度减慢，易造成字迹脏污。优等品的施胶度一般控制在 0.75mm，一等品和合格品一般控制在 0.5mm。为了利于书写，书写纸应具有一定的平滑度，正反面平均平滑度不小于 30s（优等品）、25s（次等品）、20s（合格品）。书写纸的纤维组织应均匀，切边应整齐洁净，纸面要平整，不应有影响使用的砂子、褶子、皱纹、裂口、硬质块等外观纸病。

复印纸一般未经涂布，是用于静电复印机、喷墨打印机以及其他类型复印和打印设备上的纸。复印纸张的纤维组织应均匀，纸面应平整，不应有褶子、皱纹、残缺、破洞、砂子、硬质块和其他影响使用的纸病。每批纸色泽应一致，不应有明显的色差。复印纸的切边应整齐、洁净，不应有裂口和纸粉。

根据细化分类，印刷书写纸中包含的产品均已制定国家标准，具体见表 2-1-4。

表 2-1-4　印刷书写纸国家标准列表

产品	标准名称
制图纸	GB/T 1525—2006《制图纸》
新闻纸	GB/T 1910—2015《新闻纸》
字典纸	GB/T 1912—2018《字典纸》
打字纸	GB/T 8938—2008《打字纸》
铜版纸	GB/T 10335.1—2017《涂布纸和纸板 涂布美术印刷纸（铜版纸）》
轻量涂布纸	GB/T 10335.2—2018《涂布纸和纸板 轻量涂布纸》
书写纸	GB/T 12654—2018《书写用纸》
无碳复写纸	GB/T 16797—2017《无碳复写纸》
宣纸	GB/T 18739—2008《地理标志产品 宣纸》
书画纸	GB/T 22828—2008《书画纸》
水彩画纸	GB/T 22830—2020《水彩画纸》
图画纸	GB/T 22833—2008《图画纸》
复印纸	GB/T 24988—2020《复印纸》
喷墨打印纸	GB/T 21301—2007《喷墨打印纸》

表 2-1-5、表 2-1-6 以复印纸和铜版纸为例，摘取其国家标准中所列技术指标，以示印刷书写纸产品特性和使用性能。

表 2-1-5　复印纸国家标准（GB/T 24988—2020）

指标名称	单位	规定			
		优等品		合格品	
定量 [a]	g/m²	70.0	80.0	70.0	80.0
定量偏差	%	±4			
厚度	μm	≥92	≥103	≥88	≥98

续表

指标名称			单位	规定			
				优等品		合格品	
挺度[b]	共振法	纵向	mN·m	≥0.255	≥0.400	≥0.210	≥0.320
		横向		≥0.110	≥0.150	≥0.100	≥0.115
	恒速弯曲法	纵向	mN	≥75	≥100	≥65	≥80
		横向		≥32	≥42	≥26	≥35
平滑度（正反面均）			s	≥18		≥15	
不透明度			%	≥91.0	≥93.0	≥86.0	≥88.0
D65 亮度			%	≥95.0			
可勃值（Cobb 60）			g/m²	≤35.0		≤45.0	
尘埃度	0.3～1.5mm²		个/mm²	≤16		≤80	
	>1.5mm²			不应有			
交货水分			%	3.5～7.0			

a 也可根据订货合同生产其他定量的纸，其他定量复印纸的技术指标按插入法计算。

b 任一方法的测定结果合格即判为合格。

表 2-1-6 铜版纸国家标准（GB/T 10335.1—2017）

技术指标		单位	规定					
			优等品		一等品		合格品	
			有光型	亚光型	有光型	亚光型	有光型	亚光型
定量		g/m²	70.0 80.0 90.0 100 105 115 128 157 200 250 300 350					
定量偏差	≤157g/m²	%	±4.0				±5.0	
	>157g/m²	%	±3.5				±4.0	
厚度偏差		%	±3.0		±4.0		±5.0	
横幅厚度差		%	≤3.0		≤4.0		≤4.0	
D65 亮度（涂布面）		%	≤93.0					
不透明度	≤90.0g/m²（双面涂布）	%	≥89.0		≥88.0		≥86.0	
	90.0～128g/m²（含）	%	≥92.0		≥92.0		≥91.0	
	>128g/m²		95.0					
挺度（横向/纵向）	128g/m²	mN	≥165/≥105	≥175/≥115	≥165/≥105	≥175/≥115	≥165/≥105	≥175/≥115
	157g/m²		≥260/≥160	≥320/≥200	≥260/≥160	≥320/≥200	≥260/≥160	≥320/≥200
	≥200g/m²		≥500/≥320	≥560/≥350	≥500/≥320	≥560/≥350	≥500/≥320	≥560/≥350
光泽度（涂布面）	中量涂布	光泽度单位	≥50	≤40	≥50	≤45	≥45	≤45
	重量涂布		≥60		≥55		≥50	
印刷光泽度（涂布面）	中量涂布	光泽度单位	≥87	≥77	≥82	≥72	≥72	≥67
	重量涂布		≥95	≥82	≥92	≥77	≥85	≥72
印刷表面粗糙度（涂布面）	<200g/m²	μm	≤1.20	≤2.20	≤1.60	≤2.90	≤2.60	≤3.20
	≥200g/m²		≤1.80	≤2.60	≤2.20	≤3.20	≤2.60	≤3.80

技术指标		单位	规定					
			优等品		一等品		合格品	
			有光型	亚光型	有光型	亚光型	有光型	亚光型
油墨吸收性（涂布面）		%	3～14					
印刷表面强度 [a]（涂布面）		m/s	≥1.40		≥1.40		≥1.00	
尘埃度（涂布面）	0.2～1.0mm² （含）	个/m²	8（单面4）		16（单面8）		32（单面16）	
	1.0～1.5mm² （含）		不应有		不应有		2（单面1）	
	>1.5mm²		不应有		不应有		不应有	
交货水分 [b]	70.0～157g/m² （含）	%	5.5±1.5					
	157～230g/m² （含）		6.0±1.0					
	>230g/m²		6.5±1.0					

a 用于凹版印刷的产品，可不考核印刷表面强度；用于轮转印刷的产品，印刷表面强度分别降低 0.2m/s。

b 因地区差异较大，可根据具体情况对水分作具体调整。

1.2.4.2 包装纸绿色制造技术特征

1.2.4.2.1 包装纸生产主要技术流程

包装纸生产技术流程可描述为使用化学浆和废纸浆作为原料，分为打浆工段、抄纸工段和完成切纸工段三个造纸工段；完成车间卷筒纸包装，然后入卷筒纸仓库；切纸车间按照市场需求切成平板，平板包装后入平板纸仓库。

包装纸及纸板绿色生产工艺流程（图 2-1-18）简介描述如下：

（1）打浆工段

化学浆（硫酸盐浆或亚硫酸盐浆）经链板输送机送到水力碎浆机中碎解，碎解好的浆料由泵送至浆塔储存，再用浆泵送进叩前浆池，然后用浆泵送至磨浆机，合格浆料进入叩后浆池，最后用浆泵送至配浆浆池进行配浆。

废纸处理系统生产流程以白卡纸浆生产线为例。箱纸板面层浆生产线：废纸包由上料车间送至链板输送机，再由链板输送机送到车间水力碎浆机连续碎解，铁丝、布头、绳子和塑料薄膜等粗大杂物由绞绳装置清除，其余轻、重杂质通过水力净化机及圆筒筛除去；经水力碎浆机疏解后的浆料进入高浓除渣器及立式压力筛粗筛选，未通过压力筛的浆料和轻杂质进入浮选净化机、排渣分离机进一步处理，通过压力筛的浆料经纤维分级压力筛进行纤维分级；分级后的短纤维经低浓除渣系统除渣后再经多圆盘浓缩机浓缩进入短纤维浆塔储存待用，长纤维经低浓重质除渣器后良浆经精筛进入多圆盘浓缩机、热分散系统，最后经双圆盘磨浆机叩解后进入叩后浆塔。

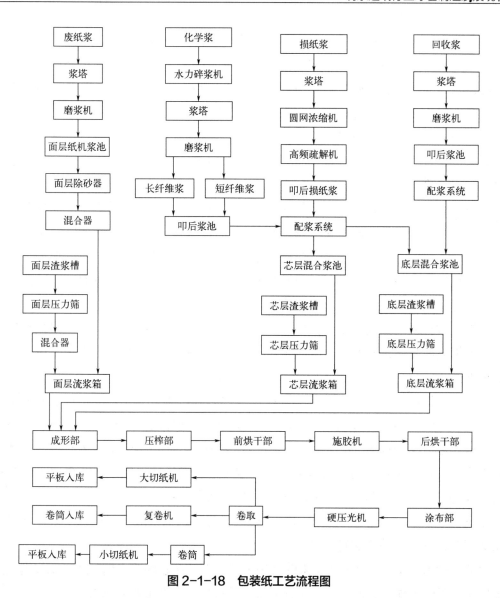

图 2-1-18　包装纸工艺流程图

从抄纸工段送来的复卷损纸、压光和卷纸损纸浆，施胶损纸、压榨损纸和伏辊损纸浆进入损纸塔储存，经损纸一段筛后再用浆泵送至损纸疏解机疏解；疏解后的损纸浆经损纸二级筛进入损纸渣浆槽，然后用浆泵送至损纸三段筛；筛选后的良浆进入损纸浆浆池，最后经损纸计量泵送至配浆浆池进行配浆。筛选后的渣浆进入渣浆池，再经渣浆泵送至制浆停浆池。浆渣存放于废渣堆场，或可以通过再发酵技术制成颗粒肥料等绿色途径利用废渣。

（2）抄纸工段

配浆系统：从不同浆料制备线送来的浆料按一定比例同时进入配浆浆池进行配浆，配好后的浆料进入成浆浆池，再用浆泵送至抄纸工段抄纸。同时用一台浆泵将部分浆料从配浆浆池的进浆管送至多盘纤维回收机作垫层浆用。

上浆系统：由配浆系统送来的合格浆料送到机外白水槽冲浆，由除砂器系统除砂后得到的良浆送至脱气系统脱气，再经冲浆泵送至压力筛筛选，由一段压力筛出来的良浆送至流浆箱上网抄造。另外还有与之配套的稀释水系统，系统回用后的多余白水由白水池收集，然后由白水泵送至多盘纤维回收机进行处理。

真空系统：从纸机各真空点抽取的汽水混合物经汽水分离器进行汽水分离，白水去白水系统，压榨部毛布吸水箱的白水经弧形筛处理后再去白水系统。真空系统设备采用透平机。

清水及喷淋水系统：由清水管网来的清水进入清水槽，然后由低压喷淋泵、冷却水泵、密封水泵、中压水泵分别送至各用水点。另外，进入热水槽的清水经蒸汽加热后成为热水，再由热水泵、中压热水泵、高压热水泵分别送至各用水点。

蒸汽冷凝水系统：干燥部通汽分为多段通汽，每段的二次蒸汽回下一段使用，不足部分补以新蒸汽，通过蒸汽的串级使用。

损纸收集系统：设有复卷损纸、压光和卷纸损纸、施胶损纸、压榨损纸和伏辊损纸等损纸收集及碎解系统，分别处理不同位置的损纸。碎解后的损纸浆由浆泵送至损纸浆塔。

白水及纤维回收系统：从抄纸工段送来的混合白水与按一定比例从配浆系统送来的垫层浆料共同进入多盘纤维回收机进行处理，处理后的浆料进入浆池，然后用浆泵送至配浆系统回用；处理后的超清白水、清白水、浊白水分别进入超清白水池、清白水池、浊白水池。超清白水用超清白水泵送至纸机喷淋系统；清白水由一台清白水泵送至多盘纤维回收机自身喷淋用，其余清白水用白水泵送至白水塔储存，然后用清白水泵送至纸机低压喷淋水系统和车间各清白水用水点；浊白水则用浊白水泵送回多盘纤维回收机循环处理。

纸机抄造系统：由上浆系统来的合格浆料送至流浆箱喷浆上网，经立式夹网成形器脱水，压榨部进一步脱水后进入前干燥部多组烘缸及稳定器系统进行干燥；由前干燥部出来的纸张进入施胶机进行施胶，由热风干燥箱及烘缸组成的组合式干燥系统干燥；出来的纸张经压光处理，再在卷纸机上卷取，经搁纸架到分切复卷机分切复卷。

（3）湿部化学品制备工段

为了提高成纸质量，造纸车间需要的各种湿部化学品，经化学品制备系统制备。在纸浆中加入的定量膨润土、硫酸铝、松香胶液、阳离子淀粉、助留剂、干强剂、湿强剂、染料、消泡剂、杀菌剂等，这些湿部化学品都采用溶解槽进行制备，并在各自的储存槽中储存；有些助剂购买的是成品，如染料、杀菌剂、消泡剂等。所有湿部化学品都应根据产品品种和环境气候变化按所需比例加入。

（4）完成工段

完成工段由搁纸架、复卷机、纸卷捆扎包装线组成。将下机的大纸辊进行复卷，为满足客户对各种不同规格尺寸的需要，需要分切成平板的送到切纸机进行分切，卷筒型的经包装线计量、包装、捆扎、运输直接入库。

压缩空气系统：工艺连续用的压缩空气、工艺间断用的压缩空气以及仪表连续用的压缩空气分别由空压站接出来送到用气点。间断用的压缩空气和纸机毛布导向装置用气配备稳压缓冲罐。

不同印刷书写纸的生产技术流程略有不同。其中，牛皮纸是，将原料进行长纤维游离状打浆，不加填、重施胶，在长网造纸机上抄造而成。

白卡纸的生产是将浆料经过游离状打浆，再进行中度施胶（施胶度为 1.0～1.5mm），加入滑石粉、硫酸钡等白色填料，在长网造纸机上抄造，最好压光、涂布处理。根据需要，经过压纹处理则可生产带有特殊压印花纹的卡纸，凡带有特殊压印花纹的白卡纸，则可不检查平滑度和白度。除白色外，通过对浆料进行染色，还可以生产各种色泽的卡纸。这时，除白度外，其他技术性能均与白卡纸的技术性能一致。涂布白卡纸的生产中，将浆料打浆、混合、加填后，在纸机上抄造原纸，中间可采取表面施胶、涂布等处理。其间所用的表面施胶剂有淀粉、羧甲基纤维素（CMC）等；涂料有高岭土、碳酸钙、塑性颜料以及一些胶黏剂（羧基丁苯、苯丙乳液、聚乙烯醇、淀粉等）。

箱纸板的生产过程是：将浆料分别进行游离状打浆，按不同网槽系统输送抄造箱纸板的不同浆料，使用多圆网多烘缸造纸机来抄纸，并在不同的浆料中添加相应的填料、胶料、染料等辅料，再将不同的浆层经叠合压榨、干燥、压光等处理后即得成品。

1.2.4.2.2 包装纸产品特性和使用性能

包装纸中，薄页包装纸是一种低定量的包装纸。薄页包装纸的纤维组织应均匀，纸面应平整，不应有褶子、皱纹、残缺、破洞、明显条痕、裂口、泡泡纱、浆块及迎光可见的孔眼。牛皮纸是一种坚韧耐水的包装纸，纸面多呈黄褐色，近似牛皮而得名。牛皮纸的纸面应平整，不应有褶子、皱纹、残缺、斑点、裂口、孔眼、条痕、硬质块等外观纸病，切边应整齐洁净。

白卡纸是一种坚挺厚实、定量较大的厚纸，是用来印刷名片、封皮、证书、请柬、奖状及包装装潢用的卡纸。白卡纸的紧度通常不小于 0.80g/cm^3。白卡纸还要求有较高的挺度、耐破度和平滑度（但压印有花纹的白卡纸除外），纸面均匀平整，厚薄应一致，不许有条痕、斑点等纸病，也不许有翘曲变形的现象发生。涂布白卡纸是指原纸的面层、底层以漂白木浆为主，中间层加有机械木浆，经单面或双面涂布后，又经压光整饰制成的纸。它作为一种高档包装材料，具有技术含量高、质量要求高、生产难度大的特点，主要用于小型高档商品及高附加值产品的外包装。为了提高涂布白卡纸在涂布前原纸的平滑度，面浆的打浆度一般来说要高些。为了提高纸的挺度并兼顾平滑度，底浆的打浆度要低些。为了控制纸张的松厚度和挺度，芯浆的打浆度较低。

箱纸板是一种用于制造瓦楞纸板的非涂布材料，是用于制造瓦楞纸板、固体纤维板或"纸板盒"等产品的表面材料。箱纸板表面应平整，不应有褶子、洞眼或露底等外观缺陷和明显的毯印。平板箱纸板的切边应整齐光洁，不应有缺边、缺角、薄边等现象。卷筒箱纸板的端面应平整，形成的锯齿或凹凸面应不超过 5mm。箱纸板不经外力作用时，不应有分层现象。

根据细化分类，包装纸中包含的产品均已制定国家标准，具体见表 2-1-7。

表 2-1-7 包装纸质量标准特性列表

产品	标准名称
涂布白纸板	GB/T 10335.4—2017《涂布纸和纸板 涂布白纸板》
医用包装纸	GB/T 35594—2017《医用包装纸》
瓦楞纸板	GB/T 6544—2008《瓦楞纸板》
涂布箱纸板	GB/T 10335.5—2008《涂布纸和纸板 涂布箱纸板》
瓦楞芯（原）纸	GB/T 13023—2008《瓦楞芯（原）纸》
箱纸板	GB/T 13024—2016《箱纸板》
薄页包装纸	GB/T 22813—2008《薄页包装纸》
牛皮纸	GB/T 22865—2008《牛皮纸》
黑色不透光包装纸	GB/T 24286—2009《黑色不透光包装纸》
医用包装原纸	GB/T 26199—2010《医用包装原纸》
医用包装纸	GB/T 35594—2017《医用包装纸》
食品包装纸	QB/T 1014—2010《食品包装纸》
鲜花包装纸	QB/T 4320—2012《鲜花包装纸》

表 2-1-8、表 2-1-9 以牛皮纸和箱纸板为例，摘取其国家标准中所列技术指标，以示包装纸产品特性和使用性能。

表 2-1-8 牛皮纸质量标准（GB/T 22865—2008）

指标名称		单位	规定		
			优等品	一等品	合格品
定量[a]		g/m²	40.0±2.0 50.0±2.5 60.0±3.0 70.0±3.5 80.0±4.0 90.0±4.5 100±5.0 120±5.0		
耐破度	40.0g/m²	kPa	≥135	≥120	≥80
	50.0g/m²		≥175	≥155	≥110
	60.0g/m²		≥215	≥190	≥145
	70.0g/m²		≥255	≥225	≥185
	80.0g/m²		≥305	≥265	≥225
	90.0g/m²		≥345	≥305	≥260
	100.0g/m²		≥390	≥345	≥295
	120.0g/m²		≥470	≥420	≥360

续表

指标名称		单位	规定		
			优等品	一等品	合格品
纵向撕裂度	40.0g/m²	mN	≥290	≥245	≥135
	50.0g/m²		≥435	≥380	≥225
	60.0g/m²		≥580	≥495	≥335
	70.0g/m²		≥725	≥610	≥450
	80.0g/m²		≥900	≥705	≥545
	90.0g/m²		≥1080	≥815	≥650
	100.0g/m²		≥1220	≥910	≥740
	120.0g/m²		≥1480	≥1130	≥950
吸水性（Cobb，60s）		g/m²	≤30		
交货水分		%	8.0±2.0		

a 本表规定外的定量，其指标可就近按插入法考核。

表 2-1-9 箱纸板质量标准（GB/T 13024—2016）

指标名称		单位	规定		
			优等品	一等品	合格品
定量ª		g/m²	90±4 100±5 110±6 125±7 160±8 180±9 200±10 220±10 250±11 280±11 300±12 320±12 340±13 360±14		
横幅定量差	横幅≤1600mm	%	≤6.0	≤7.5	≤9.0
	横幅＞1600mm		≤7.0	≤8.5	≤10.0
紧度	≤220g/m²	g/m³	≥0.70	≥0.68	≥0.60
	＞220g/m²		≥0.72	≥0.70	≥0.60
耐破指数	＜125g/m²	kPa·m²/g	≥3.50	≥3.10	≥1.85
	125（含）～160g/m²		≥3.40	≥3.00	≥1.80
	160（含）～200g/m²		≥3.30	≥2.85	≥1.70
	200（含）～250g/m²		≥3.20	≥2.75	≥1.60
	250（含）～300g/m²		≥3.10	≥2.65	≥1.55
	≥300g/m²		≥3.00	≥2.55	≥1.50
环压指数（横向）	＜125g/m²	N·m/g	≥8.50	≥6.50	≥5.00
	125（含）～160g/m²		≥9.00	≥7.00	≥5.30
	160（含）～200g/m²		≥9.50	≥7.50	≥5.70
	200（含）～250g/m²		≥10.0	≥8.00	≥6.00
	250（含）～300g/m²		≥11.0	≥8.50	≥6.50
	≥300g/m²		≥11.5	≥9.00	≥7.00
平滑度（正面）		s	≥8	≥5	—
耐折度（横向）		次	≥60	≥35	≥6
吸水性（正/反）		g/m²	≤35.0/ ≤50.0	≤40.0/≤100.0	≤60.0/—
交货水分		%	8.0±2.0	9.0±2.0	
横向短距压缩指数ᵇ	＜250g/m²	N·m/g	≥21.4	≥19.6	≥18.2
	≥250g/m²		≥17.4	≥16.4	≥14.2

a 也可生产其他定量的箱纸板。

b 横向短距压缩指数不作为考核指标。

1.2.4.3 生活用纸绿色制造技术特征

1.2.4.3.1 生活用纸生产主要技术流程

卫生纸的生产流程主要包括纤维原料的处理、制浆系统、流送系统、白水回收系统和纸机抄造及复卷（图 2-1-19）。针对纤维原料长短以及纤维本身形态，设计不同处理方式，采用不同的制浆工艺，并将流送系统分为面层和底层，通过双层流浆箱进行布浆，充分利用长短纤维的特性，进行分层处理，进一步提高和改善生活用纸质量与性能。从物理特性来看，短纤维比长纤维柔软性好，加之烘缸的加热作用，

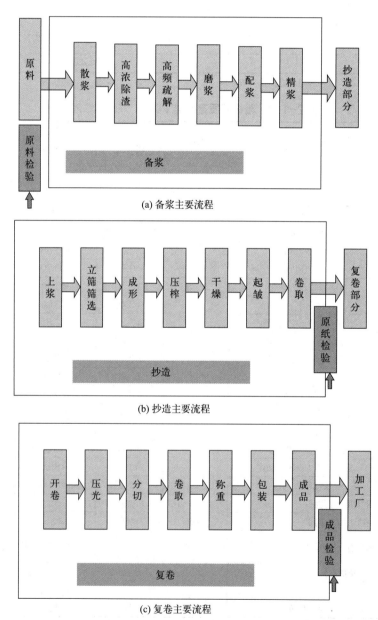

(a) 备浆主要流程

(b) 抄造主要流程

(c) 复卷主要流程

图 2-1-19　卫生纸工艺流程图

贴缸面纤维（面层纤维）比另一面纤维（底层纤维）柔软性好。因此，如果短纤维贴向起皱烘缸，长纤维在外部，最终产品贴缸面将极其柔软，而长纤维面因未受到起皱过程的破坏强度较高，给最终产品提供足够的物理强度。

白水回收系统充分回收白水中的纤维，同时产生浊滤液用于多圆盘过滤器喷淋水、冲洗水，清滤液用于纸机湿部喷淋润滑水和车间调浓用水，超清滤液用于纸机低压和高压喷淋。水的循环使用，既节约了生产成本又提高了系统的稳定性。损纸回收系统充分将纸机和复卷部分产生的损纸进行回用，减少纤维的浪费，也给生产带来便捷。

选用先进高效设备，在保证产品质量的同时，提高生产效率。碎浆机、疏解机、高浓压力筛、低脉冲冲浆泵的使用，新月成形器的选择都为纸机高速、高效生产提供了必要条件。同时，在设备布置上，设计高浓压力筛置于冲浆泵之前，增加了压力筛进出口浆料的浓度，减小了压力筛的体积及占地面积。

（1）纤维原料的处理

由于液体吸收到纸中的速度取决于纸页的疏松性和液体与纤维表面间的张力，又因其接触角由浆料抽提物含量决定，故漂白化学木浆比未漂机械木浆有更好的吸收性。因此，采用漂白化学木浆更适合生活用纸的特点要求。一般选用的原料为漂白硫酸盐针叶木浆（needle bleached kraft pulp，NBKP）和漂白硫酸盐阔叶木浆（leaves bleached kraft pulp，LBKP），并配以部分损纸浆。漂白硫酸盐针叶木浆和漂白硫酸盐阔叶木浆具有不同的纤维形态和纤维特性。根据生活用纸的特点，对于浆料的处理主要采取以疏解为主、切断为辅的原则。针叶木由于纤维较长，在打浆过程中应该适当地切断，打浆的主要作用是提高打浆度，使纤维表面充分帚化，适当切断的作用是减少絮聚，提高成纸匀度；而阔叶木由于纤维较短打浆时纤维管胞初生壁不容易分丝帚化，因此打浆时着重纤维的疏解作用，保持纤维的固有长度。

（2）制浆系统

长纤系统：由于针叶木浆纤维较长，在制浆过程中需要进行磨浆，提高打浆度，使纤维表面充分分丝帚化，进而保证纸页的强度性能。针叶木浆包经链板输送机输送到水力碎浆机中，加水进行充分碎解后，再经长纤卸料泵进入长纤卸料浆塔。碎解后浆料进入长纤高浓除渣器进行除渣，经双盘磨磨浆，达到一定打浆度后进入长纤叩后浆塔，完成其制浆过程。

短纤系统：阔叶木纤维较短，疏解充分即可进入配浆系统。阔叶木纤维经链板输送机输送到短纤水力碎浆机中进行碎解，经短纤高浓除渣器除渣后进入短纤疏后浆塔，完成其备浆过程。

损纸系统：纸机在生产过程中会产生大量损纸，损纸经机下碎浆机和干损纸水力碎浆机碎解后，进入到损纸浆塔。在损纸系统中，损纸经损纸高浓除渣器除渣后，再经损纸疏解机进行充分疏解进入损纸叩后浆池，即进入下一步配浆系统中。

制浆水系统：在制浆系统中，充分将纸机白水进行回用。白水塔中白水经白水泵进入长、短纤高位白水箱，再回用到水力碎浆机中。造纸车间部分清白水用作制浆调浓水和冲洗水。

（3）流送系统

流送系统分为底层流送和面层流送两部分。由于卫生纸两面性能的要求，长纤、短纤、损纸浆、回收浆按照不同比例配送到底、面层混合浆池中充分混合，面层混合浆料可直接进入面层纸机浆池；由于底层浆料中长纤维比例较大，为获得较好的平整度和柔软度，底层混合浆池中浆料需经过精浆机磨浆后进入底层纸机浆池。底、面层浆料再经底、面层压力筛供料泵进入底、面层一段网前筛，其良浆分别进入底、面层冲浆泵，由流浆箱喷射，在成形网上形成湿纸页；其尾浆进入二道振框筛，进行再次筛分，回用到底层压力筛中。流浆箱回流浆料经各自回流冲浆泵重新进入到相应的布浆管中。

（4）白水回收系统

一般造纸机的白水可采用三级循环的方式来处理，第一级循环是网部的白水，用于冲浆稀释系统；第二级循环是网部剩余的白水和喷水管的水等，经白水回收设备处理，回收其中物料，并将处理后的水分配到使用的系统；第三级循环是纸机废水和第二级循环多余的水，汇合起来经厂内废水处理系统处理，并将部分处理水分配到使用的系统。

纸机湿部产生的浓白水由白水盘收集之后汇集到机外白水槽中，并立即进入压力筛和冲浆泵，用于稀释浆料。稀白水主要来源于纸机润滑水、低压喷淋水、高压喷淋水及真空系统中汽水分离器出来的水。稀白水槽中白水部分进入白水塔，用于机下碎浆机损纸碎解和制浆用水，多余的稀白水进入多盘过滤机系统进行白水回收，回收后的水用于清洗网部和车间调浓用水，回收浆进入配浆系统。同时，稀白水也用作纸机机外白水槽平衡补充水。

（5）纸机抄造及复卷

生产卫生纸的纸机主要是新月型纸机。新月型纸机是美国金佰利公司在 20 世纪 60 年代末发明的，此项发明使卫生纸的品质和纸机速度达到了良好的结合。因其形状像一轮新月而称为新月型成形器。新月型成形器是一种适用于在高速车速下抄造低定量生活用纸的成形器。成形辊是唯一的驱动辊。低浓浆料（浓度在 0.18% 左右）从流浆箱喷出进入毛毯和成形网之间，沿着成形辊运动，在成形辊快速转动产生的离心力和网的张力作用下大量脱水，脱出的水经接水槽排出；接水槽内设有带角度的钢片，可防止白水反溅到网上。脱水后，纸页黏附于毛毯，随毛毯带至烘干部。经过多年的实践利用，新月型成形器卫生纸机在全球成为高速卫生纸机的主导机型，也被认为是最佳机型。它具有很多优点：车速高，产能大，通常车速为 1000～2200m/min，产能 50～220t/d；脱水快速、均匀；纤维留着率高，成纸品质好；网、毯的寿命长；与夹网成形器卫生纸机相比，结构简单，操作方便，需要的操作人员少。

与之相比另一种常用成形器，真空圆网型（如 BF 型）纸机也有很多独特的优势。日本的卫生纸机 60%是 BF 型的。相对于 BF 型纸机来说，新月型成形器卫生纸机的缺点是：单位能耗较高；由于车速高，对干燥的能力要求高，干燥部需要使用热风气罩（用燃气或燃油）；由于单台纸机的产能大，因此在品种变换方面，不如 BF 型卫生纸机灵活；新纸机投产后，产品的市场销售压力也比较大。特别是生活用纸产品的物流费用高，不适宜长途运输，因此在区域性设厂的情况下，产品应在当地和周边地区销售，BF 型纸机在这方面具备优势。BF 型纸机在日本还有 BF-15 和 BF-20 两种机型，车速也可以达到 1100～1400m/min。

一般认为纸机车速在 1000m/min 以上时，选择新月型成形器卫生纸机比较合适，而车速在 1000m/min 以下时，选择 BF 型纸机较好。

新月型成形器卫生纸机最突出的优点是车速高、产能大、成纸品质好，一般适合于大型卫生纸厂。从产品的柔软度、松厚度等质量指标来看，新月型成形器卫生纸机，特别是双层流浆箱结构的机型，要比 BF 型纸机具有优势，更适合生产高档的纸巾纸。

1.2.4.3.2　生活用纸产品特征和使用性能

卫生纸要求无毒性化学物质、无对皮肤有刺激性的原料、无霉菌病毒性细菌残留。卫生纸的特征是吸水性强、无致病菌（大肠杆菌等致病菌不许有）、纸质柔软厚薄均匀无孔洞、起皱均匀、色泽一致、不含杂质。如果生产小卷双层卫生纸，还应打孔节距一致、针孔清晰、易撕、整齐。

卫生纸对产品的使用性能要求是柔软（softness，handfeel），强韧（dry strength，wet strength，burstin），吸水（water absorbency），卫生（dirt，fluorescent），安全（safety）。

① 外观：一看外包装，挑选卫生纸时应首先检查外包装。产品的包装封口应整齐牢固，无破损现象；包装上应印有生产厂名、生产日期、产品等级（优等品、合格品）、采用标准号执行的卫生标准号（GB/T 20810—2018）等信息。二看纸的外观，纸面应洁净，不应有明显的死褶、残缺、破损、硬质块、生草筋、浆团等纸病和杂质。纸张使用时不应有严重的掉毛、掉粉现象，纸张中不应有残留的印刷油墨。

② 定量：单位面积纸张的重量。

③ 白度：卫生纸的白度与原料有关，例如棉浆与木浆原料的选择。

④ 吸水性：可以将水滴在上面看吸收速度如何，速度越快吸水性越好。

⑤ 横向抗张指数：纸的韧性如何，使用时是否容易碎裂。纯木浆纸由于纤维长，因此拉力大、韧性好、不易断。

⑥ 柔软度：这是卫生纸产品的一个重要指标，好的卫生纸应给人柔软舒适的感觉。影响卫生纸柔软度的主要因素是卫生纸的纤维原料、起皱工艺。一般来说棉浆优于木浆，木浆优于麦草浆，柔软度超标的卫生纸使用起来手感粗糙。

⑦ 洞眼：洞眼指标是对皱纹卫生纸上洞眼数量的限定要求。洞眼会对纸张使用带来影响，过多洞眼的皱纹卫生纸不仅外观较差，在使用中还容易破损，影响擦拭效果。

⑧ 尘埃度：通俗点说就是纸上粉尘多不多。如果原料是原木纸浆，尘埃度没有

问题。但若用回收来的纸张作为原料，且工艺处理不恰当，尘埃度就很难达标。

根据细化分类，生活用纸中包含的产品均已制定国家标准，具体见表 2-1-10。

表 2-1-10　生活用纸质量标准特性列表

产品	标准名称
卫生纸（含卫生纸原纸）	GB/T 20810—2018《卫生纸（含卫生纸原纸）》
擦手纸	GB/T 24455—2022《擦手纸》
厨房纸巾	GB/T 26174—2010《厨房纸巾》
餐用纸制品	QB/T 2898—2007《餐用纸制品》
本色生活用纸	QB/T 4509—2013《本色生活用纸》

表 2-1-11、表 2-1-12 以卫生纸和厨房纸巾为例，摘取其国家标准中所列技术指标，以示包装纸产品特性和使用性能。

表 2-1-11　卫生纸技术指标（GB/T 20810—2018）

指标名称		单位	规定					
			优等品		一等品		合格品	
定量		g/m²	12.0±1.0　14.0±1.0　16.0±1.0　18.0±1.0					
			20.0±1.0　22.0±1.0　24.0±2.0　28.0±2.0					
			33.0±3.0　39.0±3.0　45.0±3.0					
D65 亮度		%	≤90.0					
横向吸液高度（成品层）		mm/100s	≥40		≥30		≥20	
抗张指数	纵向	N·m/g	≥4.50	≥5.00	≥3.50	≥4.00	≥2.30	≥2.80
	横向		≥2.00	≥2.50	≥1.80	≥2.30	≥1.30	≥1.80
柔软度（成品层纵横平均）		mN	≤200	≤170	≤250	≤220	≤450	≤420
可迁移性荧光物质		—	无					
灰分	原生木浆（纤维）	%	≤1.0					
	原生非木浆（纤维）		≤6.0					
	原生混合浆（纤维）		≤4.0					
球形耐破度（成品层）		N	≥1.50					
可分散性		—	合格					
掉粉率		%	≤0.5					
洞眼	总数	个/m²	≤6		≤20		≤40	
	2～5mm（含）		≤6		≤20		≤40	
	5～8mm（含）		≤2		≤2		≤4	
	>8mm		不应有					
尘埃度	总数	个/m²	≤20		≤50		≤200	
	0.2～1.0mm²（含）		≤20		≤50		≤200	
	1.0～2.0mm²（含）		≤4		≤10		≤20	
	>2.0mm²		不应有					
交货水分		%	≤10.0					

注：1. 可生产其他定量的卫生纸和卫生纸原纸。

2. 印花、染色的卫生纸和卫生纸原纸不考核 D65 亮度。

3. 可分散性为参考指标，不作为合格与否的判定依据。

4. 卫生纸原纸不考核掉粉率。

表 2-1-12　厨房纸巾技术指标（GB/T 26174—2023）

指标名称		规定	
		优等品	合格品
植物纤维厨房纸巾技术指标			
定量/（g/m²）		（≤20.0）±1.0　（>20.0～40.0）±2.0　（>40.0）±3.0	
D65 亮度①/%		≤90.0	
吸水时间/s		≤3.0	≤6.0
吸水能力/（g/g）		≥7.0	≥6.0
吸油能力/（g/g）		≥6.0	≥5.0
横向抗张强度（成品层）/（N/m）		≥200	≥100
纵向湿抗张强度（成品层）/（N/m）		≥90.0	≥60.0
掉粉率/%		≤0.20	≤0.50
洞眼/（个/m²）	总数	≤4	
	2～5mm	≤4	
	>5mm	不应有	
尘埃度/（个/m²）	总数	≤8	≤20
	0.2～1.0mm²	≤8	≤20
	>1.0～2.0mm²	不应有	≤1
	>2.0mm²	不应有	不应有
灰分/%	木浆（纤维）	≤1.0	
	非木浆（纤维）②	≤6.0	
	混合浆（纤维）③	≤4.0	
交货水分/%		≤10.0	
其他纤维厨房纸巾技术指标			
定量/（g/m²）		（≤20.0）±1.0　（>20.0～40.0）±2.0 （>40.0～80.0）±3.0　（>80.0）±4.0	
D65 亮度/%		≤90.0	
吸水时间④/s		≤5.0	≤15.0
吸水能力/（g/g）		≥6.5	≥5.5
吸油能力/（g/g）		≥5.0	≥4.0
横向抗张强度（成品层）/（N/m）		≥400	≥200
纵向湿抗张强度（成品层）/（N/m）		≥700	≥400
掉粉率/%		≤0.20	≤0.50
洞眼/（个/m²）	总数	≤4	
	2～5mm	≤4	
	>5mm	不应有	
尘埃度/（个/m²）	总数	≤8	≤20
	0.2～1.0mm²	≤8	≤20
	>1.0～2.0mm²	不应有	≤1
	>2.0mm²	不应有	不应有
灰分/%		≤1.0	
交货水分/%		≤10.0	

① 本色、印花和染色厨房纸巾不考核 D65 亮度指标。
② 指竹浆、麦草浆、蔗渣浆、苇浆等。
③ 指木浆与非木浆混合浆。
④ 对于有网孔的产品，如试验时水滴穿透试样（而非被吸收），则该项目不考核。

1.3　中国制浆造纸行业资源综合利用现状、趋势及差距

1.3.1　中国制浆造纸行业资源综合利用现状

随着我国社会经济发展水平日益提高，我国制浆造纸制造工业规模和技术水平迅速提高，纸机、纸板机、生活纸机以及分切、涂布、包装和备料、制浆、洗选漂、碱回收等成套装备和生产线的国产化进程获得长足进步，初步形成了产业链配套体系完整、门类齐全的现代生产体系，在行业发展、资源利用、环境保护等方面取得了巨大的成就。

（1）中国造纸全周期已形成良性循环体系

现代造纸工业具有典型循环经济属性，已发展成一个完整的资源可循环、低能耗、低排放、可实现自然界碳循环的循环经济体系，是我国国民经济中具有循环经济特征的重要基础原材料产业和新的经济增长点。

造纸所用的原料均是可再生资源。林业"三剩物"（采伐剩余物、造材剩余物和加工剩余物）、废纸、农业秸秆、制糖工业废甘蔗渣和造纸行业自身固体废物（树皮、秸秆废渣、甘蔗髓、废纸制浆污泥、废水处理污泥、碱回收白泥）的大规模回收利用，使我国造纸工业主要原料中有 77%的原料来源于各类固体废弃物，有约 20%的能源来源于固体废物，有约 70%～99%的制浆化学品来源于造纸过程产生的固体废物。

通过清洁生产，"林业、竹业、农业等—纸浆和生物质能源—纸产品—废纸—再生纸浆—造纸和生物质能源"形成了一套完整的良性循环经济产业链。其包括造纸行业的 4 个循环圈：林、竹、苇、农、纸一体化，实现原料来源的绿色大循环；废纸或废纸板回收再制浆，实现产品从生产到消费、消费废弃物回收再回到生产和消费的大循环；生产过程多渠道回收化学品、水和能源等，实现生产体系内部的大循环；污染物资源化社会的再利用，实现减量再生大循环。

（2）纤维原料来源确立绿色循环基础

造纸原料来源广，均为可再生资源。造纸纤维原料是可再生资源，即植物。植物在生长过程中靠光合作用吸收二氧化碳而形成纤维材料，经过制浆过程后有大约50%的碳以纤维的形式形成了纸浆，而另外约 50%经过回收用于生产能源。利用木材、竹、芦苇、蔗渣、麦草等原生植物制浆造纸实现了自然界的碳循环。利用农林废弃物制浆造纸，进入工业生产领域，生产过程中的废弃物通过生物精炼生产化工产品或肥料反哺农田，既可提高农林废弃物的利用效率，同时也为农民提供部分就业和收入来源。

回收废纸，巧用"城市森林"。废纸造纸有助于减少原生林木采伐，减少温室气体和污染物的排放，体现了纸张的天然可循环属性，被称作"城市森林"。根据生产实践，使用 1t 废纸可以替代 3m³ 的原生木材，废纸也因此成为许多国家争夺的战略

性资源。据测算，每年伴随我国商品出口而附加出去的包装纸及纸板和纸制品高达 2000 万 t 以上，为了弥补国内废纸在数量和质量上的不足，需以废纸贸易的形式进口大量废纸回到国内循环体系。中国造纸工业充分利用世界废纸循环，在市场的规则和力量下，形成了较为合理的原料利用格局。废纸是造纸工业最大的纤维原料来源之一，我国有 65% 的纸张是以废纸为原料生产的。废纸造纸可以充分利用原料资源，降低生产成本，减少废物的排放。在制浆造纸生产过程中，约 90% 的污染发生在制浆过程中。废纸作为造纸原料，与原始的植物纤维原料相比，不需要化学蒸煮制浆过程，没有高浓度废液的产生，污染物的产生量不到原生植物制浆造纸过程的 50%，大大减轻了污染。基于现有的污染物处理技术，使用废纸造纸产生的固气液废物处理可以更好地实现达标排放。

（3）清洁生产构建内部循环系统

造纸生产过程实现资源充分利用。造纸企业积极引进新技术、新设备，优化原料结构，延伸循环经济产业链条，减量化、再利用、资源化，实现全过程控制。在制浆造纸过程中，对水资源、化工、原料和能源等方面实现了最大程度的循环回收利用。

在化学品的回收利用和生产再生能源内循环过程中，制浆废液经过提取、浓缩、燃烧后，回收无机物用于蒸煮原生植物原料，燃烧产生的中、高压蒸汽，用于发电或生产过程。生产过程中产生的固体废弃物经燃烧后，可产生再生能源用于生产过程。在生产用水的内循环利用过程中，通过提高生产过程循环利用率，降低单位产品水耗，使水得到充分利用，使废水外排量降到最低。

制浆造纸企业一般都建有热电站，大型制浆造纸企业基本达到了热电平衡，自供汽电，取得了较好的经济效益。热电联产是利用造纸生产的废汽和余热发电的新型应用技术，提高了能源的利用效率，减少了环境污染，具有节约能源、改善环境、提高供热质量、增加电力供应等综合效益。以年产 30 万 t 化学木浆为例，采用热电联产，除满足生产蒸汽和电力需要外，还能有部分剩余，每年节约电费近 4000 万元。造纸产生的固体废料经回收可用于焚烧发电，部分企业逐步实施生物质发电技术。蒸煮前后的粗渣、蒸煮废液和废气、碱回收产生的废气、废水处理过程产生的沼气和污泥等都作为生物质能源回收利用。

碱回收设施是碱法化学制浆的关键组成，在特定条件下焚烧制浆废液中有机质转化为能源，并通过一系列化学反应再生回收碱和硫化物。约 80%～99% 的有机污染物在碱回收工序被转化为生物质能源，极大地降低了污染负荷，产生的生物质能源可达到全部能源需求的 40%～80%。再生回收的碱和硫化物回用于制浆蒸煮过程，减少化学品的使用，相比外购碱每吨碱节省成本约 1500 元。中国有世界上最先进的黑液提取碱回收工艺设备，木浆黑液提取率超过 99%，碱回收率达到 98% 以上。

造纸过程水资源实现充分循环利用。水在制浆造纸过程中起着至关重要的作用，通过建设先进生产线和加快淘汰落后产能等有效措施，造纸行业在节水工作方面取得了明显进步与成效。特别是进入 21 世纪以来，我国造纸工业步入高速发展时期，新建和改扩建的大、中型项目，普遍采用了当今国际和国内先进成熟的技术与装备，同时淘汰了一大批高耗能、耗水的落后工艺、技术和装备。绝大多数造纸企业都比较重视节水，通过提高技术装备水平，应用先进适用的节水技术和装备，使造纸过程中水重复利用率逐步提高，水耗大幅度降低，取得了显著的节水效果，万元产值取水量和单位产品取水量呈大幅下降趋势。目前在中国运行的部分先进新闻纸机和文化用纸纸机新鲜水取水量已不到 $10m^2/t$，有的甚至达到更低的水平。国内已有瓦楞原纸生产线的新鲜水取水量达到极限值 $5m^2/t$，指标明显优于欧盟制定的最佳技术标准（瓦楞原纸生产线案例新鲜水取水量 $6.5m^2/t$），水重复利用率可以达到 95% 以上，处于国际领先水平。

1.3.2　中国单位纸浆、纸资源综合利用指标对比

1.3.2.1　在绿色制造技术领域取得的主要成绩综述

（1）践行绿色发展理念，推进生态文明建设

严守法律法规，促进环境治理。中国造纸工业坚持绿色发展和循环经济的发展理念，严格执行国家和地方颁布的一系列有关的经济技术政策、法律法规和标准，坚持科技创新和先进技术与装备的应用，积极实施清洁生产，注重结构减排、工程减排和管理减排，坚持狠抓源头和生产过程及末端污染物治理，提高自我监测能力，扎实推进节能减排、资源节约及综合利用，推进了造纸工业与生态环境保护协同发展。随着国家和各地造纸行业相关排放标准日益严格、相关政策的收紧以及造纸末端治理技术的进步，造纸行业的清洁生产和污染防治取得了明显进步。近年来新建和技术改造的制浆造纸企业技术装备水平较高，特别是清洁生产和环保治理设施达到了国际先进水平甚至领先水平。在政策引导和技术投入等共同作用下，2008～2017年我国造纸行业的新鲜水用量、能源消耗、排水总量、排气总量及主要污染物排放总体呈下降趋势。

全面构建环保体系，探索绿色发展道路。造纸行业坚持生态优先和发展"绿色造纸"，倡导"没有环保就没有造纸"的理念，加强生态系统保护，积极提升生态环境质量，并促进造纸工业可持续发展。造纸生产企业基本建立并完善环境管理体系，落实生态环境硬性约束指标和措施，制定推进持续性清洁生产方案，切实保障环境管理有效、规范开展；对环保督察反馈的问题积极开展专项整改；为加强环境风险防控，按照突发环境事件应急预案和防风险评估备案要求，编制突发环境事件应急预案及防风险评估报告，积极组织员工定期培训和演练，不断提升环保应急处置能力。通过构建并不断完善环保体系，推进造纸行业生态文明建设发展。

（2）坚持绿色发展，改善生态环境

节能减排、淘汰落后工作成绩斐然。节能减排是造纸行业一项重要的工作。近

年来，造纸行业通过技术进步和先进装备应用及淘汰落后产能，使得能源消费、污染物排放呈逐年下降趋势，取得明显的成效。2010～2014 年造纸行业已关停淘汰生产线共计 2079 条，涉及落后产能 3395 万 t。2016 年造纸行业能源消费总量 4105.25 万 t 标准煤，占全国能源消费量的 0.94%，比 2008 年的 1.51% 下降了 0.57 个百分点；单位产品能源消耗 378.18kg（标准煤）/t，比 2008 年的 501.08kg（标准煤）/t 减少了 24.5%。2006～2015 年，单位产品化学需氧量（COD）从 23.9kg/t 下降到 3.1kg/t，减少了 87%；单位产品二氧化硫（SO_2）排放量从 6.6kg/t 下降到 3.4kg/t，减少了 49%；单位产品氮氧化物（NO_x）排放量从 3.6kg/t 下降到 1.6kg/t，减少了 56%。

森林认证体系建设加快。中国森林认证体系（CFCC）建设工作始于 2001 年，经过各利益相关方的共同努力，中国森林认证体系逐步建成，并于 2014 年与 PEFC 实现了互认。目前，中国森林认证范围涵盖了森林经营认证、产销监管链认证、非木质林产品认证、竹林认证、森林生态环境服务认证、生产经营性珍稀濒危物种认证、碳汇林认证和森林防火认证等领域，已发布实施国家标准 2 项、行业标准 23 项。目前，我国已经有 51 家制浆造纸企业获得 CFCC/PEFC 认证，其中包括 4 个纸材速生丰产林基地，有 1022 家制浆造纸企业通过了 FSC 认证。

（3）加强"三废"污染治理，有力保护碧水蓝天

实施严格的环保标准。目前中国造纸工业执行的环保标准，部分指标比欧美国家还要严格。以生产漂白硫酸盐浆为例：化学需氧量（COD）指标，制浆企业的国家标准要求是 4.5kg/t（风干浆），而世界银行 EHS 给出的是 20kg/t（风干浆），欧盟最佳技术导则（BAT）是 8～23kg/t（风干浆），美国 EPA 没有对 COD 提出要求；生物耗氧量（BOD_5）指标，制浆企业的国标要求是 0.9kg/t（风干浆），世界银行 EHS 要求 1kg/t（风干浆），欧盟 BAT 是 0.3～1.5kg/t（风干浆），美国 EPA 是 2.41kg/t（风干浆）。在环保高标准的倒逼之下，造纸企业通过采用先进技术与装备，加大技术改造投入，增加运行成本等措施，全行业基本做到了达标排放，实现了增产减污目标。

率先实行排污许可证制度。排污许可证制度是国际上广泛采用，对固定污染源实行"过程管理"、全生命周期"一证式"监管的较成熟的基础性制度。2015 年 1 月，我国首次在全国范围推行排污许可证制度，并率先在造纸行业实施。截至 2017 年 6 月 30 日，造纸企业排污许可证申请与核发工作基本完成，并依证开展环境监管执法。"一企一证"制度将污染物排放总量控制深入细化到各排污口，强化了企业责任，约束了企业排污行为，同时也激发了造纸企业主动治污、科学减污的积极性，促进了产业转型升级。造纸行业作为首批试点行业，为排污许可证制度提供了先行先试的成功经验。政府部门结合造纸行业排污许可制实施中的经验和问题，对排污许可证申请、核发、执行、监管全过程的相关规定进行完善，进一步提高管理、执法等工作的可操作性。

高效利用植物纤维原料。生物质能源由于其可再生性和环保性而得到越来越多的重视，已被列为国家战略性新兴产业。制浆造纸企业利用生产过程使用木材等生物质

原料的特点，积极推进生产过程产生的废渣、废液等作为生物质能源有效利用；也有部分企业采用生物质精炼等技术，在生产纸浆产品的同时，利用溶出物（排放就是污染物）生产生物质燃料和生物质化学品，如乙醇、木糖、香兰素、木素磺酸钙（镁）等产品，既提高了利用效率，又减少了污染物排放，创造了较好的经济和社会效益。

逐年减少废水排放。2008 年 6 月 25 日，环境保护部发布 GB 3544—2008《制浆造纸工业水污染物排放标准》，各控制指标限值进一步加严。该标准的贯彻实施倒逼造纸企业为达到排放标准，不得不投入大量资金进行扩建改造，并增加三级处理或深度处理措施，以降低废水中的 COD 排放量。

2006～2015 年间，造纸行业废水排放量从 37.4 亿 t 下降到 23.6 亿 t，减少了 36.90%，年均降低 4.99%，占全国工业行业排放量的比例从 18.00% 下降到 13.04%，减少 4.96%。COD 排放量从 155.32 万 t 下降到 33.54 万 t，同比下降了 78.41%，年均下降 15.66%；万元产值 COD 排放量从 2006 年的 53.83kg/万元下降到 2015 年的 4.69kg/万元，同比下降了 91.29%，年均下降 23.75%。2015 年单位产品 COD 排放量为 3.31kg/t，已远小于欧盟的 5.61kg/t。氨氮排放量从 3.64 万 t 下降到 1.23 万 t，同比下降了 66.2%，年均下降 11.36%；万元产值氨氮排放量从 2006 年的 1.26kg/万元下降到 2015 年的 0.17kg/万元，同比下降了 86.51%，年均下降 19.95%。

持续减少 SO_2、NO_x、烟尘排放。制浆造纸企业普遍安装脱硫脱硝等相关处理设施，以大幅减少 SO_2、NO_x、烟尘等污染物排放。2006～2015 年间，造纸行业 SO_2 排放量从 42.78 万 t 下降到 37.1 万 t，同比下降 13.28%，年均下降 1.57%；万元产值 SO_2 排放量从 2006 年的 14.83kg/万元下降到 2015 年的 5.19kg/万元，同比下降了 65.00%，年均下降 11.01%。NO_x 排放量从 23.22 万 t 下降到 16.9 万 t，同比下降了 27.22%，年均下降 3.47%；万元产值 NO_x 排放量从 2006 年的 8.05kg/万元下降到 2015 年的 2.37kg/万元，同比下降了 70.56%，年均下降 12.70%。烟（粉）尘排放量从 22.11 万 t 下降到 13.8 万 t，同比下降了 37.58%，年均下降 5.10%；万元产值烟（粉）尘排放量从 2006 年的 7.66kg/万元下降到 2015 年的 1.93kg/万元，同比下降了 74.80%，年均下降 14.20%。

多元化治理固体废物。制浆造纸企业产生的固体废弃物主要包括备料废渣、碱回收车间白泥、污水处理污泥以及废纸利用过程中产生的脱墨污泥等。对这些固体废弃物的处置方法随着国家环保要求的提高而不断改进和提高。2006～2015 年间，单位产品（一般）固体废物产生量从 24.6kg/t 下降到 24.0kg/t，减少了 2.4%。固废的综合利用率达到 84% 以上，加上存储和处置量，固废综合利用量达到了产生量的 99% 以上，倾倒丢弃量不足 1%。我国制浆造纸企业目前用污水处理产生的污泥生产肥料是应用最广泛的技术之一，部分企业也有采取焚烧处理回收热能的方法。化学制浆在碱回收过程中产生的苛化白泥（主要成分是碳酸钙），目前应用较多是生产精制碳酸钙填料。此外，也有用作建筑材料的，或生产烟气脱硫剂。脱墨污泥主要为有机物和造纸填料，主要处理途径是焚烧处理，此外还有进行农业堆肥。

1.3.2.2 能耗及排放等主要指标

随着我国社会经济发展水平日益提高，我国制浆造纸制造工业规模和技术水平迅速提高。制浆、碱回收等成套装备和生产线的国产化进程获得长足进步，初步形成了产业链配套体系完整、门类齐全的现代生产体系，在行业发展、资源利用、环境保护等方面取得了巨大的成就。具体数据详见表 2-1-13、表 2-1-14。

表 2-1-13　造纸行业能耗及排放等主要指标

年份	2011	2012	2013	2014	2015	2016	2017	2018
产量/万 t	9930	10250	10110	10470	10710	10855	11130	10435
原料消耗量/万 t	9044	9348	9147	9484	9731	9797	10051	9387
产值/亿元	10727	11279	13472	13514	13923	14687	15203	—
能耗/万 t（标准煤）	3983.51	3846.14	4153.00	4040.56	4027.67	4105.25	—	—
废水/亿 t	38.23	34.27	28.55	27.55	23.67	—	—	—
占工业废水量的比例/%	16.56	15.46	13.61	13.42	11.86	—	—	—
挥发酚排放量/t	90.7	59.9	54.3	51.5	38.2	—	—	—
化学需氧量 COD /万 t	74.2	62.3	53.3	47.8	33.54	—	—	—
氨氮排放量/万 t	2.51	2.07	1.78	1.63	1.24	—	—	—
SO_2 排放量/万 t	54.3	49.7	44.9	41.2	37.1	—	—	—
NO_x 排放量/万 t	22.1	20.7	19.3	19.4	16.9	—	—	—
固体废物产生量/万 t	2482	2168	2055	2170	2248	—	—	—
固体废物综合利用量/万 t	2133	1926	1734	1812	2010	—	—	—

表 2-1-14　近年我国制浆造纸纸浆、纸资源综合利用对比表
（化机浆、废纸浆部分单列）

年份	2014	2015	2016	2017	2018
纸产品产量/万 t	10470	10710	10855	11130	10435
产值/亿元	7879	8003	8725	9215	8152
能耗/[t（标准煤）/t（浆）]	0.50	0.45	—	—	—
原料消耗量/万 t	10071	10352	10419	10897	10439
废水排放量/亿 t	27.55	23.67	—	—	—
占工业废水量的比例/%	14.70	13.00	—	—	—
SO_2 排放量/万 t	41.2	37.1	30.8	20.5	11.8
NO_x 排放量/万 t	19.4	22.0	18.2	15.7	13.7
固体废物产生量/万 t	2170	—	—	—	—

1.3.2.3 企业资源能源消耗及污染物排放等主要来源和指标

（1）企业资源能源消耗

企业资源能源消耗反映了企业生产、管理、工艺、技术等方面的情况，由于采

用的原料、制浆方法、工艺路线、具体设备条件及管理水平不同，各项指标数值差异很大。表 2-1-15 是根据重点造纸企业的实际资源能源消耗给出的范围值。

表 2-1-15　部分纸制品企业的吨产品主要技术经济指标

品种		纸浆/kg				电耗/kW·h	水耗/m³	能耗（标准煤）/kg
		合计	木浆（化/机）	苇浆/草浆	废纸浆			
印刷书写纸	新闻纸	986~1113	194~297/700~839	0	0	371~396	54~240	279~517
	凸版纸	920~1027	0~94	868~981/0	0	674~843	68.6~206	392~664
		1000	0	蔗渣 1000	0	256	245	360
	双胶纸	887~1075	125~841/0	0~960	0	463~948	126~199	498~607
	书写纸	920~1270	241~587/0	133~730	0	332~850	64~328	445~617
包装纸	纸袋纸	1005~1111	1111~1005/0	0	0	586~1009	75~211	302~934
	牛皮纸	1051	72	0	979	570	清水 9	413
	瓦楞原纸	1048	0	0	1048	540	清水 9	396

造纸行业作为用水大户，提高水的使用效率，控制生产取水量，推动节水型企业的建设，也是实现可持续发展的必经之路。为达到这一目标，我国发布了《取水定额 第 5 部分：造纸产品》（GB/T 18916.5—2022），分现有企业和新建企业对各类造纸产品的取水量进行了规定。其中，新建（改扩建）造纸企业取水定额指标如表 2-1-16 所示。

表 2-1-16　新建（改扩建）造纸企业取水定额指标

产品名称		单位造纸产品取水量/（m³/t）
纸	新闻纸	15
	未涂布印刷书写纸	24
	生活用纸	25
	包装用纸	20
纸板	白纸板	24
	箱纸板	18
	瓦楞原纸	15

我国造纸工业能耗与发达国家相比相对较高。为了推进造纸行业节能减排，发展低碳经济，促进经济发展方式转变，淘汰高能耗落后产能，我国制定并发布了强制性国家标准《制浆造纸单位产品能源消耗限额》（GB 31825—2015）。高能耗也意味着高污染，因此作为环境标志性产品，有必要对其单位产品的能耗予以限制。为进一步满足清洁生产、节能降耗的发展需求，环境标志标准要求生产企业能耗执行 GB 31825 中先进值要求。其规定如表 2-1-17 所示。

表2-1-17　制浆造纸主要生产系统单位产品能耗先进值要求

产品名称		主要生产系统单位产品能耗准入值/[kg（标准煤）/t]
印刷书写纸	新闻纸	≤210
	非涂布印刷书写纸	≤300
	涂布印刷纸	≤300
包装纸	包装用纸	≤320
	白板纸	≤220
	箱纸板	≤220
	瓦楞原纸	≤210
	涂布纸板	≤230
生活用纸	木浆生活用纸	≤420
	非木浆生活用纸	≤460

（2）污染物排放

造纸整个生产过程中的各个车间和工段都有废水、废气和固体废弃物的产生与排放，其中主要污染源介绍如图2-1-20所示。

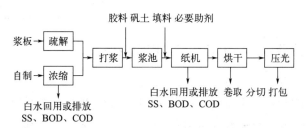

图2-1-20　纸及纸板抄造工艺流程及主要污染物产生示意图

废水的排放。造纸过程的废水量取决于纸的品种、浆料的特性、白水的封闭程度。废水主要来自打浆、浆料的净化筛选、造纸机湿部和临时或偶然排放的污水（设备中溢出的纸浆、清洗设备的水和地板冲洗水）。废水中含有悬浮固形物如纤维、填料、涂料等，和溶解了的木材（或非木材）成分，添加的胶料、湿强剂、防腐剂等。为减少污染，降低清水用量，节约动力消耗，现在造纸车间通常采用内部用水系统部分或全部封闭，提高白水回用率，减少多余白水的排放。当纸机进行封闭时，把脱出的水按固形物含量不同，分别用于系统中的不同部位。

废气的排放。造纸车间的排气，主要是水蒸气及少量挥发性有机物（与涂料、助剂有关），一般采用冷凝和吸附方法去除。

固体废物产生。造纸车间的固体废弃物主要是净化筛选出来的少量浆渣和干燥部产生的纸毛，浆渣可采取综合利用方式去除，少量纸毛主要通过加强管理定期进行清扫和收集，大量纸毛需采用必要的除尘方式进行处理。

上述污染物中，占主体地位的是废水。造纸废水主要为纸机白水，白水的成分以固体悬浮物（SS）为主，包括纤维、填料、涂料等以及添加的施胶剂、增强剂、防腐剂等。主要污染物指标为 COD、SS、BOD，造纸企业水污染物发生量一般为吨纸废水量 10～60m³，吨纸 COD 产生量 10～40kg，吨纸 SS 产生量 12～30kg。

白水的数量和性质受纸张的品种、造纸机构造和车速、浆料的性质、化学添加物的种类及用量等条件影响。造纸白水中所含的物质较复杂，因浆料来源、造纸工业、机械设备、生产纸种等不同而有较大差异。不同纸产品的白水特征如表 2-1-18 所示。

表 2-1-18　造纸车间排出剩余白水的基本特性

产品类型		造纸浆种	废水 pH 值	BOD$_5$/(mg/L)	总 COD/(mg/L)	总 SS/(mg/L)
印刷书写纸	新闻纸	100%ONP 与 OMP 脱墨浆	7.5～8.5	—	3900	3210
	胶版纸	化木浆+化苇浆+机木浆	6～7	210～250	860～950	630～850
	薄页纸	商品木浆	6.2～7	—	196	213
包装纸	牛皮箱纸板	废纸浆+商品木浆	8～9	300～400	1100～1400	1000～1200
生活用纸		商品木浆	6.6～6.9	150～158	622～670	180～207

1.3.2.4　代表性企业绿色技术开发与推广应用情况

（1）中国纸业投资有限公司

中国纸业为中国诚通控股集团有限公司（简称"中国诚通集团"）全资子公司。中国诚通集团是经国务院国资委批准的唯一以林浆纸生产、开发并利用为主业的央企，也是国资委确定的国有资本运营点之一。其产品涵盖文化类印刷用纸、涂布白板纸、白卡纸、无碳复写纸、热敏纸、不干胶标签纸等多个品种，居国内烟卡市场、热敏纸市场、无碳复写纸市场、文化纸市场前列。同时，中国纸业不仅对传统的浆纸产业相关领域进行了投资，在近年的发展中，对于园林、绿化、市政、生态治理等领域及相关 PPP 项目也进行了探索、投资和运营。

芦苇原料的制浆造纸清洁化生产：芦苇是一年生草本植物，是最好的水质净化植物，被称为"湿地之宝"，保护芦苇就是保护湿地。作为制浆造纸原料是芦苇规模化和可持续最有效的资源利用方式，可促使芦苇经营者对芦苇进行精心培育和管护，使芦苇得以可持续地健康生长，促进了芦苇湿地的保护。技术的进步使芦苇制浆造纸实现清洁化生产。中国纸业发明芦苇硫酸盐浆氧脱木素和 ECF 技术，每年用于制浆造纸的芦苇有近 160 万 t，生产芦苇浆约 70 万 t，使造纸行业成本下降（7～10）亿元，减少约 350 万 m³ 的木材使用。

（2）广州造纸集团有限公司

广州造纸集团有限公司（简称"广纸集团"）始建于 1936 年，是中国第一家新闻纸生产企业，是集制浆、造纸、热电、环保于一体的现代化、综合性企业。广纸集团南沙生产基地是华南地区重要的造纸基地，主营产品有新闻纸、牛皮纸、试卷纸等，销售网络遍布全国各地。

臭气治理：采用先进的钢支撑加反吊膜的加盖技术，对污水处理中心产生臭气源的九个主要池体进行加盖密封，通过采取相应的除湿防腐保护措施，将密闭收集后的废气引入锅炉中进行燃烧净化处理，彻底消除了污水处理中心臭气外逸的问题。根据对同一池体臭气主要成分硫化氢的监测显示，加盖前周边硫化氢浓度最高为 9mg/m^3，加盖后硫化氢的浓度为 0～1mg/m^3，降低效果达 88% 以上，达到理想的净化空气环境目的。

节能减排：践行循环经济发展理念，积极响应国家节能政策。近年来，通过实施电机能效提升、能源管理体系、能源管理中心等技术和管理节能措施，取得显著效果，单位产品综合能耗领先行业先进水平。其中，电机能效提升项目累计改造电机功率超过 3 万 kW，年节电达 889 万 kW·h，节电率约 5%；脱墨浆（自用浆）单位产品能耗 69kg（标准煤）/t，仅为行业先进水平的 50%；新闻纸单位产品能耗 195kg（标准煤）/t，较行业先进水平少 210kg（标准煤）/t。

（3）理文造纸有限公司

理文造纸有限公司于 1994 年成立，2003 年在香港上市（股份编号：02314），主要产品为包装用牛皮箱纸板及瓦楞芯纸，目前总年生产量为 778 万 t，是行业内最具规模及实力的造纸厂之一。理文造纸有限公司设有完善的配套设施，包括先进的造纸生产线、汽电一体化的发电站、水厂、污水处理站、码头、大型废纸堆场、成品仓库及庞大的运输车队等，并设有现代化的办公大楼及完善的生活康乐设施。

污水处理：理文造纸有限公司自建厂开始，就非常重视环境保护和企业社会责任，严格执行了"三同时"制度。污水处理站现采用混凝沉淀物化预处理+厌氧+A/O 活性污泥法+三级处理的废水处理工艺。经污水站处理过的废水达标排放，并在排放口安装在线监测装置，全天候检测主要排放指标，检测数据实时上传环保局。

废气治理：热电站的除尘设施为布袋除尘器，除尘效率>99.8%。针对 SO$_2$ 采取石灰石-石膏法脱硫技术（FGD），以石灰石浆液作为脱硫剂在喷淋塔中对二氧化硫进行吸收，并在塔底将脱硫产物氧化成石膏，脱硫系统不会出现结垢等问题，运行安全可靠并能达到>90% 的脱硫效率。氮氧化物采取选择性非催化还原（SNCR）技术和选择性催化还原技术（SCR），采用烟气脱硝剂和氨水作为还原剂，喷入炉膛温度 800～1100℃ 的区域，还原 NO$_x$。治理后的烟气全部通过 150m 高的烟囱高空达标排放。

节能技术改造：理文造纸有限公司坚持科学的发展观，以节能、节材、清洁生产和发展循环经济为重点，不断完善能源管理的体系建设，加强能源科学管理，提高了能源利用效率。实施能量系统优化，采用国外先进的透平真空风机取代旧有的水环真空泵，减少电力消耗，提高工作效率，年节能 6989.67t 标准煤，节能效果明显。实施电机能效提升计划，将 2005 年前生产的高耗能低压电机全部改造淘汰完成，年节能量达 11004.57t（标准煤）。实施余热回收，增加"锅炉连排水余热回收装置"，年节能量达 7997.62t（标准煤）。

（4）山东仁丰特种材料股份有限公司

山东仁丰特种材料股份有限公司成立于 2006 年 3 月，主要面向国内和国际市场从事高强瓦楞原纸、过滤材料、无纺材料、包装材料等各类特种材料的研发和生产，同时配套提供相关技术和售后服务，持续满足客户需求。山东仁丰特种材料股份有限公司与齐鲁工业大学和中国制浆造纸研究院建立密切的科技合作关系，实现产、学、研的良性循环和资金、技术、人才的互补，已成立"淄博市工程实验室""山东省企业技术中心"等研发平台。

污水处理新技术应用：坚持走循环发展、环境保护的新型工业化之路，妥善处置各类危险废物以及一般工业废弃物，大力推进清洁生产。污水处理系统采用"预处理+IC 厌氧+好氧+深度处理"工艺组合，厌氧核心工艺选用荷兰帕克的内循环厌氧反应器技术，该技术在工业废水处理领域具有世界领先地位；深度处理核心工艺采用 Fenton 高级氧化技术，该技术汇集了现代光、电、声、磁、材料等各相近学科的最新研究成果，有望成为有机废物尤其是难降解有机废物处理的一把"杀手锏"。

1.3.3 中国与国外单位纸浆、纸资源综合利用指标对比

1.3.3.1 国外单位纸浆、纸资源综合利用概况

近年来，世界造纸工业技术进步发展迅速，由于受到资源、环境、效益等方面的约束，造纸企业在节能降耗、保护环境、提高产品质量、提高经济效益等方面加大力度，正朝着高效率、高质量、高效益、低消耗、低排放的现代化大工业方向持续发展，呈现出企业规模化、技术集成化、产品多样化、功能化、生产清洁化、资源节约化、林纸一体化和产业全球化发展的突出特点。

全球制浆造纸工业生产规模在 21 世纪迅速增长，同时产能布局发生了明显变化。2000 年，美国、加拿大、西欧和日本地区的造纸制造商生产了世界上 60% 以上的纸张。如今，北美和欧洲的全球生产比例正在下降，亚洲纸张生产量现在已经接近全

球的 50%。仅在过去的 20 年里，中国的产能迅速增长，2017 年中国提供了世界上 27% 以上的纸张生产量（11130 万 t），产能已经占据了领先地位。全球纸张生产量变化见表 2-1-19。

表 2-1-19　全球纸张生产量变化

年份	2000		2010		2015		2017		2019	
地区	生产量/万 t	占比/%	生产量/万 t	占比/%	生产量/万 t	占比/%	生产量/万 t	占比/%	生产量/万 t	占比/%
全球	32313.9	100	39979.5	100	40629.6	100	41264.4	100	40389.9	100
非洲	291.6	0.9	382.4	1	356.3	1	347.4	1	290	0.7
北美洲	10740.6	33.2	8851.9	22	8298.4	20	8163.5	20	7763	19.2
拉丁美洲	1419.4	4.4	2072.1	5	2115.7	5	2265.9	5	2229.4	5.5
亚洲	9498.4	29.4	17462.2	44	19061.8	47	19542.5	47	19428.4	48.1
欧洲	9992.1	30.9	10803.7	27	10407.6	26	10548.3	26	10284	25.5
大洋洲	371.8	1.2	407.2	1	389.8	1	396.8	1	395.1	1.0

放眼过去十年，全球各纸种消费量变化呈现一定趋势。全球对新闻纸的需求一直在下降。最近，北美和欧洲对印刷书写纸的需求也略有下降。但随着城市化和新兴中产阶级的发展，对包装纸和生活用纸产品的需求一直在增长，尤其是在中国和印度等新兴市场。2005～2015 年全球各纸种消费量见图 2-1-21。

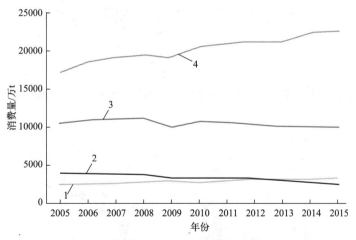

图 2-1-21　2005～2015 年全球各纸种消费量

1—生活用纸；2—新闻纸；3—印刷书写纸（除新闻纸）；4—包装纸

制浆造纸工业是世界上最大的能源消耗和污染物排放工业之一，必须发展利用现有的最佳技术和新的创新来清理其行为。造纸工业是世界第五大能源消耗行业，占世界能源消耗总量的 4%。同时，造纸工业生产 1t 产品所消耗的水可能比其他任何工业都多。造纸行业的能源消耗除了带来碳排放，造纸厂还以细颗粒物、氮氧化物和硫氧化物的形式排放空气污染物。

1.3.3.1.1 国家和地区情况

世界各地在环境绩效方面存在明显的区域差异。下面以废水排放量、可吸收有机卤化物（AOX）负荷和化学需氧量（COD）负荷来展示全球五个主要地区制浆造纸工业废水和污染物排放水平，如图 2-1-22～图 2-1-24 所示。

瑞典和芬兰的吨纸废水排放量明显好于北美和南美地区，半数以上产量废水排放量达到欧盟最佳技术水平要求。2013 年瑞典和芬兰地区吨纸废水排放量进一步降低，其中最低记录达 10m³/t。可以看出，南美洲也有技术更新的造纸企业。而北美的造纸企业通常落后于欧洲，废水排放最高记录超过 180m³/t。数据表明，北欧和南美国家的废水流出量明显较低。在我国单位产品的废水排放量平均值也已达 20m³/t。

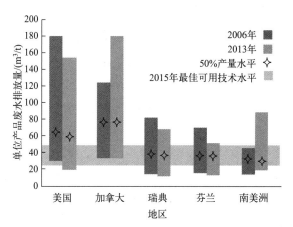

图 2-1-22 2006～2013 年世界 5 个地区的单位产品废水排放量变化

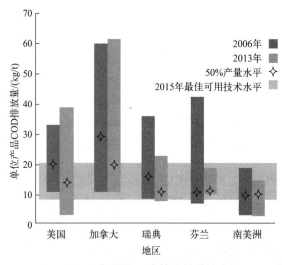

图 2-1-23 2006～2013 年世界 5 个地区的单位产品 COD 排放量变化

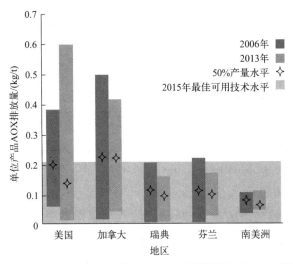

图 2-1-24　2006~2013 年世界 5 个地区的单位产品 AOX 排放量变化

　　分析两种最重要的污水排放成分 AOX 和 COD 的排放水平及其在 2006~2013 年之间的变化，南美和欧洲工厂的 COD 排放量最低，而加拿大工厂的 COD 排放量最高。已知的最低、最严格监管的 COD 排放量为 2.5kg/t（风干浆），来自中国新建成的桉树硫酸盐漂白纸浆厂。AOX 排放量也呈现出类似的趋势。自 2006 年以来，美国和加拿大的造纸企业平均降低了 AOX 排放量。2006~2015 年，我国单位产品平均值 COD 从 23.9kg/t（风干浆）下降到 3.1kg/t（风干浆），减少了 87.0%，平均值已达到领先水平，取得巨大进步。

　　（1）美国

　　美国是制浆造纸工业大国。制浆造纸行业是能源密集型行业，据美国能源情报署《2016 年能源展望》报告，制浆造纸工业占美国交付的全部能源消耗的 6%。但其大部分能源属于可再生能源，来自可再生资源。2012 年，美国造纸厂所用的包括电能和热能在内的能源中，有 2/3 来自可再生资源。美国制浆造纸行业生物质能源使用量占美国所有制造业生物质能源使用量的 62%。由于大量使用生物质能源，1972 年以来，美国制浆造纸行业吨产品碳排放量降低了 55% 以上。有些企业在生产过程中还可产生富余电能，并将这些"绿色"能源销售给电力公司供社会使用。在过去的 40 年里，美国造纸行业向环境排放的污染物数量大幅减少。2015 年美国造纸行业的污染物排放量仅占美国相关污染物排放总量（约 123.4 亿 kg）的 5%。美国的制浆造纸行业一直坚持推动工业提高能源效率和温室气体减排工作。自 2002 年 2 月开始，美国环保署鼓励各公司设立温室气体减排目标以应对气候变化，并建立温室气体清单以掌握计划实行成效。目前已有超过 50 个主要公司参与此计划，其中以国际纸业为代表。

美国国际纸业（以下简称"国际纸业"）是一家世界领先的纸浆和纸张生产企业，在北美、拉丁美洲、欧洲、北非、印度和俄罗斯等多地设有工厂。其纸张产量多年来保持世界第一，主要产品包括印刷书写纸和包装纸。截至2018年，该公司在美国经营着27家纸浆、纸张和包装工厂，每年生产包装纸1300万t，未涂布印刷书写纸400万t。国际纸业努力通过减少能源使用、减少空气污染物和温室气体排放、减少废水和固体废弃物来改善环境。2018年国际纸业近75%的能源是生物能源，其每吨产品所需能量已降至8.68MBtu（1Btu=1055.06J），较2010年提升8.9%；温室气体排放1250万t，较2010年减少21%；空气污染物排放中，SO_2排放量0.97kg/t，NO_x排放量1.44kg/t，颗粒物排放量0.52kg/t，污染物总排放量较2010年减少46%；耗水量43.1m³/t，并且90%的用水得到安全排放；排放的废水中BOD含量23900t，耗氧物质排放量较2010年减少了18%；固体废弃物产生量33.2kg/t，较2010年减少了15%。国际纸业成立水管理治理小组，继续进行年度水风险评估，65%的纸厂邀请当地的利益相关者参与水风险评估。2018年，国际纸业一家位于欧盟的新闻纸厂改造成了纸板厂，这是欧盟第一家全部使用循环水的工厂。该厂日产1300t，不需要任何外部水资源供应。此外，一个先进的厌氧污水处理技术大大降低了能源消耗和剩余废物的产生。该工厂利用厌氧废水处理的副产品产生的沼气作为可持续的燃料补充来源，以取代天然气。

（2）欧盟

欧盟现有495家制浆造纸企业，总计890个工厂，纸产品产量占欧洲的92%，全球的22%。欧盟的制浆造纸行业在绿色制造和可持续发展方面贡献突出。欧盟制浆造纸工业的生物能源使用率高达59%，消耗93%的水资源得到安全排放，纸张纤维平均循环3.6次，废纸回收率世界第一，高达72.3%。欧盟是迄今最积极投入温室气体减排的组织，其造纸吨产品CO_2排放量较1990年减少43%。在2005年1月1日正式挂牌营运的欧盟排放交易体系（EU-ETS）涵盖包括制浆造纸在内的1.2万个固定源，已有1000多家符合条件的造纸和纸板生产装置被EU-ETS要求减少CO_2排放。从2013年起，这些生产设施需通过部分免费和部分拍卖的方式获得配额来抵消其温室气体排放。在EU-ETS第三期（2013~2020年）制浆造纸行业的CO_2配额通过设定行业基准线方式决定，制浆造纸每一子类前10%的生产装置平均值作为基准线。

2001年版的欧盟《制浆造纸工业最佳可行技术参考文件》（IPPC）制定了基于最佳可用技术水平的制浆造纸工业的排放水平与排放限值（ELV），并于2010年进行修订，编制出草案，为欧盟各成员国范围内的制浆造纸企业开展污染防治工作提供参考。IPPC导则中规定对具有高度潜在污染的工业和农业活动实施许可，只有在满足环境条件时才会授予许可。欧盟指标里除了对 COD、BOD、AOX 等做出规定外，还对总氮和总磷规定了排放限值。IPPC 详细列举了制浆造纸各环节可行的绿色制造技术。例如对于造纸过程而言，通过循环水工艺和水管理最小化生产不同等级纸品时的用水量。将干净的冷却水和密封水收集和重新使用或分别排放；涂布废水分别预处理；二级或废水的生物处理，和/或有些情况下，二级化学沉淀或废水絮凝等技术可大幅减少废水排放。在辅助锅炉中采用低氮氧化物技术；通过使用低硫油和煤或控制硫的排放，减少蒸汽锅炉的二氧化硫排放；采用热电联产；使用再生资源（例如木材或废木材）减少矿物燃料等技术可减少空气污染物的排放。使用盘式过滤器或微泡浮选单元减少纤维和填料损失；污泥（脱水）在进一步利用或最终处置前预处理；采用超滤回收和循环涂布废水等技术可减少固体废弃物的排放。

（3）加拿大

在过去的 20 年里，加拿大制浆造纸工业的能源需求和产量大幅下降。1997 年，制浆和造纸工业是加拿大最大的工业能源用户，对能源的年需求量接近 415PJ（1PJ=1015J=34139t 标准煤），占工业能源需求的 20%。到 2017 年，制浆造纸工业的能源需求降至 231PJ 左右，仅占工业能源需求的 8%。天然气和电力是加拿大制浆造纸工业使用的两种最重要的燃料。电力驱动机械，而天然气产生制造过程所需的蒸汽和热空气。大量的电力是企业通过燃烧副产品产生的。2017 年，工业生产过程中产生的电力为 33PJ，约占该行业总电力需求的 24%。

加拿大制浆造纸企业排放的废气、废水和固体废弃物均受到加拿大环境法规的约束，同时环境监测报告指标众多。加拿大空气法规对制浆造纸企业基于排放强度和操作规程制定排放限制，例如规定化学浆厂，总空气颗粒物（TPM）应小于 2kg/t，SO_2 小于 4kg/t；而机械浆厂 TPM 应小于 0.5kg/t，SO_2 小于 1.5kg/t。加拿大国家污染物报告跟踪包括制浆造纸企业在内的各企业空气排放状况，报告中包含各企业排放到空气中的 300 多种物质的指标，包括与制浆造纸企业相关的二噁英、呋喃、NO_x、SO_2、CO、总空气颗粒物、PM10、PM2.5、21 种多环芳烃、温室气体、硫酸盐类化合物等，这些数据可在网络上供公众查询。省级法规中对废气排放的限制依据烟囱排放物或污染物环境浓度设定指标，其要求比国家标准更严格。加拿大制浆造纸废水管理法规对 BOD 和 SS 的日排放量和月排放量做了详细规定，此外还会对废水的毒性（50%存活率为指标）和环境影响（实地调查鱼和底栖生物）进行检测。比如，虹鳟鱼在 100%造纸废水中 96h 的 50%存活率应到 100%，并每月进行测试；大型水蚤在 100%造纸废水中 48h 的 50%存活率应到 100%，并每周进行测试。为评估环境监管的充分性，加拿大会在造纸企业废水排放特定区域展开环境影响监测，监测包括鱼类和底栖生物群落调查和废水的亚致命毒性。在过去的 24 年内加拿大政府完成了 8 个周期的调查实验，分析了污水排放对鱼类生活环境的影响和氮磷等元素的生物富集现象。

加拿大的制浆造纸废水处理技术一般包含两步，初沉池用物理和机械的方法去除 SS 和降低废水气味，再沉池通过生物法降低 BOD。再沉池常用方法包括活性污泥工艺、纯氧曝气工艺等。废气排放管理中，静电滤尘器、多管式旋风分离器和湿式除尘器得到广泛应用。从 1990 年加拿大对制浆造纸工业环境考核以来，温室气体减少了 73%，颗粒物减少了 63%，总还原硫减少了 75%，有害毒素减少了 93%；废水中二噁英基本消除，BOD 排放减少了 90% 以上，SS 排放减少了 70% 以上，急性毒物排放减少了 95% 以上。

1.3.3.1.2　国内外制浆造纸相关标准

造纸行业新建和改扩建项目普遍采用了当今国内外先进、成熟的制浆造纸技术及装备，淘汰了大批落后工艺技术及设备，尤其是木浆生产线、废纸处理生产线及造纸机均向大型化、高速化前进了一大步。目前，这些先进和比较先进的生产能力已经占到行业总生产能力的 60%～70%，水耗是原来水平的 1/10～1/3，配套的环保设备使 BOD 等污染物排放达到了国内乃至国际先进水平。对于 2008 年起新建的制浆造纸企业，碱回收、氧脱木素、封闭筛选、白水回收回用、废水生化处理等清洁生产技术和末端治理技术被广泛应用。在这种背景下，为了逐步实现减排，我国颁布并实施了《制浆造纸工业水污染物排放标准》（GB 3544—2008）。此标准为强制标准，对造纸工业的水污染物排放规定了标准值。按其规定，2011 年后，所有产品生产企业水污染物排放均应全部符合 GB 3544—2008 中新建企业排放限值的要求。造纸行业是我国污染物排放量较大、污染较严重且能源消耗也较大的行业之一，清洁生产可以减少资源消耗和废物产生，避开末端治理的高额费用，使可能产生的废物消灭在生产过程中，从而减少企业对地区环境的污染，因此应指导和推动企业实施清洁生产。为此，国家发展和改革委员会于 2006 年首次发布了《制浆造纸行业清洁生产评价指标体系（试行）》，并于 2015 年进行了整合，对不同类型制浆造纸企业分别提出清洁生产评价指标体系。依据综合评价所得分值将清洁生产等级划分为三级，Ⅰ级为国际清洁生产领先水平；Ⅱ级为国内清洁生产先进水平；Ⅲ级为国内清洁生产基本水平。

国内相关标准与欧盟 IPPC 中制浆造纸标准的能耗、水耗进行了总结对比。将欧盟 IPPC 导则中的能耗数据与我国执行的 4 项清洁生产标准和一些地方标准进行了比较，结果如表 2-1-20 所示。

表 2-1-20　国内外标准中纸与纸产品能耗对标分析　　　单位：kg（标准煤）/t

标准名称			DB 37/780—2007 DB 37/781—2015 DB 37/782—2015 DB 37/783—2015 DB 37/784—2015	DB 33/686—2019	欧盟 IPPC 导则	制浆造纸行业 清洁生产评价 指标体系
产品类型	印刷书写纸	铜版纸	国产设备	≤480 厚纸		221～381 无磨木 造纸生产线，涂布	
			国产设备	≤170 涂布加工			
			引进设备	≤400 含厚纸			
		轻涂纸	国产设备	≤700		307～479 磨木制 浆造纸生产线，涂布 234～369 回用纸， 脱墨	≤430
			引进设备	≤550			
		新闻纸	国产设备	≤390 含脱墨浆		270～369 磨木制 浆造纸，未涂布 234～369 回用纸， 脱墨	≤330
			引进设备	≤300 含脱墨浆			
		书写纸胶版纸		≤450		234～258 无磨木 造纸，未涂布 234～369 回用纸， 脱墨	≤420
		轻型纸		≤630		270～369 磨木制 浆造纸，未涂布 234～369 回用纸， 脱墨	
		静电复印纸		≤540 含原纸		234～258 无磨木 造纸，未涂布 234～369 回用纸， 脱墨	
	包装纸	白卡纸		≤300		234～258 无磨木 造纸，未涂布	≤330
		涂布白纸板		≤410 含废纸制浆	优等品≤245 一等品≤210 合格品≤185	221～381 无磨木 造纸生产线，涂布	
		瓦楞原纸		≤360 含废纸制浆	AAA 级≤235 AA 级≤215 A 级≤205	172～307 回用纸， 非脱墨	≤3
				≤510 含草类制浆			
		纱管纸		≤350 含废纸制浆		221～381 无磨木 造纸，涂布	
		箱纸板	长网纸机 >200g/m²	≤280	优等品≤235 一等品≤200 合格品≤180	172～307 回用纸， 非脱墨 172～415 回用盒 用板纸，脱墨	≤320
			长网纸机 ≤200g/m²	≤300			
			圆网纸机 >180g/m²	≤400			
			圆网纸机 ≤180g/m²	≤400			
		牛皮纸		≤480		221～381 无磨木 造纸，涂布 172～307 包装纸， 非脱墨	

续表

标准名称			DB 37/780—2007 DB 37/781—2015 DB 37/782—2015 DB 37/783—2015 DB 37/784—2015	DB 33/686—2019	欧盟 IPPC 导则	制浆造纸行业 清洁生产评价 指标体系
产品 类型	生活 用纸	生活用纸	国产设备 ≤610		270～922 无磨木 特种纸	≤580
			引进设备 ≤460			

注：DB 37/780—2007、DB 37/781—2015、DB 37/782—2015、DB 37/783—2015、DB 37/784—2015、DB 33/686—2019 分别是《纸浆单位产品综合能源消耗限额》《特种纸和纸板单位产品综合能耗限额》《包装用纸和纸板单位产品综合能耗限额》《生活用纸单位产品综合能耗限额》《书写印刷用纸单位产品综合能耗限额》《机制纸板和卷烟纸单位产品能耗限额及计算方法》。

针对制浆造纸水耗的分析将《制浆造纸工业水污染物排放标准》（GB 3544—2008）、《取水定额　第 5 部分：造纸产品》（GB/T 18916.5—2022）、2017 年的《制浆造纸行业清洁生产评价指标体系》和欧盟 IPPC 导则中制浆造纸行业的基本情况进行比较，结果见表 2-1-21。

表 2-1-21　国内外标准中纸与纸产品水耗对标分析　　　　单位：m³/t

标准名称			GB 3544—2008	GB/T 18916.5—2022	IPPC 导则	制浆造纸行业 清洁生产评价 指标体系
产 品 类 型	印刷书写纸	新闻纸	≤20 造纸 ≤40 制浆造纸联合	≤16（新建） ≤20（现有）	10～300 特种纸	≤17
		未涂布印刷书写纸 涂布印刷纸		≤30（新建） ≤35（现有）	5～40 未涂布 5～50 涂布	≤20
	生活用纸	生活用纸		≤30（新建） ≤30（现有）	10～300 特种纸	≤25
	包装纸	包装用纸		≤20（新建） ≤25（现有）		≤25
		白纸板		≤30（新建） ≤30（现有）		≤22
		箱纸板		≤22（新建） ≤25（现有）	0～20 所有纸板	≤18
		瓦楞原纸		≤20（新建） ≤25（现有）		≤17

从整体情况发现，我国《制浆造纸行业清洁生产评价指标体系》中纸产品能耗的标准与欧盟的能耗水平相比较宽松，欧盟纸制品的水耗几乎与我国纸制品的水耗指标相当。

美国、北欧、德国的环境标志标准都有对印刷书写纸的认证，其中美国是绿色标志（Green Seal）印刷和书写用纸（Printing and Writing Paper）（GS-7）；北欧是北欧生态标志（Nordic Ecolabelling）纸（Paper Products -Basic Module）；德国是蓝天使印刷和出版用纸（Printing and Publication Papers Primarily Made of Waste Paper）

（RAL-UZ 72）。三个标准的适用范围略有不同，主要对纸张的原材料来源、生产过程中添加的有害物质限量、产品中有害物质的限量和产品的包装做出了规定，其具体对比见表 2-1-22。

表 2-1-22　各国印刷书写纸环境标志标准比较

项目	中国 HJ 410—2017 文化用纸	美国 Green Seal 印刷纸和书写用纸	北欧 Nordic Ecolabelling 纸产品-基础模块	德国 Der Blaue Engel 印刷和出版用纸
标准名称	《环境标志产品技术要求文化用纸》	Printing and Writing Paper（GS-7）Coated Printing Paper（GS-10）	Paper Products-Basic Module	Printing and Publication Papers Primarily Made of Waste Paper（RAL-UZ 72）Printing and Publication Papers Primarily Made of Recycled Paper（RAL-UZ 14）
适用范围	新闻纸、胶版印刷纸、胶印书刊纸、字典纸、复印纸、轻型纸、书写纸、铜版纸、热敏纸和无碳复写纸等	复写纸、胶版纸、表单、计算机打印纸、文件夹、信封及其他未涂布印刷书写纸，比如写作和办公纸、书纸、棉花纤维纸、票据等	用木质纤维、竹、棉绒、麻等材料制成的纸产品	用再生纸制造的报纸、杂志、刊物、手册和说明书等
污染排放	水污染物排放应符合 GB 3544—2008 中新建企业排放限值的要求		COD、磷、硫、氮氧化物的单独排放评分不能超过 1.5，总分不能超过 4	
原材料	国内木材原料应符合 GB/T 28951 或 GB/T 28952 的要求，进口木材原料应符合国家木材贸易及进出口的相关要求；新闻纸、胶版印刷纸、胶印书刊纸、字典纸、复印纸、轻型印刷纸、书写纸、铜版纸需采用 30% 以上（含 30%）的废纸浆或非木纤维浆作为原料	打印和书写纸含有至少 30% 的再生材料，涂布印刷纸至少含有 10% 的再生材料	木材原料 30% 通过森林认证或 75% 的纤维使用再生纤维、木屑	1t 新纸必须使用 800kg 的废纸，每吨新纸所用原浆不超过 250kg，木材原料需经过认证
生产能耗	主要生产系统的单位产品能耗符合 GB 31825 中先进值的要求		全生产过程的电力和燃料能耗评分小于 1.25	
亮度（白度）	亮度（白度）应符合表格的要求			禁用荧光增白剂
氯限制	产品中有机氯的含量应低于 150mg/kg	再生纸脱墨不使用含氯溶剂、漂白剂；不使用次氯酸钠和二氧化氯等氯化物；不得在任何阶段使用氯或其衍生物进行漂白	每吨纸制品排放的 AOX 不能超过 0.17kg；不使用氯气进行漂白；湿强剂中低分子物有机氯化物环氧氯丙烷、二氯异丙醇和氯代丙二醇的总含量不超过 100×10^{-6}（0.01%）	五氯苯酚含量不得超过 0.15mg/kg；再生纸脱墨不使用含氯溶剂、漂白剂，不使用次氯酸钠和二氧化氯等氯化物；只允许使用未经氯、含氯漂白剂处理的原木纤维

续表

项目	中国 HJ 410—2017 文化用纸	美国 Green Seal 印刷纸和书写用纸	北欧 Nordic Ecolabelling 纸产品-基础模块	德国 Der Blaue Engel 印刷和出版用纸
重金属限制	铅、汞、六价铬、镉的总含量应低于 100mg/kg，其中铅含量应低于 90mg/kg，汞含量应低于 60mg/kg，镉含量应低于 75mg/kg，铬含量应低于 60mg/kg	印刷和书写纸包装中铅、汞、铬、镉的总含量应低于 100mg/kg；涂布印刷纸应声明未使用铅、汞、镉、六价铬	染料或颜料不得添加铝、铜重金属化合物，作为杂质进入的铅、汞、铬、镉总量不得超过 100×10^{-6}	禁止使用含有汞、铅、镉和六价铬成分的化合物颜料或染料
其他有害物质限量	文化用纸的生产过程中不使用烷基酚聚氧乙烯醚及其衍生物（APEOs）和乙二胺四乙酸（EDTA）；热敏纸不得使用双酚 A	涂料中不能含有游离甲醛	不得加入烷基酚聚氧乙烯醚及烷基酚及其衍生物；不得加入生物蓄积或潜在的生物累积性的杀菌剂；丙烯酰胺单体不超过 700×10^{-6}；不得加入双酚 A	需每年检测双酚 A 的含量并提交报告；废纸处理应不使用生物降解差的络合物，如乙二胺四乙酸（EDTA）和二乙烯三胺五乙酸（DTPA）

总体来说，欧美国家对印刷书写纸的性能要求与化学品添加、污染物排放要求更加具体和严格。

1.3.3.2　中国与国外纸浆、纸资源综合利用状况对比

虽然造纸行业未被列入"高能耗、高污染"的行业中，但节能减排仍是造纸行业一项重要和紧迫的工作，也是一项必须承担的社会责任。造纸行业是耗能较大的工业，对煤炭和电力的需求较大，能否降低其能源消耗是造纸工业是否可持续发展的关键所在。

为了使造纸行业能够节能，首先应当了解我国造纸行业的能耗发展变化情况。我国造纸工业所消耗的能源以外购为主，主要包括原煤（约占总能耗的 73%）、外购电力（约占总能耗的 23%）、天然气、重油及蒸汽。我国造纸工业吨产品的综合能耗大大高于欧洲、美国及日本等地，我国造纸工业的能源消耗水平还落后于先进国家。

进入 21 世纪以后，我国的造纸行业有了很大的转变，吨产品的能源消耗渐渐降低，逐渐接近并达到世界先进水平。在 1985～2005 年的 20 年间，我国造纸行业所需要的能源以平均 2% 的速度递增，而纸和纸板的产量在同一时期以 18% 的速度递增。虽然纸和纸板的产量递增迅速，但能耗非常高的纸浆，有非常大的比例是依靠进口木浆、进口废纸以及国内废纸的再生来支撑的。自 2000 年以来，进口木浆、进口废纸以及国内废纸的回用量占据了纸浆总量的 52.9%～68.9%。可以说，大大减少了制浆蒸煮过程中所需要的高能耗，这对于吨产品能耗的降低起到了很大的作用。近些年我国新引进和新建的具有国际先进水平的制浆造纸生产线，其能耗水平是比较低的，综合能耗可以达到世界先进水平。粗略地估计，新生产线的生产量大约占我国纸及纸板总生产量的 1/3，这也是我国造纸行业能耗降低的因素之一。然而占我国纸和纸板产量 2/3 的企业或生产线，其综合能耗水平还是相当高，能源消耗比较

大，与日本相同产品的综合能耗比较还有些差距。

我国造纸工业与欧美国家相比，在以下几方面还存在差距：

（1）行业技术水平和结构的差异

与欧美国家相比，我国造纸行业技术水平和结构特点存在很大差异。欧盟和美国行业集中度高，企业技术水平普遍高于我国同行业企业的技术水平。欧美国家造纸企业以大型化的企业生产为主，关键技术在企业中的代表性显著，且同一技术在不同企业中的指标差异不大，需要进行验证的技术样本数量有限；在我国，企业规模大小各异、技术水平参差不齐、地区差异大，从而导致环境技术指标要求较低。同时由于小规模企业难以支撑投资较大的技术改造，因此，一些效果良好的污染削减技术措施无法得到很好的落实推广。

（2）技术关注的环境影响差别

由于所处的发展阶段不同，我国造纸污染控制体制关心的环境影响以及科学研究基础（例如，对某一类环境影响的研究缺乏数据支持），与西方国家存在差距。例如，以 COD 和 SO_2 为代表的常规污染物是当前我国污染总量控制工作重点考虑的污染物，而欧美国家则还关心全球性环境影响、环境和人体毒性等内容。另外，由于能源消耗与大气污染物排放之间以及新鲜水耗和工业废水排放量之间都存在着密切的耦合关系，因此，节能和节水问题也应是环境技术评估中不可忽视的因素。

（3）世界造纸工业发展重心继续向新兴经济体转移

造纸工业发达国家和地区已进入平稳发展时期，发展中国家和地区在经济快速发展的拉动下，造纸工业增长迅速。中国、印度、巴西、俄罗斯等新兴经济体正成为世界造纸工业增长的主要力量，我国纸及纸板产量已居世界首位，但在结构调整、技术升级、减排降耗等方面还有较大的发展空间。世界制浆造纸跨国公司因之纷纷把目光转向我国以及巴西、印尼等发展中国家，未来造纸工业资源、市场和人才的竞争将更加激烈。

（4）优质原料缺口大，对外依存度大

国内纸浆产量不能满足消费需求。中国是全球纸浆进口规模最大的国家，巴西、加拿大、美国纸浆出口量大。中国造纸协会数据显示，2016 年我国纸浆总生产量 7925 万 t，同比微降 0.74%。其中，木浆总生产量为 1005 万 t，较 2015 年增长 4.03%；废纸浆总生产量为 6329 万 t，较 2015 年微降 0.14%；非木浆总生产量 591 万 t，较 2015 年大幅减少 13.09%。进口木浆总量为 1881 万 t，进口依赖度达 65.1%，进口依赖度较高。2016 年，我国纸浆消耗总量 9797 万 t，较 2015 年增长 0.68%。其中，木浆 2877 万 t，较 2015 年增长 6.04%；废纸浆 6329 万 t，较 2015 年微减 0.14%；非木浆 591 万 t，较 2015 年大幅减少 13.09%。而从纸浆来源上看，木浆消耗中 1005 万 t 为国产，占比 34.93%，1881 万 t 为进口（已扣除溶解浆进口量），占比 65.07%；废纸浆中，国产废纸制浆 4021 万 t，占比 63.53%，进口废纸原料制浆 2308 万 t，占比 36.47%。除中国外，德国、日本、意大利和韩国商品浆进口量也较大，上述 5 国总净进口量占世界商品纸浆总产量的 42.0%。

中国长期以来以非木材纤维作为主要纸浆原料，这也是制约我国纸浆业规模发展、产品质量提升的一个重要因素。近十年来，造纸行业原料结构调整工作取得成效，非木材原料占比逐年下降，化机浆和废纸浆产量持续上升，对于单位产品能耗、水耗控制发挥了重要作用。目前世界各国中韩国的废纸回收率最高，达到 84.6%，其次是德国，为 75.2%。

国内废纸与进口废纸在质量上存在一定差异。欧美日等发达地区都有着较为完善的废纸回收分类体系，其回收的废纸经处理后质量较高，可规模化回收，有效降低生产成本；相比之下国内废纸的回收分类较为落后，回收体系散乱，废纸整体质量低。因此，国内废纸与进口废纸存在一定价格差，一般在 100～150 元/t。随着国家在外废进口政策上的转变，进口废纸通路暂时受阻，国内废纸需求激增，推高国内废纸价格。在可以预见的未来，国内废纸价格将会呈现上升趋势，而整体质量水平将会呈现不同程度下降。

（5）资源消耗较高，污染防治任务艰巨

造纸工业不合理的原料结构和规模结构以及较低的技术装备水平，造成了我国造纸工业水、能源、物料的消耗较高并成为主要的污染源。就吨浆纸综合能耗和综合水耗来看，国际上先进水平为综合能耗 0.9～1.2t 标准煤，综合取水量 35～50m³。我国除少数企业或部分生产线达到国际先进水平外，大部分企业吨浆纸综合能耗平均为 1.38t 标准煤左右，综合取水量仍处于较高水平。我国造纸工业面临的环保压力依然很大，污染防治任务十分艰巨。

（6）装备研发能力差，先进装备依靠进口

高得率化机浆主要有 Andritz 公司的碱性过氧化氢机械浆（APMP 或 P-RC APMP）及 Metso 公司的化学热磨机械浆（CTMP 或 BCTMP），采用的工艺方法及工艺条件有所差异，但生产线主要装备基本相同，化机浆生产线的关键核心设备是高浓磨浆机。目前高得率制浆工艺技术及关键装备技术基本被跨国公司 Andritz 和 Metso 垄断，国内年产 5 万 t 以上的高得率化机浆生产线主体设备均由这两家公司提供，进口设备价格昂贵。

国内高得率化机浆工艺及装备技术研究起步晚，设备产能小，能耗大，灵活性、适应性差，虽然能进行一些辅助设备的配套生产，但关键设备的研制能力、成套线的设计能力、集成能力等与国外相比差距很大，关键设备长期依靠进口。

目前，我国制浆造纸技术装备的研究、开发、制造总体水平较低，除了部分适合我国国情的非木材纤维制浆技术及装备已具备国际先进水平外，国内造纸企业与制浆造纸装备制造企业未能成为研发的主体，产、学、研、用未能形成合力，原始创新、集成创新和引进消化吸收再创新的能力很弱。制浆造纸技术装备研究主要以非木浆为主，装备制造业目前仅能提供年产 10 万 t 漂白化学木（竹）浆及碱回收成套设备、年产 10 万 t 以下的文化纸机以及年产 20 万 t 箱纸板机等中小型设备，技术水平与国外相比差距很大，大型先进制浆造纸技术装备几乎完全依靠进口。

采用绿色制造技术的目的是把消耗和排废降至最低点，使造纸工业有可能实现低污染甚至无污染生产。同时，采用绿色制造工艺及固体废弃物的综合利用带来的效益显著，大大减轻了环境污染，又带来巨额的经济效益；因固体废弃物的综合利用而带来了解决劳动就业、发展交通及建设等社会效益。造纸企业应该从行业自身特点出发，在产品设计、原料选择、工艺流程、工艺参数、生产设备、操作规程等方面分析生产过程中减少污染产生的可能性，寻找绿色制造的有效途径，促进绿色制造的实施，实现造纸行业与环境的持续协调发展。

1.3.4　国内外资源综合利用措施现状

1.3.4.1　中国资源综合利用措施现状

我国大力推广造纸工业资源综合利用。针对造纸过程，《中国资源综合利用技术政策大纲》中提出废水（液）综合利用技术，推广制浆造纸过程水的梯级使用和废水深度处理部分回用技术、造纸白水多圆盘过滤机处理回收利用技术、厌氧生物处理高浓废水生产沼气技术。《轻工业发展规划（2016—2020 年）》指出，推动造纸工业向节能、环保、绿色方向发展，加强造纸纤维原料高效利用技术、高速纸机自动化控制集成技术、清洁生产和资源综合利用技术的研发及应用。重点发展白度适当的文化用纸、未漂白的生活用纸和高档包装用纸与高技术含量的特种纸，增加纸及纸制品的功能、品种和质量。充分利用开发国内外资源，加大国内废纸回收体系建设，提高资源利用效率，降低原料对外依赖过高的风险。

制浆相关技术：黑液碱回收技术、木素回收技术、黑液气化技术、蒸煮热能回用技术、漂白水和污冷凝液综合利用技术、废水污泥和备料废料综合利用技术、废纸再生技术、脱墨废渣综合利用技术。

1.3.4.2　国外资源综合利用措施现状

（1）欧盟

欧洲是全球技术领导者，欧盟制浆造纸行业开发了多种模块化的解决方案，为企业资源综合利用献策，同时为亚洲和南美洲建立新的资源全方位利用的造纸工厂。例如，为制浆造纸企业生产开发生物路线，即生产生物纸浆、生物造纸、生物化工、生物燃料、生物能源以及生物碳捕捉技术的一体化生物炼油综合体的路线。瑞典建设了一个连接到纸浆厂的生物二甲醚工厂。此外，由芬兰制浆造纸企业领导的黑液气化项目也在推进，其目的一方面是产生一种混合的原料气体，另一方面是碱回收。

还有一种生物路线是从硫酸盐黑液中提取木素的系统，这种木素可以作为较高热值的生物燃料使用，也可以作为生产创新化学品的原料。欧盟制浆造纸企业提出创新的干燥技术，如脉冲干燥、带式干燥或蒸汽冲击干燥。芬兰一家工厂作为欧洲第一家采用带式干燥工艺的商业工厂投产，降低了干燥能源消耗。根据欧盟委员会的可持续生物能源倡议，欧盟正在共同资助多个生物能源项目，并资金支持和推进成熟工厂的设备改造与资源化综合利用提升。

（2）加拿大

加拿大林业部门正在积极探索和行动，将木材纤维更多地转化为有用的产品和能源，提高制浆造纸工业的资源综合利用状况。目前接近 90%的纤维得到充分应用，高于 1970 年的 61%。技术推动越来越多的生物能源可以转化为其他产品和清洁的可再生能源，这也减少了生物废弃物的填埋。加拿大的制浆造纸企业减少了对购买化石燃料的依赖，目前森林生物能源已占森林工业所使用总能源的近 68%。除了水力发电外，森林生物能源是加拿大最大的可再生能源电力来源，比风能、太阳能和潮汐能的总和还大。由加拿大自然资源部资助、加拿大林产品创新研究院（FPInnovations）牵头的转型技术项目正在开发实现生物质资源综合应用的技术。研究包括气化，将生物质转化为不能燃烧固体设备的气体燃料；从制浆过程的副产品黑液中提取木素并加以高价值应用的技术，用木素产品替代木板中的树脂和轮胎中的炭黑。FPInnovations 也在研究如何提取另一种纸浆废弃物——半纤维素，以便将其用于发酵产品和聚合物等领域。

（3）美国

美国制浆造纸行业的原材料、生产工艺和产品一直在不断改进，以提高其资源综合利用效率。同时，探索纸张新用途的新技术不断涌现，并开发出更多的造纸副产品，如汽车燃料和生物质可降解塑料。通过纸浆开发出的新型生物质材料——纳米纤维素，具有高强度、高比表面积以及许多潜在用途。生物质精炼工厂已经可以从木材中生产出多种产品。美国能源部已经在美国资助投建了多家中试规模以及较大规模的以木材为原料生产燃料乙醇和其他可再生碳氢化合物的生物质精炼工厂。造纸企业也致力于能够生产出更多种类的产品，如汽车用燃料、胶黏剂，化学品和其他材料，以提高资源和副产品利用价值，满足整个社会的需求。

综上所述，除造纸工业"三废"资源综合利用技术外，造纸行业的生物质精炼技术也在全球得以应用，并有迅速发展的趋势。生物质精炼是将生物质资源转化为能源和多元化制备高附加值生物质产品的一种有效途径，也是实现高值化利用原料和资源化利用三废的有效方法。制浆造纸工业是最早大规模利用生物质的产业，拥有规模化收集、处理、加工生物质的基础设施和生产经验。传统制浆造纸工业是一个多层次的生物质精炼产业，除生产纤维产品外，还拥有比较成熟的精炼技术，如黑液碱回收的生物质能源利用，制浆厂回收松节油和塔尔油等化学品，生物质锅炉的开发与应用，酸法制浆红液生产酒精、饲料酵母、提取木素磺酸钙等。因此，浆纸联合企业是生物质精炼不可多得的发展平台，通过制浆或造纸与生物质精炼的紧密结合，将传统的浆、纸厂变成一个浆、纸和生物质精炼相结合的加工厂，将是今后造纸工业的重要标志和发展趋势。研发的生物质精炼新技术主要包括：纤维原料半纤维素的预提取，废弃物生产乙醇，黑液中木素的提取及其利用，生物质气化生产生物质柴油、纳米纤维素、溶解浆等。

制浆造纸资源综合利用和生物质精炼技术是全世界近年来的研究热点，体现了人类对世界能源以及生态环境问题的深入思考。高效益、低能耗、低污染的生物质精炼技术研究及推广应用，符合制浆造纸产业绿色高效、资源节约的发展趋势。目前，造纸企业对传统制浆造纸行业的深度调整和转型升级的机遇与挑战，实现高值化利用原料和资源化利用三废的目标，已是造纸行业和科研部门高度关注和研究的课题。

第 2 章
制浆造纸绿色制造
发展目标

2.1　制浆造纸绿色发展需求与行业总体环境负荷关系

2.1.1　漂白硫酸盐浆的绿色发展需求与环境负荷

目前国内纸工业中的制浆大部分是硫酸盐法制浆,产量每年在 800 万 t 左右,且制浆企业行业集中度低、生产技术水平参差不齐、各企业制浆污染负荷不均衡,全行业距离绿色制造的要求仍有较大差距。表 2-2-1 是我国制浆企业产排污负荷情况简表。

表 2-2-1　硫酸盐法制浆个体产排污系数表

类型	规模等级	污染物指标	单位	产污系数	末端治理技术名称	排污系数
未漂硫酸盐针叶木浆	≥30 万 t/a	工业废水量	t/t（浆）	45～70	沉淀分离+普通活性污泥法	45～70
					化学+组合生物处理	45～70
		化学需氧量	g/t（浆）	30000～50000	沉淀分离+普通活性污泥法	7500～11000
					化学+组合生物处理	5400～6000
		五日生化需氧量	g/t（浆）	10000～16000	沉淀分离+普通活性污泥法	1640～3960
					化学+组合生物处理	1440～2160
		挥发酚	g/t（浆）	120～350	沉淀分离+普通活性污泥法	55～153
					化学+组合生物处理	51～136
	（10～30）万 t/a	工业废水量	t/t（浆）	50～80	物理+好氧生物处理	50～80
					化学+好氧生物处理	50～80
		化学需氧量	g/t（浆）	30000～55000	物理+好氧生物处理	7800～14000
					化学+好氧生物处理	6000～10560
		五日生化需氧量	g/t（浆）	10000～18000	物理+好氧生物处理	1500～3760
					化学+好氧生物处理	1440～3600
		挥发酚	g/t（浆）	130～371	物理+好氧生物处理	53～183
					化学+好氧生物处理	48.2～145
	≤10 万 t/a	工业废水量	t/t（浆）	70～100	物理+好氧生物处理	70～100
					化学+组合生物处理	70～100
		化学需氧量	g/t（浆）	35000～60000	普通活性污泥法	9090～16000
					物理+好氧生物处理	8860～14210
		五日生化需氧量	g/t（浆）	12000～20000	普通活性污泥法	2280～4040
					物理+好氧生物处理	2080～3240
		挥发酚	g/t（浆）	134～375	普通活性污泥法	55～187
					物理+好氧生物处理	49.1～165

续表

类型	规模等级	污染物指标	单位	产污系数	末端治理技术名称	排污系数
漂白硫酸盐针叶木浆	≥30 万 t/a	工业废水量	t/t（浆）	50～70	沉淀分离+普通活性污泥法	50～70
					化学+组合生物处理	50～70
		化学需氧量	g/t（浆）	40000～65000	沉淀分离+普通活性污泥法	11000～15000
					化学+组合生物处理	5500～7500
		五日生化需氧量	g/t（浆）	13000～20000	沉淀分离+普通活性污泥法	2140～4600
					化学+组合生物处理	2000～3000
		挥发酚	g/t（浆）	110～340	沉淀分离+普通活性污泥法	53～149
					化学+组合生物处理	49.2～138
	（10～30）万 t/a	工业废水量	t/t（浆）	70～90	物理+好氧生物处理	70～90
					化学+好氧生物处理	70～90
		化学需氧量	g/t（浆）	45000～70000	物理+好氧生物处理	12000～16000
					化学+好氧生物处理	10000～12000
		五日生化需氧量	g/t（浆）	13000～25000	物理+好氧生物处理	2630～5170
					化学+好氧生物处理	2500～3500
		挥发酚	g/t（浆）	124～347	物理+好氧生物处理	49～190
					化学+好氧生物处理	47.8～185
	≤10 万 t/a	工业废水量	t/t（浆）	80～100	普通活性污泥法	80～100
					物理+好氧生物处理	80～100
		化学需氧量	g/t（浆）	50000～75000	普通活性污泥法	16730～22160
					物理+好氧生物处理	8530～16590
		五日生化需氧量	g/t（浆）	15000～30000	普通活性污泥法	3600～6800
					物理+好氧生物处理	3000～5690
		挥发酚	g/t（浆）	143～354	普通活性污泥法	88～235
					物理+好氧生物处理	62～175
漂白硫酸盐阔叶木浆–桉木浆	≥70 万 t/a	工业废水量	t/t（浆）	30～45	A/O 工艺+生物接触氧化法+化学混凝法	30～45
					化学+组合生物处理	30～45
		化学需氧量	g/t（浆）	35000～45000	A/O 工艺+生物接触氧化法+化学混凝法	2600～3800
					化学+组合生物处理	4000～4400
		五日生化需氧量	g/t（浆）	12000～17000	A/O 工艺+生物接触氧化法+化学混凝法	800～1260
					化学+组合生物处理	1100～1600
		挥发酚	g/t（浆）	90～305	A/O 工艺+生物接触氧化法+化学混凝法	35～242
					化学+组合生物处理	41～223.6

续表

类型	规模等级	污染物指标	单位	产污系数	末端治理技术名称	排污系数
漂白硫酸盐阔叶木浆-桉木浆	（30～70）万t/a	工业废水量	t/t（浆）	40～55	A/O 工艺+化学混凝法	40～55
					化学+组合生物处理	40～55
		化学需氧量	g/t（浆）	38000～45000	A/O 工艺+化学混凝法	5700～6750
					化学+组合生物处理	4100～5150
		五日生化需氧量	g/t（浆）	13000～27000	A/O 工艺+化学混凝法	1270～1650
					化学+组合生物处理	550～1530
		挥发酚	g/t（浆）	103～314	A/O 工艺+化学混凝法	31～291
					化学+组合生物处理	41～289
	（10～30）万t/a	工业废水量	t/t（浆）	45～70	物理+组合生物处理	45～70
					化学+组合生物处理	45～70
		化学需氧量	g/t（浆）	40000～50000	物理+组合生物处理	6800～12000
					化学+组合生物处理	4800～7680
		五日生化需氧量	g/t（浆）	13500～18000	物理+组合生物处理	1810～2360
					化学+组合生物处理	1620～2160
		挥发酚	g/t（浆）	111～347	物理+组合生物处理	59～236
					化学+组合生物处理	31～215
	≤10 万 t/a	工业废水量	t/t（浆）	60～94	活性污泥法	60～94
					物理+好氧生物处理	60～94
		化学需氧量	g/t（浆）	50000～80000	活性污泥法	14400～25790
					物理+好氧生物处理	10200～24500
		五日生化需氧量	g/t（浆）	16000～25000	活性污泥法	3200～5300
					物理+好氧生物处理	2600～5100
		挥发酚	g/t（浆）	132～357	活性污泥法	91～243
					物理+好氧生物处理	61～216
漂白硫酸盐阔叶木浆-杨木浆	≤5 万 t/a	工业废水量	t/t（浆）	60～94	物理+好氧生物处理	60～94
					化学+好氧生物处理	60～94
		化学需氧量	g/t（浆）	60000～75000	物理+好氧生物处理	18000～25110
					化学+好氧生物处理	10600～18500
		五日生化需氧量	g/t（浆）	15000～23000	物理+好氧生物处理	3000～5690
					化学+好氧生物处理	1500～4120
		挥发酚	g/t（浆）	92～250	物理+好氧生物处理	51～130
					化学+好氧生物处理	49～120

由表 2-2-1 可知，不同的原料、不同的生产线规模，即使是相同的硫酸盐法制浆工艺，在不同的制浆工艺条件下制浆生产线对环境的污染负荷也是不同的，企业规模越大，环境的污染负荷越小。

对于硫酸盐法制浆，根据生产是否连续，可以分为连续蒸煮和间歇蒸煮；根据使用的蒸煮设备不同，可以分为蒸球、立锅、横管连续蒸煮器、立式连续蒸煮器（卡米尔）等。对我国采用不同原料，不同蒸煮方法，不同蒸煮设备的不同厂家制浆能耗进行分析调查。调查的范围是从原料送入蒸煮工段开始（不包括备料），至喷放后制得的含水粗浆（称为液体浆），包括蒸汽的热回收。如果是漂白浆，后面还有浆料的洗涤、筛选和多段漂白。

同样制得达到纤维分离点的粗浆，不同蒸煮设备的能耗差别较大。按照能耗由小到大的顺序排列为：立式连续蒸煮＜碱法立锅。

碱法立锅的蒸煮能耗 0.196t（标准煤）/t（浆）略高一点，主要是因为蒸煮的周期比较长；但其浆的白度比较高，在后续的漂白工段可以把能耗降下来。蒸煮采用直接加热和间接加热两种方式，浆料喷放虽然有热回收，但能耗依然较高。卡米尔连续蒸煮器是我国新引进的最新连续蒸煮设备，蒸煮结束后在器内进行黑液的提取和药口液的预热，实现了"冷喷放"热能得到充分的利用，其能耗仅为 0.092t（标准煤）/t（浆）；能耗比间歇蒸煮设备的低 50%。传统的洗选设备和 CEHP 四段漂白，不仅避免不了可吸附有机卤化物 AOX 的产生，而且其能耗也比较高，达到 0.179t（标准煤）/t（浆）。氧脱木素-DD 洗浆机-$DE_0D_1D_2$ 漂白是我国近年新引进的比较先进的洗选漂设备和工艺，不仅可以使污染负荷（AOX 的含量）大大降低，而且能耗也很低，仅为 0.102t（标准煤）/t（浆），相当于传统洗、选、漂的 57%。连续蒸煮配以新式的洗选漂工艺流程所制得的漂白浆能耗为 0.194t（标准煤）/t（浆），而间歇蒸煮和传统洗选漂工艺流程配伍所制得的漂白浆能耗为 0.375t（标准煤）/t（浆），降低了近 50%。

把我国的制浆能耗与欧洲制浆能耗进行比较，我国的马尾松 KP 浆粗浆能耗为 0.375t（标准煤）/t（浆），处在欧洲的 KP 液体浆 0.368～0.526t（标准煤）/t（浆）区间下限，即便再加上黑液提取和备料的能耗，应当也在其区间内，即我国的木浆制浆一般能耗与欧洲造纸发达国家的能耗相当。而我国的连续蒸煮工艺，其粗浆能耗为 0.092t（标准煤）/t（浆），漂白浆能耗为 0.194t（标准煤）/t（浆），在世界上属于先进的水平，比起欧洲的阔叶木 KP 液体浆能耗下降一半左右。

尽管我国的制浆能耗和污染排放的控制成绩巨大，但中国造纸工业 30 多年的高速发展伴随着资源和环境的巨大压力，"十三五"期间行业面临的全球资源、市场、资本激烈竞争以及产品贸易的绿色壁垒将更加明显，国内凸显的能源、资源、环境瓶颈和消费结构的重大变化将敦促造纸工业走绿色发展道路。

2.1.2　化学机械浆的绿色发展需求与环境负荷

经济的发展，资源、环境的压力和激烈的市场竞争，促使世界浆纸工业在技术的各个方面都取得了极大的进展。发达国家在近 30 年来，我国在近 10 年来，已大大改变了传统浆纸产业的面貌。国际环境与发展研究所（IIED）组织了世界性的广泛调研，在其所发表的 *Towards a Sustainable Paper Cycle* 调查报告中认定现代化的浆纸工业为具有典型意义的可持续发展产业。

根据中国造纸协会、中国造纸学会 2019 年 1 月发布的《中国造纸工业可持续发展白皮书》，化机浆和机械浆部分数据指标比较见表 2-2-2。

表 2-2-2　有关国际组织制浆造纸环境标准与我国制浆造纸企业实际运行标准比较——化机浆和机械浆部分

参数	单位	世行 EHS 导则	欧盟 BAT 导则	根据 GB 3544—2008 换算	
				制浆企业	制浆和造纸联合企业
化机浆					
单位产品基准排水量	m^3/t（风干浆）	20	9~16	45	36
pH 值		6~9		6~9	6~9
TSS	kg/t（风干浆）	1.0	0.5~0.9	2.25	1.08
COD	kg/t（风干浆）	5	12~20	4.5	3.24
BOD_5	kg/t（风干浆）	1.0	0.225~0.4	0.9	0.72
氨氮	kg/t（风干浆）			0.54	0.29
总氮	kg/t（风干浆）	0.2	0.15~0.18	0.675	0.43
总磷	kg/t（风干浆）	0.01	0.001~0.01	0.036	0.029
机械浆					
单位产品基准排水量	m^3/t（风干浆）	20	9~16	45	36
pH 值		6~9		6~9	6~9
TSS	kg/t（风干浆）	0.5	0.06~0.45	2.25	1.08
COD	kg/t（风干浆）	5	0.9~4.5	4.5	3.24
BOD_5	kg/t（风干浆）	0.5	0.225~0.4	0.9	0.72
氨氮	kg/t（风干浆）			0.54	0.29
总氮	kg/t（风干浆）	0.1	0.03~0.1	0.675	0.43
总磷	kg/t（风干浆）	0.01	0.001~0.01	0.036	0.029

如表 2-2-2 所示，在高得率浆环境负荷管理项目上，我国现行制浆造纸工业环保标准更为全面和细致，不仅对一般国际组织关注的总氮、总磷等环境指标进行了具体规定，对于其他国际组织并未明确要求的氨氮指标也进行了约束，体现了我国造纸工业水资源使用的特点，同时也为推动造纸工业绿色制造进程提供了新的着力点。在具体的环境污染控制指标数据方面，相比于有关国际组织提出的排放标准，除 COD 指标外，其他各项环境负荷指标总体上更为宽松。这种情况，体现了我国造纸工业现阶段发展的特点，同时也为我国造纸工业实现绿色制造提出了具体的努力方向和目标。

当前我国化机浆生产过程环境负荷状况如下：

（1）针叶木原料化学热磨机械法制浆（CTMP）环境负荷情况

CTMP 作为一种典型的本色高得率化机浆生产工艺，适用于针叶木原料生产本色包装纸产品。根据《制浆造纸企业环境守法导则》要求，其主要环境负荷指标控制如表 2-2-3 所示。

表 2-2-3　针叶木原料化学热磨机械法制浆（CTMP）环境负荷情况

规模等级	污染物指标	单位	产污系数	末端治理技术名称	排污系数
≥10 万 t/a	工业废水量	t/t（浆）	16～28	SBR	16～28
				化学+组合生物处理	16～28
	COD	g/t（浆）	88000～140000	SBR	11200～15000
				化学+组合生物处理	6200～8200
	BOD$_5$	g/t（浆）	30000～45000	SBR	2300～3500
				化学+组合生物处理	1700～2300
（5～10）万 t/a	工业废水量	t/t（浆）	20～35	SBR	20～35
				化学+组合生物处理	20～35
	COD	g/t（浆）	90000～145000	SBR	13500～18000
				化学+组合生物处理	8200～9000
	BOD$_5$	g/t（浆）	32000～50000	SBR	2250～5500
				化学+组合生物处理	1830～2351

（2）漂白化学热磨机械法制浆（BCTMP）环境负荷情况

增加漂白处理后的 BCTMP 工艺，可适应针叶材、阔叶材等不同原料种类特性，用于生产文化纸、生活用纸等不同类型纸张产品。其环境负荷如表 2-2-4 所示。

表 2-2-4　漂白化学热磨机械法制浆（BCTMP）环境负荷情况

规模等级	污染物指标	单位	产污系数	末端治理技术名称	排污系数
≥10 万 t/a	工业废水量	t/t（浆）	14～30	活性污泥法	14～30
				物理+组合生物处理	14～30
	COD	g/t（浆）	90000～140000	活性污泥法	8800～14200
				物理+组合生物处理	5510～9000
	BOD$_5$	g/t（浆）	30000～45000	活性污泥法	1200～3800
				物理+组合生物处理	1100～2610
（5～10）万 t/a	工业废水量	t/t（浆）	17～34	物理+组合生物处理	17～34
				化学+组合生物处理	17～34
	COD	g/t（浆）	90000～160000	物理+组合生物处理	9000～16000
				化学+组合生物处理	8100～13000
	BOD$_5$	g/t（浆）	30000～50000	物理+组合生物处理	1200～4000
				化学+组合生物处理	1100～2500

（3）碱性过氧化氢化机法制浆（APMP）环境负荷情况

碱性过氧化氢化机浆生产工艺作为传统 BCTMP 的改良工艺，一般用于各种阔叶材原料化机浆生产，具有制浆、漂白一次性完成的技术特点，在我国制浆造纸行业得到广泛应用。其生产环境负荷如表 2-2-5 所示。

表 2-2-5　碱性过氧化氢化机法制浆（APMP）环境负荷情况

规模等级	污染物指标	单位	产污系数	末端治理技术名称	排污系数
≥10 万 t/a	工业废水量	t/t（浆）	18～28	物理+组合生物处理	18～28
				化学+组合生物处理	18～28
	COD	g/t（浆）	120000～160000	物理+组合生物处理	7100～11200
				化学+组合生物处理	6250～10000
	BOD$_5$	g/t（浆）	36000～50000	物理+组合生物处理	1230～1920
				化学+组合生物处理	1110～1870
（5～10）万 t/a	工业废水量	t/t（浆）	20～30	厌氧/好氧生物组合	20～30
				物理+组合生物处理	20～30
	COD	g/t（浆）	120000～180000	厌氧/好氧生物组合	10400～160000
				物理+组合生物处理	6890～12000
	BOD$_5$	g/t（浆）	36000～55000	厌氧/好氧生物组合	1360～2040
				物理+组合生物处理	1120～1910
≤5 万 t/a	工业废水量	t/t（浆）	16～40	活性污泥法	26～40
				物理+组合生物处理	26～40
	COD	g/t（浆）	121000～180000	活性污泥法	10260～24000
				物理+组合生物处理	9120～14340
	BOD$_5$	g/t（浆）	36000～60000	活性污泥法	1810～2780
				物理+组合生物处理	1650～2640

根据国家环境保护部 2015 年 6 月颁发的《制浆造纸企业环境守法导则》规定，应切实提高制浆造纸企业遵守环保法律法规的能力和水平，使制浆造纸企业从立项建设到日常管理，都能主动遵守环保法律、法规、规章制度和技术标准、规范性文件的规定。同时，应当维护制浆造纸企业合法权益，充分发挥其环境保护的积极性、主动性和创造性，促进企业内部环境管理体制与机制建设，持续改进环境行为，降低环境违法风险，实现企业知法、懂法和守法，提高制浆造纸行业的污染防治水平和环境管理能力，实现制浆造纸行业科学发展。

2.1.3　废纸浆的绿色发展需求与环境负荷

（1）混合办公废纸（脱墨浆）生产过程环境负荷情况

作为废纸制浆主要原料之一，混合办公废纸通常需要经过脱墨再生处理；用于较高等级的文化纸生产，是制浆造纸产业可持续发展的重要环节之一。其环境负荷如表 2-2-6 所示。

表 2-2-6 混合办公废纸（脱墨浆）生产过程环境负荷情况

规模等级	污染物指标	单位	产污系数	末端治理技术名称	排污系数
≥10 万 t/a	工业废水量	t/t（浆）	20~40	A/O 工艺	20~40
				化学+好氧生物处理	20~40
	COD	g/t（浆）	30000~50000	A/O 工艺	2760~6460
				化学+好氧生物处理	2380~6230
	BOD$_5$	g/t（浆）	9000~15000	A/O 工艺	1140~2360
				化学+好氧生物处理	770~1680
（5~10）万 t/a	工业废水量	t/t（浆）	22~50	厌氧/好氧生物处理	22~50
				物理+组合生物处理	22~50
	COD	g/t（浆）	34000~65000	厌氧/好氧生物组合工艺	3240~6840
				物理+组合生物处理	2870~6920
	BOD$_5$	g/t（浆）	12000~20000	厌氧/好氧生物组合工艺	966~1860
				物理+组合生物处理	880~1180
<5 万 t/a	工业废水量	t/t（浆）	25~105	物理+好氧生物处理	25~105
				化学混凝气浮法+化学混凝沉淀法	25~105
	COD	g/t（浆）	50000~90000	物理+好氧生物处理	3700~16560
				化学混凝气浮法+化学混凝沉淀法	5000~23280
	BOD$_5$	g/t（浆）	15000~30000	物理+好氧生物处理	1040~1720
				化学混凝气浮法+化学混凝沉淀法	1630~6530

（2）混合废纸（非脱墨法制浆）生产过程环境负荷情况

部分混合废纸原料不适用于脱墨处理，经过废纸再生处理后可用于本色包装纸生产。其制浆过程环境负荷情况如表 2-2-7 所示。

表 2-2-7 混合废纸（非脱墨法制浆）生产过程环境负荷情况

规模等级	污染物指标	单位	产污系数	末端治理技术名称	排污系数
≥10 万 t/a	工业废水量	t/t（浆）	10~20	A/O 工艺	10~20
				化学+好氧生物处理	10~20
	COD	g/t（浆）	25000~45000	A/O 工艺	1410~2160
				化学+好氧生物处理	1450~2030
	BOD$_5$	g/t（浆）	8000~15000	A/O 工艺	360~820
				化学+好氧生物处理	430~612
（5~10）万 t/a	工业废水量	t/t（浆）	13~24	厌氧/好氧生物处理	13~24
				化学+好氧生物处理	13~24
	COD	g/t（浆）	30000~60000	厌氧/好氧生物处理	1910~3480
				化学+好氧生物处理	1930~3900
	BOD$_5$	g/t（浆）	9000~22000	厌氧/好氧生物处理	750~1240
				化学+好氧生物处理	610~1080

续表

规模等级	污染物指标	单位	产污系数	末端治理技术名称	排污系数
<5万t/a	工业废水量	t/t（浆）	18～40	过滤+化学混凝气浮法	18～40
				沉淀分离+A/O工艺	18～40
	COD	g/t（浆）	30000～70000	过滤+化学混凝气浮法	7520～17760
				沉淀分离+A/O工艺	2560～5380
	BOD$_5$	g/t（浆）	10000～23000	过滤+化学混凝气浮法	2570～4980
				沉淀分离+A/O工艺	838～1249

（3）废旧瓦楞纸箱（OCC）非脱墨法制浆生产过程环境负荷情况

废旧瓦楞纸箱（OCC）非脱墨法制浆工艺主要用于废纸再生包装纸生产，其制浆过程环境负荷情况如表2-2-8所示。

表2-2-8　废旧瓦楞纸箱（OCC）非脱墨法制浆生产过程环境负荷情况

规模等级	污染物指标	单位	产污系数	末端治理技术名称	排污系数
≥10万t/a	工业废水量	t/t（浆）	10～15	化学混凝气浮法+活性污泥法	10～15
				厌氧/好氧生物处理	10～15
	COD	g/t（浆）	20000～30000	化学混凝气浮法+活性污泥法	960～1400
				厌氧/好氧生物处理	880～1450
	BOD$_5$	g/t（浆）	8000～12500	化学混凝气浮法+活性污泥法	260～570
				厌氧/好氧生物处理	230～650
（5～10）万t/a	工业废水量	t/t（浆）	13～25	活性污泥法	13～25
				化学混凝气浮法+SBR	13～25
	COD	g/t（浆）	20000～37000	活性污泥法	1260～2840
				化学混凝气浮法+SBR	1150～2770
	BOD$_5$	g/t（浆）	8000～14800	活性污泥法	630～760
				化学混凝气浮法+SBR	450～580
<5万t/a	工业废水量	t/t（浆）	27.8～65	过滤+化学混凝气浮法	27.8～65
				过滤+普通活性污泥法	27.8～65
	COD	g/t（浆）	23800～45000	过滤+化学混凝气浮法	7360～13500
				过滤+普通活性污泥法	3380～6500
	BOD$_5$	g/t（浆）	7490～19700	过滤+化学混凝气浮法	2510～4940
				过滤+普通活性污泥法	750～2010

2.1.4　造纸绿色发展需求与环境负荷

造纸行业要充分发挥循环经济的特点和植物原料的绿色低碳属性，依靠技术进步，创新发展模式，在资源、环境、结构等关系到中国造纸工业健康发展的关键问题上取得突破，实施可持续发展战略，着力解决资源短缺和环境压力的制约，提高可持续发展能力。建立绿色纸业是行业发展的战略方向。

在《中国造纸协会关于造纸工业"十三五"发展的意见》中明确提出，到 2020 年末，全国纸及纸板消费总量达到 11100 万 t，年均增长 1.4%，年人均消费量达到 81kg，比 2015 年增加 5kg；纸及纸板总产能为 13600 万 t 左右，总生产量达到 11555 万 t，年均增长 1.5%。资源消耗和污染物减排方面，依据《中华人民共和国国民经济和社会发展第十三个五年规划纲要》的要求，造纸行业要完成我国"十三五"期间全社会万元 GDP 用水量下降 23%，单位 GDP 能源消耗降低 15%，主要污染物 COD、氨氮排放总量减少 10%，二氧化硫、氮氧化物排放总量减少 15% 的社会发展目标。

为了达到上述绿色发展要求，中国造纸工业需要在以下几个方面进行改造，以便达到国家要求的行业节能目标。

（1）加快淘汰落后产能

"十三五"发展意见提出，中国造纸工业纸及纸板新建、扩建和改造产能 1600 万 t，其中含淘汰现有落后产能约 800 万 t；整合浆纸企业资源，按照优势互补、自愿结合的原则，引导大型制浆造纸企业通过兼并重组与合资合作等形式发展，形成具有国际竞争力的综合性制浆造纸企业集团；引导中小造纸企业向专、精、特、新方向发展，实施横向联合，提高专业化水平和抗风险能力；依法淘汰落后产能，关停不能达标排放的小企业。

提高产业集中度。调整企业规模结构，改变企业数量多、规模小、布局分散的局面，大宗品种以规模化先进产能替代落后产能。

（2）能源结构调整

根据我国实际国情，在相当长时间内，造纸工业依然需要依靠煤炭作为主要的燃料。我国造纸工业能源结构调整要以煤炭、重油、天然气三种燃料相结合，尽可能地提高煤的燃烧效率，降低吨产品能耗，加强自备能源系统的建设。我国造纸企业在这方面研究不足，废料利用效率低，自备能源会成为今后发展的一个主要方向。

（3）造纸工业自身改造

企业的重视程度、管理方法、技术和装备水平是节能减排的重要影响因素。造纸是技术密集型产业，在节能减排的技术上可以从以下几个方面着手：一是从减量化方面，包括资源的减量、能源的减量、消耗的减量；二是从高浓技术上，如中高浓漂白、高浓输送、打浆、上网，浓度提高了，用水量就降低了，耗能也就低了；三是从各种资源的综合利用上考虑，造纸的废液、废汽、废渣是可以利用的，如废渣可用于锅炉燃烧，废液可以生产黏合剂，废汽可以回收热量等。造纸工业节能改造要落实到每个造纸工厂，根据具体情况因地制宜。多借鉴国外先进的技术，在现有的工艺条件上，尽可能地节水、节电，使余温、余热、余压都能得到充分的利用，减少能源浪费。

（4）提高环境管理水平，降低污染排放水平

从源头上防止环境污染和生态破坏。造纸企业应依法依规申请排污许可证，持证排污。落实造纸企业治污主体责任，按照相关标准规范开展自行监测、台账记录；按时提交执行报告并及时公开信息；加强对锅炉、碱回收炉、石灰窑炉、焚烧炉等废气排放和生产废水、生活污水、初期雨水等废水排放的治理及控制，确保污染防治设施稳定运行，污染物达标排放。强化固体废物的处置，加强无组织逸散污染物的收集和处理。

2.2 发展目标

2.2.1 资源与能源节约目标

国内制浆造纸企业综合能源消耗为 1.3～1.5t（标准煤）/t（产品），短期降耗目标为 1.1t（标准煤）/t（产品），预计到 2035 年，综合能耗应降至 0.7t（标准煤）/t（产品）。

2.2.1.1 漂白硫酸盐浆资源与能源节约目标

中国造纸协会、中国造纸学会 2019 年 1 月发布的《中国造纸工业可持续发展白皮书》显示，我国于 2008 年修订的制浆造纸行业环境标准（GB 3544—2008）在很大程度上加严了造纸工业废水排放要求，但是我国制浆造纸行业当前的环境污染负荷与世行 EHS 导则、欧盟 BAT 导则等主要国际组织有关造纸环境标准的要求仍然存在一定程度的差距，距离制浆造纸绿色发展的要求仍然存在一定的提升空间。其中硫酸盐法制浆部分数据指标比较如表 2-2-9 所示。

表 2-2-9　有关国际组织与我国制浆造纸企业实际运行标准比较（硫酸盐制浆）

参数	单位	世行 EHS 导则	欧盟 BAT 导则	美国 EPA NSPS 标准（月平均）	根据 GB 3544—2008 换算	
					制浆企业	制浆和造纸联合企业
漂白硫酸盐浆						
单位产品基准排水量	m³/t（风干浆）	50	25～50		45	36
pH 值		6～9		5～9	6～9	6～9
TSS	kg/t（风干浆）	1.5	0.3～1.5	3.86	2.25	1.08
COD	kg/t（风干浆）	20	7～20	—	4.5	3.24
BOD₅	kg/t（风干浆）	1	0.625～1.25	2.41	0.9	0.72
AOX	kg/t（风干浆）	0.25	<0.2	0.272	12	12
氨氮	kg/t（风干浆）	—	—		0.54	0.29
总氮	kg/t（风干浆）	0.2	0.05～0.25	—	0.675	0.43
总磷	kg/t（风干浆）	0.03	0.01～0.03	—	0.036	0.029

续表

参数	单位	世行 EHS 导则	欧盟 BAT 导则	美国 EPA NSPS 标准（月平均）	根据 GB 3544—2008 换算	
					制浆企业	制浆和造纸联合企业
未漂硫酸盐浆						
单位产品基准排水量	m³/t（风干浆）	25	15～40	—	45	36
pH 值		6～9		5～9	6～9	6～9
TSS	kg/t（风干浆）	1.0	0.3～1.0	3.0～4.8	2.25	1.08
COD	kg/t（风干浆）	10	2.5～8	—	4.5	3.24
BOD$_5$	kg/t（风干浆）	0.75	0.75～1	1.8～2.71	0.9	0.72
氨氮	kg/t（风干浆）	—	—	—	0.54	0.29
总氮	kg/t（风干浆）	0.2	0.1～0.2	—	0.675	0.43
总磷	kg/t（风干浆）	0.02	0.01～0.02	—	0.036	0.029

注：数据来自中国造纸协会、中国造纸学会《中国造纸工业可持续发展白皮书》（2019 年 1 月版）。

如表 2-2-9 所示，在硫酸盐浆（漂白和未漂）环境负荷管理项目上，我国现行制浆造纸工业环保标准更为全面和细致，不仅对一般国际组织关注的总氮、总磷等环境指标进行了具体规定，对于其他国际组织并未明确要求的氨氮指标也进行了约束，体现了我国造纸工业水资源使用的特点，同时也为推动造纸工业绿色制造进程提供了新的着力点。在具体的环境污染控制指标数据方面，相比于有关国际组织提出的排放标准，除 COD 指标外，其他各项环境负荷指标总体上更为宽松。这种情况，体现了我国造纸工业现阶段发展的特点，同时也为我国造纸工业实现绿色制造提出了具体的努力方向和目标。

根据《中华人民共和国清洁生产促进法》第十三条，国务院有关行政主管部门可以根据需要批准设立节能、节水、废物再生利用等环境与资源保护方面的产品标志，并按照国家规定制定相应标准。在日趋严格的制浆造纸水污染物排放新标准形势下化学制浆（硫酸盐法制浆）污水污染物浓度升高而总排放量下降将会成为工艺发展目标，成为今后若干年我国化学制浆工艺设备发展的一个趋势。

现代造纸工业是技术密集型产业，由于国家经济的发展，资源、环境与市场竞争压力的推动，产业自身实践经验与科研成果的不断积累，以及 20 世纪后半期整体科学技术高速发展的互动促进，世界造纸科学技术有了许多新的进展，主要体现在以下几个方面：①技术设备大型化、自动化、信息化、高效化，以实现更高经济规模效益。②优化和简化工艺系统，过程控制向集成化、智能化方向发展，以节约投资、节约能耗，提高产品质量，降低生产成本。③开发新产品，增加产品加工深度，提高产品附加值，使企业获得更多的利润。④更加致力于循环经济、清洁生产，以便更有效地利用资源，减少环境污染，推进可持续发展。

2.2.1.2　化学机械浆资源与能源节约目标

在化学预处理碱性过氧化氢机械浆（P-RC APMP）工艺的第二段采用低浓磨浆，可使磨浆能耗降低 120~200kW·h/t（风干浆）。

采用螺旋压榨机等高效洗涤设备，通过置换压榨等作用分离浆中的溶解性有机物，优化用水回路，提高纸浆的洁净度，降低后续漂白化学品消耗量；同时，通过改进洗涤工艺，可减少洗涤损失，降低洗涤用水量。采用该技术，废液提取率可达 75%~80%，较传统的洗涤设备提高 10% 左右。

化学机械法制浆废液蒸发碱回收技术可减少新鲜水使用量 5t/t（风干浆）左右。

2.2.1.3　废纸浆资源与能源节约目标

废纸原料回收过程的分级和分类是根据生产产品要求选用质量过关、杂质较少的废纸原材料的过程。该技术可提高成品纸的质量，减少废纸加工过程污染物的产生量。强化浮选脱墨技术是根据废纸和油墨等的特性，在高浓碎浆机中通过化学、机械摩擦等作用，降低油墨粒子对纤维的黏附力，再利用浮选原理将油墨粒子与纤维分离的过程。化机浆和废纸浆节能降耗技术指标与应用情况预期见表 2-2-10。该技术可减少纤维流失，降低废水的污染负荷。

表 2-2-10　化机浆和废纸浆节能降耗技术指标与应用情况预期

技术内容	技术指标	技术应用比例/%		
		2020 年	2030 年	2050 年
化机浆废液蒸发技术	废液初始浓度：3%~5%	60	70	90
废纸制浆节能技术	360kg（标准煤）/t（纸）	44	50	60
热电联产		56	75	90

2.2.1.4　印刷书写纸资源与能源节约目标

开发了印刷书写纸轻量化生产技术，通过浆料处理工艺、湿部化学和多孔性新型填料应用等研究，在保持胶版纸、复印纸厚度和挺度不降低的情况下，产品定量可降低 $4~7g/m^2$。该技术具有降低印刷书写纸定量的巨大潜力，每年可为生产企业节约 7% 左右的原辅材料用量，经济效益十分可观。

2.2.1.5　包装纸资源与能源节约目标

包装纸多采用废纸浆抄造，在废纸浆打浆、筛选净化过程中降低能耗；采用中浓输送和高浓成形工艺，减少能耗和水资源消耗；在干燥过程中加强蒸汽的使用效率和蒸汽热回收，达到节能减排目标。引导我国包装纸板企业对现有产能升级改造、节能减排，同时在新建过程中采用新设备、新技术，使水的循环利用更完善、分级使用更科学、排水处理更先进，达到单位产品耗水量的世界先进水平，满足国家对包装纸板行业的环保要求。

2.2.1.6 生活用纸资源与能源节约目标

与其他机制纸生产相比，生活用纸企业多采取外购木浆制造，生产环节中只有抄纸会产生白水污染（吨纸耗水在 10t 左右），整体污染负荷明显低于其他机制纸生产。

2.2.2 污染物减排目标

传统纸浆企业一般采取化学法或化学机械法作为主要制浆工艺方式，废水排放量大且含有大量的悬浮物、BOD、COD、色度（黑液）、酸碱物质、毒性物质等，严重污染环境。"十二五"期间，我国纸及纸板的生产量、消费量，各类主要污染物（化学需氧量、氨氮、二氧化硫、烟粉尘）排放总量总体上呈逐年减少的趋势。根据 2015 年环境统计数据，2015 年我国造纸行业废水排放量为 23.67 亿 t，占全国工业废水总排放量的 13.0%，首次下降至 41 个调查行业中的第三位；化学需氧量 COD_{Cr} 排放量为 33.5 万 t，占总排放量 255.5 万 t 的 13.1%，首次下降至 41 个调查行业中的第三位；氨氮排放量为 1.2 万 t，比 2014 年减少 1.5%，占全国工业氨氮总排放量 19.6 万 t 的 6.1%；二氧化硫排放量 37.1 万 t，比 2014 年减少 10.0%；氮氧化物排放量 22.0 万 t，比 2014 年增加 13.4%；烟（粉）尘排放量 13.8 万 t，比 2014 年减少 2.8%。造纸行业污染减排成效得益于"十二五"期间造纸行业污染防治发展成熟和新技术方法的大量应用，环保科技创新平台建设加快，相关人才队伍培养壮大，这都为今后制浆造纸污染防治技术的快速发展夯实了基础。

大气污染主要是烟尘、二氧化硫和氨氮化合物。造纸废水分为蒸煮黑液、中段水和白水，废水中的主要污染物质是 COD，其次为 BOD 和 SS。制浆造纸过程排出的废水必须经过处理，大约去除 SS 和 BOD 90%以上、COD 80%以上才能稳定达标排放。目前世界先进国家的造纸企业均采用先进的技术从生产的各个环节入手，大力实施清洁化生产。如国际上先进的化学木浆生产，德国采用最先进的化学热磨机械浆制浆废水封闭循环系统，已经实现了制浆废水零排放。

目前中国造纸工业执行的环保标准，部分指标比欧美国家还要严格。在环保高标准的倒逼之下，造纸企业通过采用先进技术与装备、加大技术改造投入、增加运行成本等措施，实现生产过程废水等污染物排放的短期（2025 年）和长期（2035 年）目标。具体目标如表 2-2-11～表 2-2-16 所示。

2.2.2.1 硫酸盐浆污染物减排目标

表 2-2-11 硫酸盐浆生产过程污染物减排目标

项目		现状	短期目标	长期目标
硫酸盐浆产能/万 t		838	900	1000
漂白硫酸盐木浆	废水产生量/[m³/t（风干浆）]	50	32	28
	COD 产生量/[kg/t（风干浆）]	42	37	30
	AOX 产生量/[kg/t（风干浆）]	0.6	0.35	0.2
未漂硫酸盐木浆	废水产生量/[m³/t（风干浆）]	42	20	16
	COD 产生量/[kg/t（风干浆）]	32	18	10

2.2.2.2 化学机械浆污染物减排目标

表 2-2-12 化机浆生产过程污染物减排目标

项目	现状	短期目标	长期目标
化机浆产能/万 t	350～420	450 左右	550～600
COD 产生浓度/（mg/L）	6000～16000	5000～6000	3000～4000
BOD 产生浓度/（mg/L）	1800～4000	1300～1500	800～1100
SS 产生浓度/（mg/L）	1800～3800	1200～1500	700～1100
氨氮产生浓度/（mg/L）	3～5	2～3	1～2

2.2.2.3 废纸浆污染物减排目标

表 2-2-13 废纸浆生产过程污染物减排目标

项目	现状	短期目标	长期目标
废纸浆消耗量/万 t	5500～6300	6800	7600
废纸浆使用率/%	58～65	70	80
COD 产生浓度/（mg/L）	1200～6500	1000～1200	500～900
BOD 产生浓度/（mg/L）	350～2000	300～350	200～280
SS 产生浓度/（mg/L）	450～3000	400～450	300～390
氨氮产生浓度/（mg/L）	2～15	1～2	0.2～0.8

2.2.2.4 印刷书写纸污染物减排目标

表 2-2-14 印刷书写纸生产过程污染物减排目标

项目	现状	短期目标	长期目标
印刷书写纸产能/万 t	2610	2500	2200
废水产生量/[m³/t（风干浆）]	25	20	12
COD 产生量/[kg/t（风干浆）]	22	15	10

2.2.2.5 包装纸污染物减排目标

表 2-2-15 包装纸生产过程污染物减排目标

项目	现状	短期目标	长期目标
包装纸产能/万 t	6515	7000	8000
废水产生量/[m³/t（风干浆）]	25	20	12
COD 产生量/[kg/t（风干浆）]	22	15	10

2.2.2.6 生活用纸污染物减排目标

表 2-2-16 生活用纸生产过程污染物减排目标

项目	现状	短期目标	长期目标
卫生纸产能/万 t	1027	1200	1500
废水产生量/[m³/t（风干浆）]	25	20	12
COD 产生量/[kg/t（风干浆）]	22	15	10

2.2.3 废旧资源循环目标

预计短期和长期制浆造纸行业废水与固体废弃物达到如表 2-2-17 所示的资源环境指标。

表 2-2-17 制浆造纸行业资源循环预期目标

项目	现状	短期目标	长期目标
废水排放总量/亿 t	30~35	25	10
废水利用率/%	70~80	85	100
固体废弃物产生量/万 t	2500~2700	2000	1000
单位产品固体废弃物产生量/（t/t）	0.34	0.32	0.25
固体废弃物综合利用量/万 t	2200~2400	1800	1000
单位产品固体废弃物综合利用量/（t/t）	0.31	0.33	0.25
综合利用率/%	85~90	90	100

2.2.3.1 漂白硫酸盐浆废旧资源循环目标

化学法制浆废水污染物来源于生产过程中溶出的有机物、残余的化学药品和流失的细小纤维，废水 COD 高达 40kg/t（风干浆）以上，直接排放将造成严重的环境污染，目前主要依靠"物化-生化-深度"三级末端处理工艺实现达标排放。硫酸盐浆生产过程中，实现 2025 年短期和 2035 年长期的制浆造纸行业生产废水处理目标，主要采用如下先进技术手段实现固废和废液的资源循环利用。

（1）化学制浆废液处理技术

碱法化学制浆黑液目前国内外主流的处理技术是采用碱回收法。黑液碱回收技术在国内制浆造纸企业生产中普遍应用，黑液提取率和碱回收率至少可达到国内清洁生产先进水平。例如海南金海公司年产 100 万 t 漂白硫酸盐木浆生产线项目，采用压榨式洗涤技术，碱回收系统采用管式降膜蒸发，2 台碱回收炉固形物日处理能力为 7200t，目前黑液提取率达到 99%，碱回收率达到 97%。

（2）制浆造纸废水处理技术

制浆造纸废水排放量大，主要污染物为各种木素、纤维素、半纤维素降解产物和含氯漂白过程中产生的污染物质，是目前造纸行业污染防治的重点。从源头控制来看，目前国内制浆造纸废水的清洁生产技术主要包括高效黑液提取、深度脱木素、氧脱木素、无元素氯漂白（ECF）、全无氯漂白（TCF）、本色纸浆、低白度漂白等。

高效黑液提取。高效黑液提取技术主要应用于纸浆清洗和筛选两个工段。采用纸浆高效洗涤技术提高黑液提取率，降低硫酸盐法化学木浆废水污染负荷。纸浆高效洗涤技术是通过挤压、扩散及置换等作用以最少量的水最大限度地去除粗浆中溶解性有机物和可溶性无机物。对于多段逆流洗涤系统，黑液提取率可达 96%～98%。采用多段逆流真空洗浆技术或挤压+多段逆流真空洗浆技术，提高黑液提取率，降低硫酸盐法制浆废水污染负荷。多段逆流真空洗浆技术是采用多台真空洗浆机串联洗浆，除最后 1 台洗浆机加入新鲜水（当系统配置氧脱木素时最后 1 台洗浆机的洗涤水来自氧脱木素洗浆滤液）外，其余各洗浆机均使用后段洗涤滤液作为洗涤水，黑液提取率通常可达 80% 以上，洗浆水用量约为 9～12m³/t（风干浆）。挤压+多段逆流真空洗浆技术，是在多段串联的逆流真空洗浆机前增加挤浆工序。该技术具有洗涤效率高、热量损失少及出浆浓度高等优点，黑液提取率通常可达 85%，洗浆水用量为 8～10m³/t（风干浆）。采用封闭筛选技术提高黑液提取率，降低化学法制浆中段废水污染负荷。封闭筛选是指用水完全封闭的粗浆筛选系统，通常组合在粗浆洗涤系统中。筛选系统一般采用二级多段模式，在筛选过程中采用压力筛等设备进行逆流洗涤，可以实现洗涤水完全封闭。筛选系统无清水加入，除浆渣等带走水分外，无废水排放。

深度脱木素。深度脱木素技术主要应用在硫酸盐法化学制浆的蒸煮工段。蒸煮深度脱木素技术可实现纸浆中残余木素含量的降低，减少漂白化学药品的消耗，进而降低漂白废水的污染负荷。

氧脱木素。通常采用一段或两段氧脱木素。氧脱木素产生的废液可逆流到粗浆洗涤段，然后进入碱回收车间。该过程可减少漂白工段化学品用量，漂白工段 COD_{Cr} 可减少约 50%。

（3）固体废物处理及资源化利用技术

硫酸盐法制浆的固体废弃物包括备料废渣、碱回收浆渣、废水处理站污泥等。备料废渣（树皮、木屑）目前可行的处置方案包括焚烧、热解或堆肥；浆渣可行处理方案包括作为造纸原料或焚烧等。白泥主要成分为碳酸钙，目前可行的处置方案包括烧制石灰回用、生产碳酸钙等。石灰渣主要成分为砾石及未烧透的碳酸钙等杂物，目前可行的处理方案包括填埋焚烧等。废水处理站污泥目前可行的处置方案包括堆肥、焚烧等。

2.2.3.2 化学机械浆废旧资源循环目标

化学机械法制浆废水污染物来源于生产过程中溶出的有机物、残余的化学药品和流失的细小纤维，废水 COD 高达 10000mg/L 以上，直接排放将造成严重的环境污染，目前主要依靠"物化-生化-深度"三级末端处理工艺实现达标排放。

化机浆生产过程中，实现 2025 年短期和 2035 年长期的制浆造纸行业生产废水处理目标，主要采用如下先进技术手段实现节水减排：

（1）最优化水循环技术

针对化机浆废水排放特点，通过对生产线污染源水进行系统管理，从工程技术层面优化化机浆水污染减排、回用、控制关键工序，优化设计并改造生产流程和废水循环路线及装备。对主要筛选净化装备筛孔、筛缝尺寸等工艺参数进行调整，进一步提升水封闭程度，大幅度减少废水，使蒸发废水量由原有的 $13\sim15\text{m}^3/\text{t}$（浆）降至 $10\text{m}^3/\text{t}$（浆）以下，废水固形物浓度由原来的约 1.5%提高到 2%～3%，有效减轻后续蒸发处理压力。

（2）废水高效低耗组合蒸发技术

选用更为高效节能的蒸发设备，有效降低蒸发能耗。当前造纸行业废水（黑液）蒸发主要采用多效蒸发器。与多效蒸发相比，机械蒸汽再压缩蒸发（MVR）装备占地面积小、综合能耗低、效率高，但同时也存在蒸发效率低、易结垢、运行不稳定等诸多问题。针对 MVR 设备运行过程中存在的问题，采取在蒸发前增加压力筛的方法，进一步降低蒸发废液的成垢组分含量；将废水循环泵由恒速控制改造为变频控制，利用废水产生的脉冲冲刷作用减缓结垢；同时，在蒸发器上增开人孔、加大鼓风实现强化散热，在蒸发器内增设清洗设备以降低清垢强度、节约清垢时间等一系列措施，有效提升了蒸发器蒸发速率，大幅度延长运行周期。另外，对预浓缩废液的二级常规蒸发系统蒸发板片的分配器、除沫器、循环管道等进行优化设计，减少蒸汽耗量和汽耗比，提高浓缩废液浓度至 55%以上，解决了低固形物高浓化机浆废水蒸发成本高的技术难题。该技术目前稳定应用于山东太阳纸业股份有限公司，其年产 12 万 t P-RC APMP 化机浆生产线及配套废水蒸发处理，实现了化机浆制浆废水的高效低能耗蒸发燃烧处理。与常规废水处理相比，废水排放量减少 50%以上，年节约用水 150 万 m^3，年减排 COD_{Cr} 450t，产生了良好的经济效益。

2.2.3.3 废纸浆废旧资源循环目标

废纸制浆及造纸工艺废水主要源于废纸碎浆脱墨和抄纸工序。其中，脱墨废水主要含有纸浆溶出物和残余油墨，抄纸白水除了含细小纤维和填料外，还含有危害性的溶解污染物（DCS）。针对现有废纸脱墨制浆采用碱性脱墨，纤维强度衰变快、纸浆白度下降、废水 COD 及 DCS 浓度高、水循环封闭程度低的难题，产生了以下新技术，以实现清洁生产的目标。

（1）高浓碎浆技术和弱碱性脱墨技术

使用双转鼓碎浆机，使碎浆浓度由 3%～10% 提高至 20%，降低了白水用量，实现单条生产线年节水 4 万 m^3；突破弱碱性脱墨技术并率先在大型脱墨制浆生产线应用，实现在 pH 值 7.5 条件下脱墨，减少纤维损伤，降低化学品消耗和废水 COD 负荷；而且，弱碱性脱墨减少了纸浆溶出物及胶黏物浓度，提高了脱墨纸浆的产品质量（残余油墨浓度由 700mg/L 降到 550mg/L）。

（2）DCS 捕集技术和白水封闭循环技术

针对白水中的 DCS 对纸张质量及纸机生产效率的影响，研发了 S-CPAM 阴离子垃圾捕捉剂，并优化了三回路白水封闭循环工艺流程，增加废纸脱墨微气浮池和车间总排微气浮池；使废纸制浆脱墨废水中的 SS 降低 80%、DCS 含量减少 40%，造纸白水中的 SS 降低 80%，大幅提高工艺水重复利用率。另外，对造纸干燥部蒸汽冷凝水进行综合利用改造，降低蒸汽消耗并回收约 80% 的冷凝水用于生产，实现年节约清水约 17 万 m^3。如山东华泰纸业股份有限公司废纸脱墨制浆和造纸生产线开展技术攻关与示范，提标改造后的示范线水循环利用率达到 90% 以上，单位产品废水排放量降低至 $10m^3$ 以下，每年减少污水排放 31.5 万 m^3、COD 减排 884t，产生了良好的经济和环境效益。

通过上述水污染控制关键技术与装备的研发集成，构建了清洁生产与末端治理相结合的水污染全过程控制模式，建立了造纸行业清洁生产技术与装备产业联盟和技术转移平台，为集成技术的推广应用、全面提升造纸行业水污染防治技术水平、重点流域水污染减排提供有力支持，在造纸行业中推广前景非常广阔。

我国造纸行业的原料结构正进一步优化，木浆比例有所提高，废纸浆比例快速增长，非木浆比例大幅下降；技术方面也进一步成熟，从制浆、造纸、节能到污染治理，造纸工业的科学技术水平都有很大的提高；各类纸产品的总需求量在未来还将有着较大幅度的增长，造纸工业市场前景也比较乐观。这些都为造纸企业顺应趋势，大力发展循环经济提供了良好的背景。而同时，造纸工业目前对社会造成的污染仍然十分严重，生产所造成的污染同环境保护之间的矛盾日益突出，从而，越发凸显造纸工业展循环经济的必要性。

利用废纸回收造纸，是造纸工业发展循环经济的一个大有前景的趋势。但我国在利用废纸造纸方面，一方面废纸回收率远低于世界平均水平；另一方面废纸进口量逐年大幅增长，依赖美国、日本、西欧等发达国家供应，矛盾日益突出。如何提高废纸回收率，充分利用废纸造纸是一个亟待解决的课题。利用废纸替代原生纤维木浆造纸，不仅可大量节约木材纤维原料，而且可降低能耗、节约清水，具有良好的环保效益和经济效益。

固体废物的产生和利用方面。木材去皮采用干法剥皮，可最大限度地减少木材处理和去皮过程产生的水污染色度、树脂、磷等，同时树皮和木屑等还送锅炉燃烧，代替部分燃料。制浆造纸过程中使用的填料、施胶剂、助留剂、树脂分散剂、螯合剂等属最小环境危害物；疏水性物质、湿强剂、染料、光学增白剂、消泡剂、杀菌剂、表面活性剂等属低环境危害物，因此而产生的污水中污泥的处理和综合利用较容易。

造纸废水具有污染物种类多、有机物含量高、排放量大等特点。以废纸为原料的造纸废水水质相对于传统以植物纤维为原料的造纸废水有自己的特性，其主要特点是：废水的负荷重、排放量大，在离解、原料的筛选、废纸中杂质的净化、除渣、浓缩、废纸脱墨等过程中排出的废水量大；废水污染物浓度高，成分复杂多变，在脱墨等过程中会加入大量的化学试剂，使得废水中不仅含有木素等有机物，还会含有化学药剂、有机氯化物、挥发酚等化学物质，不易处理；含化学添加剂，化学添加剂是有毒有害物质的主要来源，对生物有毒性或抑制作用，但是在生产过程中必不可少；废水的色度大、气味重、悬浮物含量高。在欧洲的许多工厂中都用二级生化处理造纸废水来减少废水污染物的排放，但是现在更多的工厂则试图通过采用整合工艺来进一步减少废水中有机物的含量。固定生物床和臭氧氧化技术就能够实现这种目标。

废纸制浆产生的脱墨污泥宜经过脱水干化后用作燃料。

2.2.3.4 印刷书写纸废旧资源循环目标

纸机白水、密封水和冷却水宜分类收集、分质处理和循环使用。生产过程中产生的污冷凝水应进行回用，减少新水的使用和污染物的排放。废水处理产生的污泥应在浓缩干化后，采取制备有机肥或燃烧等方式进行综合利用。增加白水循环提高施胶等湿部助剂的使用效率；提高涂布技术，采用膜转移等高效涂布技术，加强涂料回收和使用效率。在可行状况下，探讨回收印刷书写纸施胶助剂的回收利用。

2.2.3.5 包装纸废旧资源循环目标

包装纸多采用废纸浆抄造，加强废纸浆的循环利用次数。抄造过程，纸机白水、密封水和冷却水分类收集、分质处理和循环使用。生产过程中产生的污冷凝水应进行回用，减少新水的使用和污染物的排放。废水处理产生的污泥应在浓缩干化后，采取制备有机肥或燃烧等方式进行综合利用。干燥过程中增强蒸汽使用效率，增强多段通热供气和废汽热回收技术对蒸汽的回收利用。

2.2.3.6 生活用纸废旧资源循环目标

卫生用纸由于用途的特殊性，许多生活用纸厂商已经把自己看作是消费品生产公司，并且更多地关注产品的使用性能，诸如纸的柔软性、强度、外观、吸收性以及价廉。近年来，对生活用纸柔软度技术的开发，如穿透气干燥工艺（ATD）有助于生产企业提高产品质量满足消费者的需求。

传统的卫生纸扬克式干燥部，是由扬克式烘缸和热风罩组成的，纸幅水分扩散到纸幅表面由抽风机抽走。采用穿透气干燥技术热空气不是由纸幅表面抽走，而是穿过纸幅再穿过缸毯进入穿透气干燥缸。有些穿透气干燥卫生纸机，采用普通扬克式干燥部与穿透气干燥部相结合，而有些只采用穿透气干燥。采用穿透气干燥技术越来越多的原因是为了提高产品的特性，使产品质量差别缩小和降低费用。采用穿透气干燥生产的产品比一般干燥生产的产品在降低定量的情况下有较好的吸收性，但穿透气干燥要消耗较大的能量；但因为定量降低了，所以节约了纤维，相应也弥补了能量的消耗。

第 3 章

基础材料绿色制造的关键技术

推动造纸工业向节能、环保、绿色方向发展。加强造纸纤维原料高效利用技术、高速纸机自动化控制集成技术、清洁生产和资源综合利用技术的研发及应用，重点发展白度适当的文化用纸、未漂白的生活用纸和高档包装用纸与高技术含量的特种纸，增加纸及纸制品的功能、品种，提高质量。充分开发利用国内外资源，加大国内废纸回收体系建设，提高资源利用效率，降低原料对外依赖度过高的风险。

加大清洁生产力度，推动循环经济发展。充分发挥纸业的绿色属性优势，鼓励企业按照全生命周期管理理念，实现资源的高效和循环利用，推动造纸行业循环经济发展。开发绿色产品，创建绿色工厂，引导绿色消费。转变发展方式，按照减量化、再利用、资源化的原则，提高水资源、能源、土地及植物原料等使用效率，通过节约资源、减少能源消耗和污染物排放，建设资源节约型、环境友好型造纸产业。

提高资源综合利用水平。充分利用好黑液、废渣、污泥、生物质气体等典型生物质能源，提高热电联产水平，对生产环节产生的余压、余热等能源以及废气（沼气及其他废气）、废液（制浆黑液及其他废水）及其他废弃物进行回收利用，最大限度实现资源化。充分利用林业速生材，扩大利用间伐材、小径材、加工剩余物等生产纸浆，提高木材综合利用率，节约木材资源。提升非木材制浆清洁生产工艺技术、高值化利用技术及废液综合利用技术。

提高环境管理水平，降低污染排放水平，从源头上防止环境污染和生态破坏。造纸企业应依法依规申请排污许可证，持证排污。落实造纸企业治污主体责任，按照相关标准规范开展自行监测、台账记录；按时提交执行报告并及时公开信息；加强对锅炉、碱回收炉、石灰窑炉、焚烧炉等废气排放和生产废水、生活污水、初期雨水等废水排放的治理及控制，确保污染防治设施稳定运行，污染物达标排放。强化固体废物的处置，加强无组织逸散污染物的收集和处理。

3.1　关键技术分类及评估

推动制浆造纸行业绿色制造进程的关键在于加快建立造纸工业循环经济发展模式，通过进一步提高原材料的利用率，减少污染物的排放量。通过加大科技投入，大力发展减量化技术、再利用技术、资源化技术和替代技术等，为实现制浆造纸行业绿色制造提供关键技术支撑。主要包括以下三大类：①推动制浆造纸行业绿色制造必须应用的技术；②推动制浆造纸行业绿色制造加快工业化研发的关键技术；③推动制浆造纸行业绿色制造发展需要积极关注的关键技术。

3.2 关键技术

3.2.1 推荐应用的技术

制浆造纸行业绿色制造推荐应用的技术见表 2-3-1～表 2-3-6。

3.2.1.1 漂白硫酸盐浆推荐应用的技术

表 2-3-1 漂白硫酸盐浆生产过程推荐应用的技术列表

硫酸盐浆生产行业		具体内容
推荐应用的技术		TCF 技术
理由	■节约资源、能源	1. TCF 漂剂绝大多数对环境无害 2. 纸浆漂白后的降解生成物基本无毒，对大气不会造成污染，且易于生物降解 3. 漂白废水可以回用，减少污染物排放，降低能耗
	■生态环境影响	彻底消除漂白废水中的 AOX
	■政策导向	工业和信息化部《"十四五"工业绿色发展规划》、中国造纸协会《造纸行业"十四五"及中长期高质量发展纲要》
	■国际国内市场需求	当前国内硫酸盐浆年产量大约 1000 万 t，至 2025 年预期年产量达到 1200 t 以上，市场应用前景广阔
	□其他理由	无
成熟度或保障性		技术成熟度较高
预期效果		由于成本较高，漂白效果弱于 ECF，因此该技术目前在行业中的普及率不高，只在欧洲的纸厂得到较多的应用，但由于其环境友好性，其潜在普及率可达 90%以上，按照 1000 万 t 的化学浆生产规模计算，每年可消除漂白废水 AOX 产生量约 2000t

3.2.1.2 化学机械浆推荐应用的技术

表 2-3-2 化学机械浆生产过程推荐应用的技术列表

化机浆生产行业		具体内容
推荐应用的技术		化机浆产品废液碱回收处理技术
理由	■节约资源、能源	当前化机浆生产废水主要依靠沉降-生化-深度氧化处理，行业平均吨浆水耗 10～15m³；新技术应用后，吨浆水耗下降 50%左右
	■生态环境影响	目前化机浆生产行业平均污染物发生量(以 COD_{Cr} 计)大约 0.1～0.15t/t(浆)，完全依靠传统生化处理，基本上可以实现达标排放，但同时产生化学污泥、生物污泥等固体废弃物，造成污染物转移；采用新技术处理化机浆废液，可基本解决废水、废渣等污染物排放造成的生态环境影响
	■政策导向	国家林业和草原局《"十四五"国家储备林建设实施方案》、中国造纸协会《造纸行业"十四五"及中长期高质量发展纲要》
	■国际国内市场需求	当前国内化机浆年生产量大约 400 万 t，至 2025 年预期年生产量达到 450 万 t 以上，占我国自产木浆 40%以上，市场应用前景广阔
	□其他理由	无
成熟度或保障性		山东太阳纸业股份有限公司年产 12 万 t P-RC APMP 化机浆生产线及配套废水蒸发处理，实现了化机浆制浆废水的高效低能耗蒸发燃烧处理；与常规废水处理相比，废水排放量减少 50%以上，年节约用水 150 万 m³，年减排 COD_{Cr} 450t，产生了良好的经济效益
预期效果		到 2025 年行业中 50%的产品应用该技术，年节约用水 5625 万 m³，年减排 COD_{Cr} 1.7 万 t，减少固体废弃物排放量 33.8 万 t(绝干)/a

3.2.1.3　废纸浆推荐应用的技术

表 2-3-3　废纸浆生产过程推荐应用的技术列表

废纸浆生产行业		具体内容
推荐应用的技术		DCS 捕集技术和白水封闭循环技术
理由	■节约资源、能源	当前废纸浆生产过程 COD 排放量大约 12~65kg/t（浆），SS 发生量大约 4~30kg/t（浆）；新技术应用后，COD 排放下降 7kg/t（浆），SS 排放量下降 5~24kg/t（浆）
	■生态环境影响	大幅度减少废纸浆生产过程中固体废弃物排放量，有利于固废无害化处理
	■政策导向	中国造纸协会《造纸行业"十四五"及中长期高质量发展纲要》
	■国际国内市场需求	目前废纸浆年产量大约 6000 万 t，预期 2025 年达到 6800 万 t，占我国自制浆比例为 70% 左右，市场需求前景广阔
	□其他理由	无
成熟度或保障性		山东华泰纸业股份有限公司 PM10 号机实施 15 万 t 废纸脱墨制浆生产线和造纸生产线提标改造工程，针对白水中的 DCS 对纸张质量及纸机生产效率的影响，研发高效阴离子垃圾捕捉剂，完成白水封闭循环工艺优化和造纸干燥部蒸汽冷凝水综合利用改造；与改造前相比，制浆脱墨废水中的 SS 降低 80%，DCS 含量减少 40%，废纸造纸白水中的 SS 降低 80%，示范线脱墨制浆及造纸过程的水循环利用率均达到 90% 以上，单位产品废水排放量降低至 9.19m³/t，年废水减排 31.5 万 m³，年削减 COD 884t，降低蒸汽消耗并回收约 80% 的冷凝水用于生产，实现年节约清水约 17 万 m³。目前，这项技术已应用于 PM12 号机，正在广东华泰、河北华泰的废纸制浆造纸生产线上推广
预期效果		到 2025 年行业中 50% 的产品应用该技术，年节约用水 3853 万 m³，年减排 COD$_{Cr}$ 20 万 t

3.2.1.4　印刷书写纸推荐应用的技术

表 2-3-4　印刷书写纸生产过程推荐应用的技术列表

印刷书写纸生产行业		具体内容
推荐应用的技术		膜转移施胶技术
理由	■节约资源、能源	该技术可提高纸张质量，减少蒸汽用量
	■生态环境影响	无
	■政策导向	《制浆造纸工业污染防治可行技术指南》（HJ 2302—2018）、中国造纸协会《造纸行业"十四五"及中长期高质量发展纲要》
	■国际国内市场需求	市场对高性能印刷书写纸的需求不断提高，提高印刷书写纸的光学性能和表面性能，从而保证纸张印刷适性和效率
	□其他理由	无
成熟度或保障性		部分表面施胶或者微涂的机制纸及纸板生产企业已规模化使用
预期效果		通过计量棒或计量刮刀将表面施胶料转移到辊子上，再转移到纸张上。表面施胶浓度达 8%~12%，施胶量大，纸张吸水少

3.2.1.5　包装纸推荐应用的技术

表 2-3-5　包装纸生产过程推荐应用的技术列表

包装纸生产行业		具体内容
推荐应用的技术		膜过滤处理造纸白水技术
理由	■节约资源、能源	吨产品可减少 2～4m³ 的新鲜水消耗量，处理后的水可回用于工艺生产；新技术应用后，预期单位废纸产品水耗大幅度下降，显著节约新鲜水资源
	■生态环境影响	降低水耗，具有显著环境效益
	■政策导向	《制浆造纸工业污染防治可行技术指南》(HJ 2302—2018)、中国造纸协会《造纸行业"十四五"及中长期高质量发展纲要》
	■国际国内市场需求	近年来我国包装用纸产量和消费量以每年 3%～5% 的速度增加
	□其他理由	无
成熟度或保障性		膜过滤技术根据膜的截留尺寸、过滤压力分为多种，主要有微滤(MF)、超滤(UF)或纳滤(NF)，该技术已部分用于造纸废水处理，适用于造纸白水的回收利用
预期效果		完成废水中污染物的洁净分离技术研发，实现废水 100% 回收利用，使水耗减少 50%

3.2.1.6　生活用纸推荐应用的技术

表 2-3-6　生活用纸生产过程推荐应用的技术列表

生活用纸生产行业		具体内容
推荐应用的技术		扬克烘缸靴式压榨
理由	■节约资源、能源	降低能耗，节约纤维约 5%，纸页厚度提高约 20%，松厚度大大提高
	■生态环境影响	无
	■政策导向	中国造纸协会《造纸行业"十四五"及中长期高质量发展纲要》
	■国际国内市场需求	2019 年生活用纸生产量 1005 万 t，较上年增长 3.61%；消费量 930 万 t，较 2018 年增长 3.22%。由于我国生活水平的不断提高，生活用纸市场需求前景广阔
	□其他理由	无
成熟度或保障性		德国 Voith Paper 公司已在部分生活用纸纸机上进行技术改造应用，技术正在积极研发中，预期相关突破性技术将于 2020～2025 年开始实现商业应用
预期效果		扬克烘缸靴式压榨技术将进一步提高生活用纸的生产效率和产能，改善生活用纸的产品品质

3.2.2　加快工业化研发的关键技术

制浆造纸行业绿色制造加快工业化研发的关键技术见表 2-3-7～表 2-3-12。

3.2.2.1 漂白硫酸盐浆加快工业化研发的关键技术

表 2-3-7 漂白硫酸盐浆生产过程中加快工业化研发的关键技术列表

硫酸盐浆生产行业		具体内容
加快工业化研发的关键技术		置换蒸煮工艺
理由	■节约资源、能源	减少漂白药品消耗；节省蒸汽消耗，蒸汽消耗量减少至 0.55～0.75t/t（浆）
	■生态环境影响	消除废气喷放对空气的污染；减少进入漂白工段的木素含量；降低漂白废水中 AOX 产生量，减少漂白废水 AOX 排放量 20%
	■政策导向	工业和信息化部《"十四五"工业绿色发展规划》、中国造纸协会《造纸行业"十四五"及中长期高质量发展纲要》
	■国际国内市场需求	当前国内硫酸盐浆年生产量大约 1000 万 t，至 2025 年预期年生产量达到 1200 万 t 以上，市场应用前景广阔
	□其他理由	无
成熟度或保障性		技术成熟度较高
预期效果		该技术目前在行业中的普及率不高，潜在普及率为 60%，按照 1000 万 t 的化学浆生产规模计算，每年可降低漂白废水 AOX 产生量约 2000t，节约蒸汽 400 万 t

3.2.2.2 化学机械浆加快工业化研发的关键技术

表 2-3-8 化学机械浆生产过程中加快工业化研发的关键技术列表

化机浆生产行业		具体内容
加快工业化研发的关键技术		提高化机浆得率集成技术研发
理由	■节约资源、能源	目前化机浆得率 80%～85%，新技术应用后，预期化机浆得率提高到 90% 以上，降低单位产品能耗 20%，显著节约木材资源和能耗
	■生态环境影响	节能降耗，具有显著环境效益
	■政策导向	《中华人民共和国国民经济和社会发展第十四个五年规划和 2035 年远景目标纲要》、中国造纸协会《造纸行业"十四五"及中长期高质量发展纲要》
	■国际国内市场需求	至 2050 年，预期化机浆年产量达到 600 万 t，市场应用前景良好
	□其他理由	无
成熟度或保障性		欧洲造纸工业联合会（CEPI）推出"森林纤维工业 2050 年路线图"，预期 CO2 排放量降低 80%，并获得 50% 以上的附加值。预期相关突破性技术将于 2030 年开始实现商业应用
预期效果		综合采用生物酶预处理、热回收技术，开发新一代化机浆生产技术，提高化机浆得率，降低单位产品能耗 20%，提高化机浆得率达 90% 及以上

3.2.2.3　废纸浆加快工业化研发的关键技术

表 2-3-9　废纸浆生产过程中加快工业化研发的关键技术列表

废纸浆生产行业		具体内容
加快工业化研发的关键技术		脱墨废纸浆制备过程污染物的高效分离技术
理由	■节约资源、能源	目前单位脱墨废纸浆生产过程固废发生量大约 150～200kg/t（浆），新技术应用后，预期彻底分离废纸生产过程废弃物，为废纸制浆用水全封闭循环提供技术支持
	■环境影响	提高脱墨废纸浆生产过程污染物分离与净化效率，具有显著环境效益
	■政策导向	《中华人民共和国国民经济和社会发展第十四个五年规划和 2035 年远景目标纲要》、中国造纸协会《造纸行业"十四五"及中长期高质量发展纲要》
	■国际国内市场需求	至 2050 年，预期废纸浆年产量达到 7600 万 t，市场应用前景良好
	□其他理由	无
成熟度或保障性		欧洲造纸工业联合会（CEPI）推出"森林纤维工业 2050 年路线图"，预期 CO_2 排放量降低 80%，并获得 50% 以上的附加值。预期相关突破性技术将于 2030 年开始实现商业应用
预期效果		完成废水中污染物的洁净分离技术研发，实现废水 100% 回收利用新技术，使水耗减少 50%

3.2.2.4　印刷书写纸加快工业化研发的关键技术

表 2-3-10　印刷书写纸生产过程中加快工业化研发的关键技术列表

印刷书写纸生产行业		具体内容
加快工业化研发的关键技术		纸页高效成形技术
理由	■节约资源、能源	长网纸机通过增加顶网成形器，将纸页向下单面脱水改为纸页挤压双面脱水；采用高频无后坐力摇振箱技术，仅需摇胸辊，而非整体网案；采用高脉冲陶瓷脱水元件技术、高效洗涤技术，按不同产品需求和运行车速对脱水元件进行升级改造。可提高纸机的成形脱水效率，降低能耗
	■生态环境影响	无
	■政策导向	环境保护部《造纸工业污染防治技术政策》、中国造纸协会《造纸行业"十四五"及中长期高质量发展纲要》
	■国际国内市场需求	市场对高性能印刷书写纸的需求不断提高，提高印刷书写纸的光学性能和表面性能，从而保证纸张印刷适性和效率
	□其他理由	无
成熟度或保障性		成熟技术，已经市场化，可直接购买
预期效果		提高纸页干度，降低能耗，改善纸页的匀度、两面差和强度等性能；提高纸机运行效率、减少维修工作量、降低能耗，可提高纸机车速、抄宽，提高生产效率和纸机产量；解决中高速纸机无法使用摇振的难题

3.2.2.5 包装纸加快工业化研发的关键技术

表 2-3-11 包装纸生产过程中加快工业化研发的关键技术列表

包装纸生产行业		具体内容
加快工业化研发的关键技术		高浓成形技术
理由	■节约资源、能源	由于上网浓度的提高，高浓成形可节省大量的造纸用稀释水，并由于纸浆流量减少而节省了大量的输送能量
	■生态环境影响	减少纸机用水量和废水处理量，具有显著环境效益
	■政策导向	中国造纸协会《造纸行业"十四五"及中长期高质量发展纲要》
	■国际国内市场需求	近年来我国包装用纸产量和消费量以每年 3%～5%的速度增加
	□其他理由	无
成熟度或保障性		高浓成形技术是国际上造纸工业中的一项新技术，目前世界上在高浓成形技术上处于领先地位的有日本、芬兰、瑞典和美国等，其科研成果包括新技术、新装备等专利，已在一些国家得到应用
预期效果		减少纸机废水产生量；提高瓦楞原纸环压强度等抗压强度指标 20%～45%，大幅改善成纸的层间结合强度；改善箱纸板的松厚度，提高纸板层间结合强度 50%～100%

3.2.2.6 生活用纸加快工业化研发的关键技术

表 2-3-12 生活用纸生产过程中加快工业化研发的关键技术列表

生活用纸生产行业		具体内容
加快工业化研发的关键技术		穿透气干燥工艺（ATD）
理由	■节约资源、能源	降低了定量，节约了纤维原料，水分蒸发力高，生产能力提高约 19%
	■生态环境影响	对生态环境无明显影响
	■政策导向	中国造纸协会《造纸行业"十四五"及中长期高质量发展纲要》
	■国际国内市场需求	2019 年生活用纸生产量 1005 万 t，较 2018 年增长 3.61%；消费量 930 万 t，较 2018 年增长 3.22%。由于我国生活水平的不断提高，生活用纸市场需求前景广阔
	□其他理由	无
成熟度或保障性		2010 年以来，穿透气干燥设备的生产能力提高了 49%以上，近十年来在北美、欧洲安装的生活用纸纸机，有 27%以上是采用穿透气干燥技术，技术成熟度较高
预期效果		穿透气干燥技术将逐渐提高生活用纸的生产效率和产能，改善生活用纸的产品品质

3.2.3 积极关注的关键技术

制浆造纸行业绿色制造需要积极关注的关键技术见表 2-3-13～表 2-3-18。

3.2.3.1 漂白硫酸盐浆积极关注的关键技术

表 2-3-13　漂白硫酸盐浆生产过程需要积极关注的关键技术列表

漂白硫酸盐浆生产行业		具体内容
需要积极关注的关键技术		基于硫酸盐法制浆平台的生物质精炼技术
理由	■节约资源、能源	传统的硫酸盐法制浆平台变成一个现代的制浆和生物质精炼的联合加工厂，达到高值化利用原料和资源化利用三废的目的
	■生态环境影响	实现纤维原料的全组分分离和高值化利用，减少污染物排放，具有显著环境效益
	■政策导向	《中华人民共和国国民经济和社会发展第十四个五年规划和 2035 年远景目标纲要》、工业和信息化部《"十四五"工业绿色发展规划》、中国造纸协会《造纸行业"十四五"及中长期高质量发展纲要》
	■国际国内市场需求	生物质精炼的高值化产品纸浆、木糖醇、碱木素基化学品都具有足够的市场需求
	□其他理由	无
成熟度或保障性		山东某制浆造纸企业已建成一条利用溶解浆的预水解液生产糠醛、木糖和木糖醇的生产线，年产 1 万 t 结晶木糖醇和 4000t 液体木糖醇及其相关衍生物，技术成熟度较高
预期效果		有效分离提取半纤维素、木素、纤维素等主要木材资源组分，实现植物资源全组分分离利用，节约木材资源

3.2.3.2 化学机械浆积极关注的关键技术

表 2-3-14　化学机械浆生产过程需要积极关注的关键技术列表

化机浆生产行业		具体内容
需要积极关注的关键技术		基于化机浆绿色制造概念的"植物生物质全组分利用"技术路线
理由	■节约资源、能源	目前化机浆与化学浆生产工艺差异较大，新技术研发目标旨在全面体现生物质精炼概念，综合化机浆与传统化学浆技术优势，实现木材资源高效利用
	■生态环境影响	建立天然木材资源精准分离和高效技术利用途径，具有显著环境效益
	■政策导向	《中华人民共和国国民经济和社会发展第十四个五年规划和 2035 年远景目标纲要》、中国造纸协会《造纸行业"十四五"及中长期高质量发展纲要》
	■国际国内市场需求	至 2050 年，预期化机浆年产量达到 600 万 t，市场应用前景良好
	□其他理由	无
成熟度或保障性		欧洲造纸工业联合会(CEPI)推出"森林纤维工业 2050 年路线图"，预期 CO_2 排放量降低 80%，并获得 50% 以上的附加值。预期相关突破性技术将于 2050 年完成商业应用
预期效果		有效分离提取半纤维素、木素、纤维素等主要木材资源组分，实现植物资源全组分分离利用，节约木材资源

3.2.3.3 废纸浆积极关注的关键技术

表 2-3-15 废纸浆生产过程需要积极关注的关键技术列表

废纸浆生产行业		具体内容
需要积极关注的关键技术		脱墨废纸制浆废水的全封闭循环利用技术研究
理由	■节约资源、能源	目前脱墨废纸浆水耗大约 6~10m³/t（浆），新技术应用后，预期单位废纸产品水耗大幅度下降，显著节约新鲜水资源
	■生态环境影响	降低水耗，具有显著环境效益
	■政策导向	《中华人民共和国国民经济和社会发展第十四个五年规划和 2035 年远景目标纲要》、中国造纸协会《造纸行业"十四五"及中长期高质量发展纲要》
	■国际国内市场需求	至 2050 年，预期废纸浆年产量达到 7600 万 t，市场应用前景良好
	□其他理由	无
成熟度或保障性		欧洲造纸工业联合会（CEPI）推出"森林纤维工业 2050 年路线图"，预期 CO_2 排放量降低 80%，并获得 50% 以上的附加值。预期相关突破性技术将于 2030 年开始实现商业应用
预期效果		完成废水中污染物的洁净分离技术研发，实现废水 100% 回收利用新技术，使水耗减少 50%

3.2.3.4 印刷书写纸积极关注的关键技术

表 2-3-16 印刷书写纸生产过程需要积极关注的关键技术列表

印刷书写纸生产行业		具体内容
需要积极关注的关键技术		提高印刷书写纸中填料含量的技术
理由	■节约资源、能源	印刷书写纸的填料含量一般为 20%~30%，新技术应用后，将增加填料含量至 40%~50%，节约纤维资源
	■生态环境影响	减少植物纤维资源的使用，提高填料含量，具有显著环境效益
	■政策导向	《中华人民共和国国民经济和社会发展第十四个五年规划和 2035 年远景目标纲要》、中国造纸协会《造纸行业"十四五"及中长期高质量发展纲要》
	■国际国内市场需求	数字化转型对印刷书写纸的市场需求造成一定影响，需进一步提高纤维资料的利用率，市场对可持续发展和绿色生产提出了更多要求，未来市场倾向于环保型纸张的使用
	□其他理由	无
成熟度或保障性		在提高印刷书写纸填料含量的过程中，通过填料预处理、填料预絮聚技术手段可有效提高填料含量，预期相关突破性技术将于 2030 年开始实现商业应用
预期效果		完成印刷书写纸中填料含量增加的技术研发，实现填料预处理技术、填料预絮聚技术，提高纸页中填料的含量，降低纤维资源的利用

3.2.3.5　包装纸积极关注的关键技术

表 2-3-17　包装纸生产过程需要积极关注的关键技术列表

包装纸生产行业		具体内容
需要积极关注的关键技术		多段通汽供热系统
理由	■节约资源、能源	多段通汽供热系统利用自动阀门调节纸机干燥部各段烘缸的供汽压力和用汽量，减少蒸汽产生量，降低能耗
	■生态环境影响	具有显著环境效益
	■政策导向	《制浆造纸工业污染防治可行技术指南》（HJ 2302—2018）、中国造纸协会《造纸行业"十四五"及中长期高质量发展纲要》
	■国际国内市场需求	近年来我国包装用纸产量和消费量以每年 3%～5% 的速度增加
	□其他理由	无
成熟度或保障性		在成熟的单段供汽模式下改进和优化，充分利用资源降低能耗，可行性强
预期效果		三段通汽，仅在第一段使用蒸汽加热，第二、三段使用前段的冷凝水产生的二次蒸汽，形成压力和温度梯度，建立合理的烘缸干燥曲线

3.2.3.6　生活用纸积极关注的关键技术

表 2-3-18　生活用纸生产过程需要积极关注的关键技术列表

生活用纸生产行业		具体内容
需要积极关注的关键技术		新型新月型卫生纸机
理由	■节约资源、能源	纸机车速、幅宽更大，生产效率更高，进一步节约资源和能源
	■生态环境影响	无
	■政策导向	中国造纸协会《造纸行业"十四五"及中长期高质量发展纲要》
	■国际国内市场需求	2019 年生活用纸生产量 1005 万 t，较 2018 年增长 3.61%；消费量 930 万 t，较 2018 年增长 3.22%。由于我国生活水平的不断提高，生活用纸市场需求前景广阔
	□其他理由	无
成熟度或保障性		该新型卫生纸机已在意大利建立中试生产线，预期相关突破性技术将于 2025～2030 年开始实现商业应用
预期效果		扬克烘缸靴式压榨技术将进一步提高生活用纸的生产效率和产能，改善生活用纸的产品品质

第 4 章
存在的问题及建议

制浆造纸工业关联到林业、农业、机械制造、化工、热电、交通运输、环保等产业，对上下游产业的经济有一定拉动作用。当今世界各国已将制浆造纸的生产和消费水平作为衡量一个国家现代化水平和文明程度的重要标志之一。改革开放以来，我国制浆造纸工业的发展取得了可喜的成绩，目前产量及消费量均为世界第一，但仍然存在一些问题。主要问题如下。

（1）原料短缺问题仍然存在

我国制浆造纸工业一直受困于原料匮乏，这一问题到目前仍十分严峻。我国是造纸原料消费大国，有巨大的纸浆和废纸需求市场，给全球纸浆企业提供了足够的市场空间。木浆和废纸的进口依存度一直较高，这给我国造纸行业发展造成了很大的不利影响。2019年我国生产木浆1268万t，进口木浆2317万t，废纸浆5351万t。国产木浆所用原料有部分是进口木片。废纸作为我国造纸工业最大原料来源，在造纸行业的作用越来越大，但是由于受到废纸进口政策的影响，未来几年缺口会很大，会影响到造纸工业的发展。

（2）大型先进装备仍需进口

我国制浆造纸装备制造业科技创新能力和整体实力与世界强国相比还有较大差距，产品的可靠性、先进性、能耗差距明显；高端装备、核心技术、关键材料仍主要依靠进口；基础工作薄弱，自主品牌影响力不强。目前大型高速、宽幅造纸机的核心装备，大型化学制浆生产线的核心装备等，国外技术占据主导、垄断地位，要改变这种状况，仍需要长期努力。

（3）废水污泥处理不够理想

造纸废水污泥成分复杂、有机物含量高、易腐败并产生恶臭，且含水率高、体积庞大，每年造纸工业都产生大量造纸废水污泥。目前造纸废水污泥重要的处理手段是生产建筑材料、就地填埋，长远来讲对土壤造成污染，危害环境。如何实现造纸废水污泥的减量化、无害化、资源化，安全高效并且低成本地处理这些造纸废水污泥是急需解决的关键问题。

针对上述存在的问题、制浆造纸工业发展的趋势及进入新时代，我国经济正在由要素驱动、效率驱动转向创新驱动。习近平总书记强调，我们现在制造业规模是世界上最大的，但要继续攀登，靠创新驱动来实现转型升级，通过技术创新、产业创新，在产业链上不断由中低端迈向中高端。以科技创新支撑引领产业发展，必须建设实体经济、科技创新、现代金融、人力资源协同发展的现代化产业体系。科技经济深度融合是供给侧结构性改革的重要着力点。提出如下建议。

（1）深化供给侧结构性改革，提高供给质量和水平

展望中国造纸行业可持续发展的未来，政策、资源、环境、市场仍将是影响造纸行业可持续发展的主要因素。造纸行业在国民经济中的地位没有变，对造纸行业

的扶持和保障政策保持稳定；在资源上仍是国内外、多种原料保证的格局；环境保护治理会继续保持高压态势；国内市场呈现着缓慢增长态势。

人民日益增长的美好生活需要和发展不平衡不充分之间的矛盾，给造纸行业提供了未来可持续发展的广阔空间。面对新机遇新挑战，造纸行业将以供给侧结构性改革为抓手，提高行业生产力水平，转变发展方式，从数量增长转向质量增长、结构优化，进一步发展质量和经济效益，实现健康、理性和平稳发展。

（2）推进生态文明建设，实现绿色低碳循环发展

造纸行业将继续坚持现有造纸产业发展政策中提出的造纸原料政策，发挥造纸行业循环经济的优势，在目前木材和非木材纤维原料总量不足的情况下，抓好废纸资源回收和利用。废纸回收政策或有波动，需要密切关注政策走向；将进一步健全、完善国内废纸回收体系，加大国内废纸回收力度以提高数量；强化国内废纸分类以提高质量；科学利用好国内、国外两个渠道资源，通过利用国外的优质纤维资源改善国内回收废纸制浆的质量；推进国内"林纸一体化"工程建设和科学利用好非木材原料，逐步增加国内纤维原料供应量，保障造纸工业可持续发展。

继续充分利用有限的资源，加大对林业"三剩物"、制糖工业废甘蔗渣、农业废弃秸秆、湿地芦苇和回收废纸等工农业废弃物的利用。"林纸一体化"工程建设将成为一项持续不断的工作，增加国内种林面积，提高国内木材纤维原料供给能力，降低造纸原料对外依存度过高的风险，保障产业安全。

由于国家环境保护法律法规的健全和完善，造纸行业的环境保护意识由被迫转变为自觉，由被动转变为主动，由要我做转变为我要做，为造纸行业树立了绿色、低碳的良好社会形象，创造出新的发展空间。造纸行业仍将继续遵循"绿水青山就是金山银山"的理念，在造纸全周期全面形成更加科学、合理的循环经济体系。

（3）贯彻新发展理念，建设造纸业现代化经济体系

中国造纸行业将继续全方位提高社会责任意识，主动担当社会责任，共同维护和执行行业自律公约，维护行业诚信，维护行业市场公平性，保护职工权益，积极参与社会公益事业，弘扬传统造纸文化，推动教育和社会事业发展。聚集林、浆、纸及其产业链上下游各类人才，共同打造健康的产业价值链，继续提高行业的环境保护水平，倡导绿色、低碳消费，回馈社会和协调发展，把造纸工业绿色、低碳、可循环发展转化为产业发展优势，继续塑造绿色可持续的产业形象，使行业社会形象得到社会各方面的广泛认可。通过增强创新能力，推动产业优化升级，实施"三品"战略，培育新的竞争力，构建符合我国国情的现代造纸工业生产体系，加快构筑可持续发展的科技创新型、资源节约型和环境友好型绿色纸业，实现中国造纸工业绿色可持续发展目标。

为实现预期绿色可持续发展目标，中国造纸工业发展需加强宏观管理手段和市场监管机制建设。加强规范管理是当前阶段我国控排企业节能降碳较为有效的方式。面对大多数造纸企业尚未建立专门的碳管理部门、专业人才缺失的现状，企业应建立健全节能降碳机构和管理制度，落实目标责任，培养或引进专业碳管理人才，实行能源审计制度，开展能效水平对标活动，建立健全企业能源管理体系、碳管理体系，提高能源、低碳管理水平。加强市场监管机制建设，就是要求造纸行业在履约时，既要通过改善生产技术减少碳排放量，也要积极参与碳市场交易，通过市场的手段达到减排目标。各种手段相互配合，提高履约效率，降低减排成本。目前，各试点地区都推出了各种灵活的履约方式，具体包括购买配额、购买核证碳权、跨期使用碳配额等；推出碳金融产品，具体包括配额信托产品、碳权远期产品等；还可以进行碳权质押获取资金，改进生产技术减少碳排放量。自愿减排项目的开发方面，目前制浆造纸行业具备 CCER 开发潜力的项目类型包括锅炉改造、变频器节能改造、废水处理、沼气回收利用、生产线蒸汽节能改造、生物质废弃物制浆造纸、余热利用等。但是，造纸企业目前参与碳交易的项目极其有限，造纸企业应积极参与到碳交易当中并获得应有的效益。

（4）加大自主知识产权创新，发展大型先进装备制造

在现有装备制造企业中，选择部分创新性强的企业，与高等院校及应用企业联合起来，揭示高端装备制造业核心技术突破的内在机制。从企业发展的视角，探索高端装备制造业核心技术突破的机制，丰富和完善高端装备制造企业发展的突破方法，共同开展高端装备、核心技术研究。应用企业开展商业化应用，形成示范应用机制，加速大型先进装备的研发和制造。充分应用国家相关研发资金，减轻企业的负担，提高企业研发的动力。

（5）创新思路，开发造纸废水污泥资源化利用

整合高校、研究院所以及企业三方技术研发资源，尽快开发出能够解决企业难题、成本低且环保高效的污泥处理新技术。大力开发造纸废水污泥资源化利用新途径，如开发造纸厂废水污泥制备活性炭新技术、利用造纸废水污泥制备有机肥料新技术及制备新型建筑材料新技术。

3

第3篇
智能制造

为应对激烈的市场竞争，造纸工业的生产集中度不断提高，造纸产品从单一化趋向多样化，小批量、多品种的生产将成为未来最主要的生产模式。然而，新模式也大幅提升了造纸企业的管理难度和生产过程的复杂性。造纸工业在新模式下，如何提高造纸企业的生产效率和管理效率，改善企业管治水平，提升企业经营效益，实现企业绿色环保的可持续经营发展，是一个亟待解决的问题。

为解决上述问题，造纸工业亟需进行智能化升级。智能化使"中央控制"式的生产模型"分散化"，实现动态配置生产，通过数据采集技术采集和存储数据，利用工业互联网技术实时访问相关信息，根据访问信息分析结果，自动切换生产模式以及投料种类，使整体生产过程最优从而提高生产线的灵活性，提高生产效率，减少生产能耗。通过工业互联网技术，实现不同制造企业的资源信息共享与资源整合，确保各企业间的无缝合作，提供实时的服务机制，从而增加产品的多样性，减少单个企业的生产成本。最终实现生活用纸行业的整体优化，减少能耗以及生产成本，达到共赢的目的。

基于上述场景，本书探讨 2035 年我国造纸行业智能制造技术的路线，为造纸企业未来发展方向提供参考。

第1章

造纸行业智能制造发展现状与智能化需求

1.1 造纸行业智能制造总体发展情况

1.1.1 造纸行业当前的总体发展现状

我国已经是位居世界首位的造纸大国，部分龙头企业的技术水平已经与国际先进水平持平。例如自主研发的幅宽 5600mm、车速 1200～1500m/min 的文化纸机；幅宽 5600mm、车速 800m/min 的纸板机；幅宽 4800mm、车速 800m/min 的涂布白板纸机；年产 60 万～150 万 t 的化学木浆大型双辊挤浆机，特别是泉林纸业自主研发的世界首台非木纤维立式连蒸器顺利投产。但是一些关键装置和系统仍需依赖国外，很多中小型造纸企业对于人力的需求还是比较旺盛。

随着智能技术的逐渐成熟和市场需求的快速提升，造纸企业资源配置效率面临的问题变得越来越复杂，优化资源配置的决策难度越来越大。具体如下：①产品本身的复杂性。例如，造纸企业纸制品的品种越来越多，生产、维护难度越来越高。②生产过程的复杂性。造纸是多设备、多环节、多学科、多工艺、跨区域协同的复杂系统工程，随着产业分工化深化，逐渐向产品定制化、多样化，技术智能化快速发展，生产过程的复杂性不断提高。③市场需求的复杂性。随着人们生活水平的不断提高，人们开始追求差异化、定制化的产品和服务。面对定制化的需求，造纸企业需要思考如何构建定制化研发体系、定制化采购体系、定制化生产体系、定制化配送体系、定制化服务新体系。④供应链协同的复杂性。随着全球化的发展，造纸企业制造分工日趋细化，产品供应链体系也随之越来越庞大。庞大复杂的供应链给造纸企业的资源优化配置带来了巨大的不确定性，如果某一环节出现问题则会影响整个企业的生存和发展。

因此，随着企业规模逐渐扩大、产品趋向多样化，企业工作部门不再仅仅各司其职，需要生产管理、能源管理、设备管理、经营管理互相融合，使企业变得更加复杂。以信息化技术为代表的高新技术迅速发展，为造纸行业自动化的发展带来了新的契机，为解决"信息孤岛"问题提供了技术。造纸行业提出了"造纸 4.0"的概念。"造纸 4.0"旨在提升整个造纸工艺流程的生产效率、能力和质量，使造纸过程变得更加智能、高效、节能和可持续，助力造纸行业实现数字化和智能化。

近年来，我国对于工业互联网发展高度重视，并且出台了一系列政策促进工业互联网与制造业融合发展，推动人工智能等产业提速发展，这是造纸工业完成新变革的重要契机。造纸工业当前智能制造主要在以下方面有了较大的进展：①智能管理系统（ERP）；②制造执行系统（MES）；③能源智能管理系统（EMS）；④高级计划与排程系统（APS）；⑤故障诊断系统；⑥自动仓储系统等。

人工智能、物联网、大数据等技术加快走向商业化，为造纸企业智能化提供了技术支撑。虽然造纸工业在技术上已经取得了非常大的进展，但不可否认的是，大多数企业在管理、生产等环节以及造纸设备等具体产品上，依然处于自动化甚至是机械化阶段，亟需向智能化加速迈进。

1.1.2　造纸生产过程工艺存在的问题

造纸的生产过程分为制浆和造纸两个部分，本节将分别从这两个方面探讨当前造纸行业存在的问题。制浆包括原料选择、蒸煮、漂白、洗涤、筛选、浓缩或抄成浆片、储存备用几个部分。本节将主要介绍蒸煮、洗涤和筛选三个部分，其他部分不存在很明显的工艺难点，因此不再赘述。而对于造纸，其工艺包括打浆、磨浆、纸料的混合、纸机（纸料的流送、网部、压榨部、干燥部、表面施胶、干燥、压光、卷取成纸）几个部分，其中，需要优化的工艺主要是打浆、磨浆和纸机部分。因此本节将探讨这几个工艺环节当前存在的问题，而浆料混合是固定的模式，不属于本节讨论范围。

1.1.2.1　制浆工艺

（1）蒸煮的难点

对蒸煮过程进行自动控制的主要目的是生产出硬度（卡伯值）一定且均质的纸浆。达到这一目的的难点主要有下列几个方面：

① 卡伯值的在线测量问题。迄今为止，尚无价格低廉且性能可靠的蒸煮过程纸浆卡伯值在线测量仪表，因此难以用卡伯值作为被控变量组成质量控制系统。为了达到控制纸浆卡伯值的目的，需要用经验法或软测量方法获得卡伯值的预测数学模型，间接得到蒸煮纸浆的卡伯值，为控制系统提供依据。

② 制浆原料的质量稳定性问题。由于制浆原料的质量(种类和特性)经常变化，且难于分类和测量，直接影响到工艺条件的制定和最后的成浆质量。

③ 蒸煮过程的时滞问题。由于蒸煮锅容积大，蒸煮时间长，在控制上表现出较大的时滞特性，并且时滞常数难以确定。现有的常规控制系统，包括反馈和前馈控制系统，都难以通过改变过程条件去稳定纸浆质量。

④ 蒸煮过程的能耗问题。常规的蒸球蒸煮和立锅蒸煮都采用热喷放的出浆方式，不但残余的化学药品不能回收利用，导致严重的环保负担，而且也造成了大量的能量浪费。怎样降低蒸煮过程能耗是造纸工业的一个研究热点。

（2）洗涤的难点

洗涤工段的质量评价指标有两个：洗后浆残碱和首段黑液浓度（波美度）。顾名思义，残碱是指洗后浆中残留的烧碱含量，而波美度是指黑液中溶解的固形物的含量。洗涤工艺要求洗后浆残碱越低越好，首段黑液波美度越高越好。然而，这两个要求是相互矛盾的。一般说来，为了将浆料洗干净，要多加水，并延长洗涤时间，这不但造成洗涤效率低、能耗大，而且产生的黑液多、浓度低，这会明显加重碱回收车间蒸发工段的压力和运行成本；为了提高首段黑液波美度，最直接的方法是少加洗涤清水，但这又很可能会造成洗后浆残碱量提高和浆料里附着的有机质（如木素等）增多，这会明显增加后续漂白工段的药剂使用量，增加漂白工段的负担，并带来更多的环境污染。因此，浆料洗涤过程是一个对洗后浆残碱和首段黑液波美度这两个质量指标的平衡过程，也是这一工段优化控制的重点和难点。

（3）筛选的难点

筛选工段可以置于洗涤工段之前，也可以置于其后。而且，对于不同的浆种及蒸煮浆中含杂质的不同，筛选设备的选型和组合也不尽相同。国内浆料筛选常用的设备是由跳筛和缝筛组成的三段筛选系统，其缺点是杂质剔除率低、水耗和能耗大，但控制方案简单。

影响筛选效果的因素较多，主要有进浆的浓度、流量、稀释水量、排渣率，进浆入口与良浆出口之间的压差等。筛选效率高的关键原因在于其设备的高质量和对控制系统的高要求，对上述参量都必须进行可靠控制。其控制难点主要表现在下列几个方面：

① 上浆浓度要求苛刻：设备选型是根据浆种、浆浓和产量而定的；而且，控制系统中大量采用了流量比值加串联控制，所以要求上浆浓度相对稳定。鉴于浓度难以准确测量的现状及麦草浆中杂质含量高的现实，上述要求很难实现。

② 比值加串联控制繁多：为了保证杂质剔除率和降低纤维损失，各筛选设备的进浆、出浆和稀释水流量都必须按照设备筛选效率和产量进行严格配比和精确控制，系统中便大量采用了比值加串联控制。因此只要有一个回路，尤其是前级回路出现波动或信号检测误差偏大，后续回路便会出现较大波动，甚至是振荡。系统能否正常运行的关键是这些回路能否正常工作。

③ 设备联锁关系复杂：由于系统是封闭的，设备或管道堵塞将会导致严重事故，因此系统必须具备很强的自动排堵和故障诊断功能。这一功能是通过阀门、泵、电机及控制回路间的联锁来实现的，一旦出现堵塞现象，DCS 就会通过联锁关系使相关设备做出相应反应，避免严重事故发生。

④ 系统的启停顺序要求严格：系统是封闭的，希望正常停机后，浆料完全排除，整个系统充满清水。另外，系统工作是带压的，启动时，压力筛进口压力可高达 0.5MPa，因此必须严格按照操作规程，进行系统的启停。

⑤ 系统排渣阀门动作时序要求严格：系统正常运行时必须实现杂质的有效捕集和及时排空，否则渣浆堆积成硬块会堵塞渣口，不但不能使渣浆沉降到渣捕集器中，

反而会卷入良浆中去，造成设备如筛篮的磨损，导致严重事故。

1.1.2.2 造纸工艺

（1）打浆、磨浆的难点

① 纤维的形态、受力在不同的位置都不同，怎么去模拟其物理场是数字还原造纸工艺的一个关键问题。

② 受研究手段和科技发展的局限，对打浆、磨浆过程这一错综复杂的现象来说，至今还没有形成一个被广泛承认的对磨浆机理的描述。

（2）机理建模的难点

过程机理分析法建立过程数学模型，称为理论建模法。这种方法存在如下问题：

① 只能适应于简单过程的建模，对比较复杂的过程有较大的局限性；

② 有许多过程的机理尚不清楚，因此无法建立模型；

③ 在建模过程中，对研究的对象常常要提出为了简化模型的假定，而这些假定往往不一定符合实际情况，或者有些因素可能在生产过程中不断变化，难以精确描述。

（3）纸机的问题

① 纸机的基础参数没有数据库，例如零部件，不同参数下的性能，当前只能人为进行调试，没有数据库，还做不到数据采集。

② 机理模型的研究不够系统，有的研究这个子系统，有的研究另一个，模型边界条件各不相同，并没有统一的标准，也没有统一的理论支撑。

1.2 造纸行业重点领域智能制造发展现状和技术智能化需求

1.2.1 生活用纸行业智能制造发展现状和技术智能化需求

生产管理系统是市场中生产制造型企业应用较高的软件系统。该系统的生产管理模块，不仅能够使企业用户随时了解企业实时的生产情况、库存存货情况，并对生产管理过程进行实时跟踪监控管理，同时还可以有助于企业管理者有效管控生产成本，并及时掌握生产产品的产量以及库存信息，从而保障企业管理者及时发现问题，并快速做出解决方案等。生活用纸企业的生产管理智能化发展，离不开设备的智能化。设备分成三大组成部分，一是造纸设备，二是加工生产线，三是仓储设备。造纸设备智能化，是基于所有工艺点的阀门改成带有自动控制元件和传感器的阀门，并且进行设备通信卡件的安装，完成实时的生产数据通信，使得所有设备互联互通。加工生产线是基于 OEE（overall equipment effectiveness，设备综合效率）最大化实现目标进行智能化改造。由于加工生产线所有设备具备各自独立及前后的连续，按现有的操作和管理方式，中低速设备（200~500m/min）OEE 达到 55%~65%，但高速设备（500~800m/min）的 OEE 通常在 45% 左右。有研究表明，通过智能化的整合软件，在生产过程的物料更换过程中自动进行各机器最佳运行的参数调节，可将 OEE 提高到 84%。仓储设备是建立自动化立体仓库，实现智能化操作整个仓库。工业物流系统将生产订单、库存、运输、仓储管理等进行集成，使产品在运输过程中与供应链信息保持一致，有利于供应链对运输路径、库存以及产量等进行优化，减少物流成本的同时提高供应链的运行效率。因此，生活用纸企业建立智能化生产管理系统，能够在减少人力、物力、资源成本的同时，大幅提升整个生产过程的效率。

《工业企业能源管理中心建设示范项目财政补助资金管理暂行办法》明确了为加快推进工业化和信息化融合，提高工业企业能源管理水平和能源利用效率，推动工业企业节能减排，财政部、工业和信息化部决定，在工业领域开展能源管理中心建设示范工作，中央财政安排资金对示范项目给予适当支持。在此背景下，工业企业能源管理中心的建设进入了快车道。由于能源管理系统能够帮助企业自动地控制生产系统和提供智能优化策略，企业可以更加合理地管理和优化能源。在基于大数据的背景下，利用数学模型，可对能源结构中的节能潜力进行挖掘，目前已经应用于建筑、地铁站、汽车等领域。由于生活用纸企业的工业自动化程度普遍较高，工业生产过程已经建成了完善、全面的在线实时数据采集、监测和控制体系，这为能源管理中心的建设提供了较好的基础。

从生活用纸企业信息化结构来看，应用较为成功和普遍的系统主要集中在企业管理层（ERP/MRPⅡ，企业资源计划/制造资源计划）和过程控制层（DCS/PLC）。但是企业管理层和过程控制层之间脱节的问题普遍存在，一方面已经实施的 ERP 管理系统不能对工厂的生产活动进行及时、有效的控制操作，使生产过程无法获得切实可行的作业计划作为指导；另一方面，工厂控制系统的操作信息和数据与管理系统的信息不对等，使造纸企业无法掌握实际的生产情况，因而无法发挥 DCS、ERP等的所有功能作用。另外，DCS、PLC 等底层控制系统主要用于直接处理制浆造纸过程中各个生产单元的回路控制和简单的逻辑控制。制浆造纸生产过程控制主要实现以 DCS、PLC 系统为基础的回路控制和逻辑控制，缺乏质量控制、生产效率控制、能源管理和过程优化等先进控制和智能化管理功能。因此，建立以能源管理中心为核心、连接企业管理层和过程控制层的中间系统，对打通造纸企业未来的智能化生产极为重要。

就国外而言，作为全球能效管理专家，施耐德自主研发了 EnergyMost（云能效）能源管理开放平台。该平台具有去架构系统特点、大数据的系统设计思路，在初期部署、后续运维投入、大规模数据接入、广域分布式数据扩展、易用性和能源管理专业性方面做得较好。全新开发的云能效 TM 能源管理平台是一款针对中国市场的企业能源管理系统，除对传统的水、电、气、热等多种能源介质综合管理、分项能耗 KPI 展示与行业对标、设备能耗分析、节能潜力挖掘等外，还以云托管形式提供服务。

就国内而言，能源管理平台已经应用于广东、北京、江苏、浙江、山东等地方。例如，广州博依特智能信息科技有限公司（以下简称"博依特"）自主研发的能源管理信息云平台（POI-EMS）是我国造纸行业中实际应用中的典型案例，已在高能耗的造纸、陶瓷、水泥、玻璃、食品等行业的 70 多个大中企业中应用。2015～2017年三年期间，企业应用博依特研发的能源管理信息云平台（POI-EMS）后，共实现直接经济效益近 18 亿元，节约 56 万 t 标准煤，减少碳排放 145 万 t。另外，该公司正在探索大型集团企业的智能制造规划和实施试点。

对智能控制而言，分为机理算法建立控制模型和采用数据驱动方法建立控制模型两个部分。基于机理算法建立的控制模型具有稳定、机理过程清晰和精确度高等优点。但是生活用纸生产过程的很多变量参数是通过实验得到的，具有一定的误差，因此，机理模型可以在一定程度上对造纸工艺流程进行优化，但不具有通用性。数据驱动模型是在大数据的基础上对数据中以及之间的信息进行挖掘的过程。虽然数据驱动模型能够对已存在的信息进行学习和提取特征，但是它不能够预判数据中不存在的信息。因此，通过结合机理+数据驱动的方法，利用数据驱动的方法来对机理模型进行修正，可解决上述问题，也成为未来智能控制发展的方向。

智能优化的研究大体可分为生产调度优化、部分用能生产单元优化、整体用能优化等几个方面。就整体用能优化而言，由于整个过程用能优化设计的控制参数多以及过程复杂，因此目前还没有达到所有过程精准控制的程度。就部分用能生产单元优化而言，大多的优化都是在控制系统的基础上，对其控制参数进行优化，使手动调参变为实时智能寻优调参。就生产调度优化而言，目前主要是针对成本、能耗以及完工时间等进行多目标优化。常用的多目标优化算法有：NSGA（非支配排序的遗传算法）系列、MOPSO（多目标粒子群优化算法）、MWOA（多目标鲸鱼算法）等。虽然智能优化可以为单个造纸整个生产过程或者单一生产单元进行用能或成本优化，但是它只能提高能效，并不能提高生产过程的灵活性。

就基于数据驱动的建模而言，其核心算法主要分为线性方法、非线性方法、智能方法和深度学习方法。目前线性方法基本很少使用，一般用于机理建模。非线性方法和智能方法目前应用最广。非线性方法是指输入和输出之间通过非线性函数建立关系的一种方法，能更准确地学习负载序列的复杂性，因此具有一定的精准性。但是随着数据量的增加，该方法并不能自主学习和更新当前数据集。为了解决上述问题，智能算法被引入。在智能算法中，目前使用最多的是组合算法，将多个单一的算法进行集成，取长补短，提高精确度的同时，提高找到解的速度。整体来说，建模把系统的调参、控制从专家的经验的主观变为了会实时更新的智能的客观，使控制和调参的结果更为合理。但是对建模的研究单元较小且单一，目前还没有具体对整个生产过程进行集成或者建模的研究。

就故障诊断而言，主要是针对生产单元、纸机、轴承以及不同控制系统的。在控制系统的故障诊断中，大多是以改进系统，积累历史数据，进行数据挖掘，从而找到系统中出故障可能的时间和地点。就生产单元的故障诊断而言，由于对象单一，因此直接采用数据驱动模型或者机理模型探究故障来源。对纸机的故障诊断来说，一般采用机理模型进行故障探究。就轴承的故障诊断而言，目前利用故障振动信号的特点，对其故障进行分析和诊断。

综上所述，目前针对生活用纸智能化，大量的研究人员已经在机理、数据挖掘以及设备智能化方面做出了很大的贡献。但是，针对这些方法的研究仅仅在数据仿真层面，还没有真正的实际应用。建立造纸企业智能化平台能够为这些方法提供实践平台，并且通过不同方法的协作，能够真正实现整个生活用纸企业甚至整个工业系统的智能化。

1.2.2 文化纸行业智能制造发展现状和技术智能化需求

文化纸是指用于传播文化知识的书写、印刷纸张，多为资讯传递、文化传承所用，主要包括未涂布印刷纸、涂布印刷纸和新闻纸。典型的未涂布印刷纸包括双胶纸、书写纸、轻型纸、静电复印纸和打印纸等。涂布印刷纸则主要包括轻量涂布纸和铜版纸等品种，其中铜版纸消费比例占涂布文化纸的90%以上。

1.2.2.1 新闻纸

从总体趋势来看，我国新闻纸生产量和消费量自 2009 年后呈逐年下降趋势。2013 年我国新闻纸生产量 360 万 t，同比减少 5.26%；消费量 362 万 t，同比减少 7.89%。新闻纸是我国发展较快和相对集中的一个纸种，也是最早形成相对市场过剩的品种。由于该纸种发展较快，国内市场基本饱和，因此，从 2006 年起，企业加大了出口量，但是受电子媒体的冲击，国际上新闻纸消费逐步萎缩，出口受到很大制约。近年，国际经济低迷，周边国家低价竞争，出现了进口量略高于出口量的现象，对我国新闻纸生产企业形成了新的压力。

由于我国新闻纸生产能力已经远远大于市场需求，因此已被国家确定为限制发展的纸种，新的生产能力不可能再建，关键是现有企业如何生存，最大限度地延长企业生命周期。造纸企业应该采取下列对策：①紧跟报刊印刷业的发展方向，加强为其服务的能力和意识。②加强企业沟通协调,共同应对市场变化。③努力提高新闻纸的质量,满足报刊印刷业高速、多方面的质量要求。据统计,近两年报纸的总销量下滑主要集中在三线城市的中小型报刊发行企业,这表明报刊印刷业正在向大型化、集中化加快整合,今后对新闻纸的质量要求会更高。由于我国生产新闻纸的原料主要是废纸,国外生产新闻纸的原料基本是原生木浆,因此,如何保证新闻纸的高质量对国内企业具有一定的挑战性。另外,新闻纸生产企业的集中、整合也势在必行。④加快满足市场需求的新产品开发,促进市场发展。如华泰集团开发的玫瑰香型新闻纸就是一个很好的创新尝试。努力提高报刊阅读者在阅读报纸时的愉悦感,也有可能稳定报刊阅读群体。

1.2.2.2 涂布印刷纸

图 3-1-1 为 2018 年中国各种纸及纸板产量占比分布环形图。涂布印刷纸是我国造纸业主要产品之一,但其产销量所占份额相对较小。2018 年涂布印刷纸产量占造纸业整体产量的 6.76%,占整体销量的 5.79%。

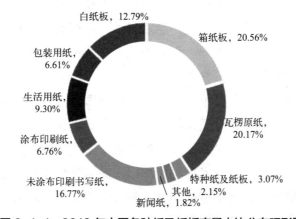

图 3-1-1 2018 年中国各种纸及纸板产量占比分布环形图

受国外反倾销的影响,我国涂布印刷纸出口量逐年下降。涂布印刷纸整体出口量从 2012 年的 177 万 t 下滑至 2018 年的 150 万 t,其中铜版纸出口量从 2012 年的 141 万 t 下滑至 2018 年的 106 万 t。

从进口量来看,由于我国涂布印刷纸产业比较发达,仅少量产品需要进口,因此我国涂布印刷纸进口量并不大,基本保持稳定,但近年有一定的上涨趋势。2012~2016 年我国涂布印刷纸进口量基本维持在 34 万 t 左右,到了 2017 年进口量出现上涨,为 45 万 t,同比增长 28.6%,其中铜版纸进口量为 32 万 t,同比增长 23.1%。2018 年涂布印刷纸进口量进一步上涨,但涨幅有所下降,为 49 万 t,同比增长 8.9%,其中铜版纸进口量为 33 万 t,同比增长 3.1%。

从国内销量来看,涂布印刷纸销量处于反复波动的状态,但略有下滑。从涂布印刷纸整体销量来看，2018 年为 604 万 t，同比下滑 4.7%。其中铜版纸销量基本保持稳定，2018 年铜版纸销量为 581 万 t，同比下滑 0.7%。

由于受到别国的反倾销调查影响，涂布印刷纸出口量减少，国内涂布印刷纸产能过剩；而国内又在实行供给侧结构性改革，淘汰落后产能，以及无纸化阅读的流行导致国内销量下滑等因素，导致我国涂布印刷纸产量逐年下滑。我国涂布印刷纸产量从 2012 年 780 万 t 下滑至 2018 年的 705 万 t，其中 2018 年减产 60 万 t，同比下滑 7.8%。

综上所述，近年来涂布纸需求增长动力不足，整体上呈供大于求的态势，下游需求市场稳定，大幅增长空间有限，随着供给侧结构性改革和环保督察严格执行，中小企业经营越发困难，龙头企业优势进一步扩大，有利于行业集中度加速提高。

1.2.2.3　未涂布印刷纸

我国未涂布文化用纸目前仍处于较低的竞争水平。我国长期"以草为主"的原料方针，使得使用草浆如麦草浆、稻草浆、苇浆、甘蔗渣浆等生产中低档未涂布文化用纸的企业遍布全国，这些企业普通装备水平不高，纸机多为幅宽 2000mm 左右的圆网或长网造纸机，生产效率低、产品质量差，环保治理设施不完善，成为造纸行业淘汰落后产能的主要对象之一。但是未涂布文化用纸作为一个单一品种，它的产销量超过了新闻纸、包装用纸之和。

未涂布文化用纸单位产品纤维消耗量大，在我国备受资源和环保的双重压力，在国际上无比较优势，所以国际贸易不活跃。从消费群体来看，它以国内消费拉动为主，也与日用消费品的出口关系不大。近年来，造纸行业开始结构调整和转型发展，环保、绿色、低碳成为行业发展主旋律，未涂布文化用纸行业发展也出现了一些新趋势，如：降低定量、增加成纸灰分来降低生产成本；产品市场进一步细分，产品结构高档化和多元化，技术壁垒低、需求总量大的纸种近年产能扩张过快，竞争日趋激烈，价格不断下降，而一些技术壁垒较高、需求总量小的纸种产能不足，如以木浆为主的高质量彩色胶印书刊纸、高档静电复印纸、SC 纸等已逐步成为市场主流，采用废纸脱墨浆、高得率浆抄造的环保型文化用纸越来越受人们青睐；生产规模加速向大型化发展，行业集中度不断提高，最近文化用纸投资项目多是规模在 10 万 t 以上，新建大型单台文化用纸纸机生产能力已提高到 45 万 t/a 以上，单一工厂的规模也在不断提高，百万吨级文化用纸工厂开始涌现（如岳阳纸业）；生产技术不断提高，节能减排、清洁生产成为大势所趋；林纸结合，产业链纵向延伸等。

1.2.3　包装纸行业智能制造发展现状和技术智能化需求

对比成熟市场，我国纸包装行业的产业集中度与两化融合度差距非常明显。美国前四大企业市场份额达 70%以上，泰国前三大企业市场份额达 85%，而我国前十大企业市场份额仅 6%左右。行业的低集中度导致议价能力相对较弱，当原材料成本波动时，企业利润承受较大压力，中小规模企业整体盈利能力不强。在此产业格局之下，并购整合趋势越发明显，龙头公司拥有优势地位。

在智能制造快速发展的今天，各行业需求个性化、专业化趋势越来越明显，创新和设计能力不足等诸多挑战摆在了企业面前。同时在环保压力以及用工贵、用工难、成本剧增的情况下，我国纸包装企业的自动化、智能化程度都还处于较低水平，迫切需要进行升级改造。唯有经过智能转型，才能改变外界对纸包装行业的传统看法。

从传统工业到自动化再到数字化转型将从根本上改变纸包装生产行业。

对于纸包装行业的智能工厂建设，多数用户都表示应包括企业系统管理、生产过程管理、物流管理以及配套的大数据系统。目前，自动化生产线、数字化车间、现代物流等已经在一部分规模以上企业兴起并形成一定规模，如胜达集团与猪八戒网联合打造了云印刷服务平台，同时正在筹划建设纸包装行业智能工厂；浙江温州东经科技正在打造中小企业降本提效、价值倍增的智能化包装服务平台；行业领头企业厦门合兴包装成立了联合包装网，从事"互联网+包装"的尝试，且业务发展良好。此外，美盈森、裕同、劲嘉等不少企业均已注入互联网基因，进军智能制造领域或云印刷等市场，纸包装及印刷产业的互联网化将掀起巨变，行业整合将迎来新的力量。

低碳经济发展、纸包装绿色环保化转型、电商包装是带动纸包装行业发展的重要因素之一，但由于其增速过快，资源浪费和环境污染问题也接踵而至。因此在低碳循环经济的国际大趋势之下，中国也提出了低碳、减排的具体目标。2010 年 9 月 14 日，环保部和新闻出版总署正式签订《实施绿色印刷战略合作协议》，旨在加强扶植包装印刷企业落实绿色包装印刷政策，淘汰落后印刷工艺、技术，提高产能。2018 年，国务院印发《关于促进快递业发展的若干意见》和《关于推进电子商务与快递物流协同发展的意见》，明确要求推广绿色包装以及包装减量化。绿色包装是一种高新技术形态的包装，从原料到包装的设计、制造，再到产品的使用回收，每一个环节都要求节源、高效、无害。生态包装材料得到世界的广泛关注，其研究要从开发、设计、生产、使用、废弃等过程全程考虑。随着中国企业环保意识的不断普及和深入，传统的印刷包装材料已经无法满足市场要求，积极研发绿色环保型包装材料正成为纸质印刷包装行业的发展趋势。

因此，为更好地适应市场对环保产品的需求，中国具备技术实力的纸制印刷包装企业已就环保新材料进行研发，纸制品包装行业整体向着减量化、再利用、可回收、可降解的方向发展。同时，未来在"互联网+包装"的新趋势之下，消费者对产品包装的需求也将变得更多样化和个性化，受市场需求的刺激，纸包装行业在信息化和智能化生产的支持下将迎来更大的发展空间。

1.3 小结

本章通过对生活用纸智能制造整体发展以及重点领域（包括生活用纸、文化纸和包装纸）当前智能制造发展现状的阐述，发现当前造纸企业的各个领域在智能技术、智能装备、生产智能化、能源管理智能化等方面与国外相距较远。因此，我国造纸领域智能制造的发展还存在什么问题、方向应该如何，怎么提高我国造纸智能制造的水平，达到国际最先进水平的同时，提高竞争力是当前造纸发展智能制造需要考虑的问题。为此，本篇将在第 2 章阐述 2020～2035 年造纸工业智能制造目标，第 3 章阐述造纸工业智能制造亟需突破的瓶颈，第 4 章探讨 2035 年造纸行业重点发展领域及重点任务，最后在第 5 章制定 2035 年造纸行业智能制造技术发展路线，为造纸未来发展提供方向。

第 2 章

2020～2035 年造纸
工业智能制造目标

2.1 造纸工业 2025 年的目标

2.1.1 造纸工业 2025 年的总目标：数字化工厂

中国造纸协会《关于造纸工业"十三五"发展的意见》指出：到 2025 年，"互联网+制造"在全国得到大规模推广应用。根据我们对造纸工业智能化装备水平的调研情况，以工业互联网为代表的新一代信息技术正在与造纸行业深度融合；到 2025 年，造纸企业可建成生产数据化运营平台，成功实现传统产业的数字化转型升级。为此，造纸企业需要完成下列几个子目标：

① 以精细化管理为切入点，基于工业互联网技术，构建企业数据化运营系统。采取"产品+解决方案+服务"结合的多元商业发展模式，向造纸企业提供 SaaS 产品和工业大数据应用服务。

② 在数字技术应用的基础上，网络技术在造纸企业得到普遍应用，使得网络连接的产品设计、研发等环节实现协同与共享。

③ 实现造纸企业的供应链、价值链集成和端到端集成，制造系统的数据流、信息流实现连通。

④ 设计、制造、物流、销售与维护等纸产品全生命周期以及用户、企业等主体通过网络平台实现连接和交互，制造模式从以产品为中心走向以用户为中心。

⑤ 基于工业互联网技术通过对人、机、物的全面互联，构建起全要素、全产业链、价值链连接的新型生产制造和服务体系，从而基本建立造纸企业数字化工厂，示范项目达到国际先进水平。

2.1.2 制浆领域 2025 年的总目标

随着自动化、信息化技术的发展，造纸工业的制浆过程需要完成生产过程参数的数字化，包括物料信息的数据化、物料的物化特性以及关键参数采集设备的智能化升级以及无法在线测量数据的软测量；结合互联网技术，搭建可靠、低延时、安全以及高存储量的基础网络环境，并建立数据采集、存储和处理的统一标准；打通从纸浆原料的采集到制浆再到制成浆板全过程的数据流，建立制浆过程的供应链；利用数据挖掘技术，结合制浆工艺过程的运行机理，理清数据之间的关联关系，为物料投入的实时控制提供数据基础，同时为料中纤维特征提取奠定基础；利用数据挖掘技术和人工智能技术，建立物料投加量的估算模型；利用人工智能技术，完成制浆生产线控制系统的在线监测。

2.1.3　造纸过程 2025 年的总目标

结合互联网技术以及大数据技术，建立造纸生产过程的物料以及过程参数标准标签库；利用数据抓取和爬虫技术以及数据分析技术，完成物料数据化；利用人工智能技术，对无法直接测量、测量滞后较大、即时性差（如实验室测量）、测量不可靠或者容易发生错误的过程参数和质量参数，建立软测量模型；结合互联网技术，搭建可靠、低延时、安全以及高存储量的基础网络环境，使得设计、制造、物流、销售与维护等纸产品全生命周期以及用户、企业等主体通过网络平台实现连接和交互，并基于统计学、人工智能技术，建立数据采集、数据处理以及数据存储的统一系统；利用互联网技术，实现造纸过程前加工和后加工的供应链，打通生产单元之间的数据流。

2.1.4　浆纸联合生产领域 2025 年的总目标

到 2025 年，浆纸联合生产领域的目标是基本完成数字化运营平台的建设。主要的目标如下：

① 尽可能全地采集设备全生命周期各类要素相关的数据和信息，打破以往设备独立安置和信息孤岛的壁垒，建立一个统一的数据环境，沉淀生产数据。

② 实现采集的数据 90%可用，通过筛选、存储、关联、融合、索引、调用等形式将数据转化为对人有用的信息，完成数据到信息的转换。

③ 利用新一代信息技术，构建造纸数据化运营平台。该平台能够从获取的生产信息中产生新的价值，完成信息到价值的转换。

2.2　造纸工业 2035 年的目标

2.2.1　造纸工业 2035 年的总目标：智能工厂

到 2035 年，"智能+制造"（新一代智能制造，数字化、网络化、智能化制造）在全国制造业实现大规模推广应用，我国智能制造技术和应用水平走在世界前列，实现中国制造业的转型升级；制造业总体水平达到世界先进水平，部分领域处于世界领先水平，为 2045 年我国建成世界领先的制造强国奠定坚实基础。为了实现这一目标，造纸工业和造纸企业需要完成下列几个子目标：

① 造纸生产过程的仪表和制造装备都将从"数字一代"整体跃升成"智能一代"，升级为智能仪表和装备。

② 开发造纸企业生产工艺流程模拟系统。结合数字孪生技术、AI 技术、机理模型、智能仪表和装备，在数字化工厂阶段沉淀的数据基础上，开发适用于造纸企业的生产工艺流程模拟系统，实现优化生产、预测生产和智能生产，总体水平达到世界领先。

③ 基于造纸企业数据运营能力，构建产业上下游优化协同生产，实现生产决策数字化协同优化、生产制造企业设备云端服务，最终实现企业运营及生产能力上云协同。

④ 建立工业互联网平台。造纸企业需要在数字化工厂阶段沉淀的数据基础上，基于新一代信息技术、数字双胞胎技术、大数据处理和人工智能建模分析，建立智能生产管理系统、智慧能源系统以及先进供应链管理系统等，然后进行系统集成，形成工业互联网平台，从而实现智能化工厂。

2.2.2 制浆过程 2035 年的总目标

（1）化学浆

结合机械和化学理论知识，实现化学浆生产线在线仿真；结合大数据技术和人工智能技术，建立生产线的优化调度模型；基于物料物化性质和人工智能技术，实现物料量的智能化控制；利用互联网技术和数据分析技术，对生产设备（磨浆机等）进行智能化升级，使生产设备拥有自我诊断和决策的能力；结合互联网技术，实现生产决策数字化协同优化，同时结合人工智能技术，实现供应链优化；结合数据分析技术和人工智能技术，完成制浆线控制系统的智能升级。

（2）化机浆

结合机械和化学理论知识，建立化机浆生产线仿真模型；结合大数据技术和人工智能技术，建立生产线的优化调度模型；基于物料物化性质和人工智能技术，建立化学投加量估算模型；利用互联网技术和数据分析技术，对生产设备（磨浆机等）进行智能化升级，使生产设备拥有自我诊断和决策的能力；结合人工智能技术，集成数据采集与存储模型、智能装备、仿真模型以及优化调度模型，建立工业互联网平台，实现浆料生产线的整体优化和实时控制。

（3）废纸浆

结合机械和化学理论知识以及纸浆的物理化学性质，理清废纸胶黏物的物理化学性质；结合大数据技术和人工智能技术，建立胶黏物的软测量装置以及去除的控制系统，避免胶黏物的危害以及腐浆的危害；结合纸浆的物理化学性质，理清化学组成成分；结合机械和化学理论知识，实现废纸浆板的标准化，同时做到在线识别；实现纤维原料的可视化和数据化，并利用物性数据库，建立优化控制系统，实现纤维原料高值化利用。

2.2.3 造纸过程 2035 年的总目标

由于不同行业其自动化、信息化程度不同，到 2035 年的智能制造目标有一定的差别。本节针对造纸行业的重点领域（生活用纸、文化纸和包装纸），简述到 2035 年各领域需要完成的主要目标。

（1）生活用纸

生活用纸生产过程的前加工产线较为简单，后加工产线较为复杂。当前生活用纸造纸企业的工业自动化程度普遍较高，大型生活用纸企业的生产过程已经建成了完善、全面的在线实时数据采集、监测和控制体系，为实现数字化工厂奠定了基础。但是前、后加工的生产单元之间的协同依然存在较多问题。生活用纸企业 2035 年的主要目标包括：

① 完成工业大数据融合和数据管理系统的建设，建立数据采集和存储的统一标准。

② 完成生活用纸企业生产仪表以及生产装备的智能升级，实现装备智能化。

③ 完成对生活用纸企业生产过程的仿真，实现生产过程物理还原，打通生产单元之间的信息壁垒。

④ 对生活用纸企业生产过程前后加工的生产过程进行协同优化，实现生产过程最优运行。

⑤ 完成生活用纸生产车间可视化信息系统的建设，实现生产过程透明化。

⑥ 对大型生活用纸企业构建产业上下游优化协同生产，实现生产决策数字化协同优化、生产制造企业设备云端服务，最终实现企业运营及生产能力上云协同。

（2）文化纸

文化纸的产线长且复杂，主要包括配浆车间、抄纸车间、原料堆场、浆板仓库、综合仓库、成品仓库等生产单元。当前文化纸企业的生产还处于半自动化程度，到 2035 年需要实现的主要目标如下：

① 实现文化纸企业生产过程数据的在线采集和存储。

② 建设文化纸生产过程的自动化调度、控制以及执行系统，实现对整个生产过程的监测与控制。

③ 利用互联网技术，实现生产环境与信息系统的无缝对接，提升文化纸企业管理人员对生产现场的感知和监控能力。

④ 利用大数据技术和人工智能技术，实现文化纸企业生产单元之间的协同调度。

⑤ 利用互联网技术以及人工智能技术，自主研发智能化高速纸机，使高速纸机

能够自主故障检测和自主决策。

⑥ 利用人工智能技术、互联网技术等新一代信息技术，完成质量控制系统的智能化升级。

⑦ 利用物理网、人工智能技术等，实现供应链优化，完成文化纸产业重组成为新的产业集群，使得产业链分工变得高度有效，且能非常精准地对接。

（3）包装纸

当前包装纸行业仅有一部分规模以上的企业建立自动化生产线、数字化车间、现代物流等。因此，相比于生活用纸、文化纸行业，包装纸行业实现智能化需要走更长的一段路。到2035年，包装纸行业的目标是规模以上企业基本完成数字化工厂的建设。主要的目标如下：

① 实现包装纸生产线全自动化。

② 实现包装纸生产过程数据的在线采集和存储。

③ 理清数据之间的关系，实现生产过程信息交互。

④ 利用先进的控制技术和新一代信息技术，完成生产过程的智能化控制（主要完成湿部生产和干燥过程、真空系统等关键生产单元的智能控制），实现包装纸生产过程物料的信息流透明，节能降耗。

⑤ 利用新一代信息技术以及数据分析技术，实现生产过程断纸的可预测和及时防护。

⑥ 利用物联网技术和人工智能技术，实现包装企业生产过程全生命周期的供应链优化，形成全新的绿色化的包装纸产业集群。

2.2.4　浆纸联合生产领域2035年的总目标

到2035年，浆纸联合生产领域的目标是基本完成智慧工厂的建设。主要的目标如下：

① 完成制浆联合生产设备的智能化升级，实现重点能耗设备具有自省性和自比较性，自动识别设备当前的健康状态，在工况相同的条件下比较自身的性能与其他设备的差异性，实现设备自预测性的能力。

② 完成智慧能源系统的构建，实现生产过程能源的实时监测、自我预警和生产过程能源优化及能源的智能化高效管理以及节能降耗。

③ 完成工业大数据平台的构建，借助物联网、传感网、大数据分析等技术手段，实现生产过程数据化管理及制浆联合生产线各单元生产装备之间无缝连接与协同联动，打通产品生命周期全过程的数据流。

第 3 章
造纸工业智能制造
亟需突破的瓶颈

造纸企业当前面临四个转变：从传统模式向数字化、网络化、智能化转变；从粗放型向质量效益型转变；从高污染、高能耗向绿色制造转变；从生产型向"生产+服务"型转变。在这些转变过程中，智能制造是重要手段。实现智能制造，需要突破智能装备、智能系统以及工业专用软件等技术瓶颈。

3.1 智能装备

我国各种规模的造纸企业绝大多数尚处在基础信息化建设阶段，企业的生产制造层还远没有实现设备的高度自动化，同时我国造纸企业所采用的各种计算机软、硬件及生产设备都依赖进口，先进的制浆造纸生产线中重点能耗设备的技术被国外著名的纸机生产商垄断，我国自主研发生产的制浆造纸装备产品跟不上造纸的发展速度和要求。因此，如何减少对国外造纸装备的依赖，自主研发高产、智能、清洁的造纸装备，缩小与国外先进水平的差距，参与国内国际两个市场的竞争是我国造纸装备未来发展的主要目标。

为此，本节将从复杂异构数据集成、智能传感与检测装置、制浆造纸专用设备三个方面详细阐述我国造纸工业智能装备所需突破的瓶颈。

3.1.1 复杂异构数据集成

造纸企业属于典型的流程型制造业企业，其生产过程是一个动态、连续的过程。它的物料特性及物料加工路线都会受到原材料成分、人工操作技能、加工温度和压力、设备效率等因素波动的影响，具有不可预知性。即物料配方和工艺参数的控制程度将直接影响产品质量，生产计划很难准确预测产品产量和回收物及废料的比例，需有较大的弹性处理机制。同时，企业拥有的自动化系统均处于孤岛状态，没有统一的数据平台，且自动化程度并不高；生产计划与调度、生产工艺控制仍处于纯人工指挥操作阶段，缺乏有效的产品质量控制方法。造纸企业普遍存在的环境污染问题一直困扰着企业管理层；造纸过程的实时控制，如何实时获取生产管理数据，也成为企业发展过程中亟待解决的问题。

同时，造纸企业设计从原料采购到产品生产和销售等进销存各个环节，复杂的生产加工流程使得造纸企业高度依赖信息化系统。但一直以来造纸企业并没有很大限度上发挥信息化价值。其各方面存在的具体问题分为硬件和软件两个方面，软件为技术以及基础数据库上存在的瓶颈；硬件上为传感器存在的瓶颈，具体如下：

（1）数据采集技术

造纸企业在生产运营过程中所获得的大量数据面临数据采集和存储的瓶颈，主要体现在两方面：一是工业数据采集实时性要求难以保证。传统造纸企业生产过程的数据采集技术对于高精度、低时延的工业场景难以保证重要信息实时采集和上传，难以满足生产过程的实时监控需求。二是缺乏权威的数据标准。造纸企业每天产生和利用大量数据，但工业设备种类繁多、应用场景较为复杂，不同环境有不同的工业协议，数据格式差异较大，不统一标准就难以兼容，也难以转化为有用的资源。

（2）物性数据库

许多特殊的物理参数因为传感器缺乏或非常昂贵而不易获取，这直接给数据实时采集与处理、数学模型的建立、控制系统的设计与实施等带来困难。

基础数据库是指存储造纸企业所有关键参数信息的数据库。当前存在的瓶颈包括：第一，很多关键参数不能物性化，即造纸企业很多关键参数无法实现数字化。第二，生产要素的存储问题。由于信息空间与物理空间的数据缺乏融合，尤其是在使用过程中缺少实时交互与融合，导致造纸且生产要素管理的智能性、主动性、预测性比较差，无法满足工业 4.0 等先进制造模式对造纸企业实现智能生产、智能车间和智能工厂的要求。

（3）传感器

当前造纸行业的传感器存在的瓶颈包括：第一，传感器检测过程的不确定性。在实际造纸生产过程中，传感器系统总是不可避免地存在测量误差，由于缺乏被测环境的先验知识，人们往往不能确定目标个数，无法判断观测数据是不是由其他虚假目标产生的，甚至不能判断它是哪一个目标的数据。这些不确定因素破坏了观测数与其目标源之间的对应关系，导致多传感器多目标数据互联关系的模糊性。第二，在实时的多传感器系统中，由于噪声的干扰和传感器自身特性的不同，不同传感器传来的测量信息必然不可能完全相同，导致造纸生产过程中测量信息来源混乱。第三，高端领域核心技术未掌握。目前，传感器芯片市场国有化率不足 10%，中高档传感器产品几乎完全从国外进口，绝大部分芯片依赖国外进口。

3.1.2　智能传感与检测装置

实际生产中，造纸产品的质量检测基本是抽样检查。由于时间和人力的限制，无法检测实时的产品质量，存在漏检不合格品的情况；如果操作人员操作失误或记录错误，容易影响最后成纸质量检测的结果。此外，检测结果滞后于生产过程，从取样、检测到检测结果录入大约 0.5～2h，如果在抽查中检测出不合格的纸轴，该批有质量隐患的纸可能已经流入后加工工序，追回困难。产生了不合格品后要调整生产工艺或检查、清洗设备，造成资源能源的浪费。

造纸生产过程中，一些过程参数由于缺少传感器或由于传感器成本较高而无法在线自动测量，从而导致缺乏有关系统状态的实时信息。为了实时测量质量变量，可以使用计算智能方法来构建智能传感器，以从其他在线测量的过程变量中推断出值或质量目标变量。但是，当前造纸企业生产过程控制的智能性及全局优化能力依然不足，其测量结果与实际还存在一定的差距。而且由于缺乏能同时刻画和反映生产要素数据与信息数据的融合数据，生产活动计划的预见性、联动性、智能性等依然较低，无法满足智能生产要求。

3.1.3 制浆造纸专用设备

对造纸过程来说，绝大部分机器设备未进行联网，同时由于存在多种不同的通信协议，也使得设备联网存在严重的"语言障碍"，成为制约工业互联网建设的瓶颈。相比于日、美、欧等发达国家和地区，我国工业化起步晚，技术积累相对落后，先进技术的产业化能力也与发达国家存在显著差距，致使国产智能制造产品和系统的发展同时面临技术和市场的瓶颈。由于关键零部件受制于人，导致国产智能制造装备价格倒挂，缺乏竞争力。

此外，造纸设备的运行维护，多采取计划性维修策略，而计划性维修策略很难解决实际生产过程中出现的维修不足或维修过剩问题，因此如何能让设备做到自检是当前需要突破的关键问题。结合互联网和工业云的应用，具备自我意识的智能设备技术亟需突破。一个机械系统的自我意识是指能够评估设备当前或历史条件并对评估结果做出反应。要实现健康条件评估，就需要利用数据驱动算法分析从机械设备及其周边环境得来的数据。实时设备条件信息可以反馈至机械控制器以实现自适应控制，同时信息也会反馈至设备管理人员方便及时维修。然而对大多数造纸企业的应用程序来说，尤其是设备机群，设备自我意识还远未实现。

3.2 智能系统

3.2.1 生产调度系统

我国制造业面临的竞争越来越激烈，企业的生产规模越来越大，企业的制造过程所面临的复杂性越来越高。在近几十年，制造业的生产过程已经发生了显著的变化，小批量、多品种、产品周期短以及定制化的制造模式越来越普遍。在该种制造模式下，企业的管理需要更加精细化，生产过程控制以及生产计划需要更加精确。在复杂的生产环境中，如何利用现有的资源，以最低的制造成本以及最短的时间制造出最正确的产品是企业成功的关键，而其中的核心要素就是生产计划与调度。早在 1954 年，Johnson 就已经对两台机器的流水车间调度问题进行了研究。经过几十年的发展，生产调度问题已经被广泛研究。但是，制造业的生产过程十分的复杂，不同的行业生产过程不相同，甚至相同行业不同企业的生产过程也不尽相同。此外，随着新的制造模式出现，生产调度将会面临更加复杂的生产环境。因此，生产调度的设计需要针对特定的生产环境才能发挥其最好的性能。

目前，造纸工业还没有一套能解决所有生产调度问题的智能系统。以往的调度系统，多基于静态状况对生产进行调度和排产。但随着造纸生产过程复杂度快速提高，静态调度和排产已经遭遇了瓶颈：

第一，实时性不理想。第二，面向实时控制的调度模型是相当复杂的工作，建立一个可用于制造系统动态调度的仿真模型往往需要花较长的时间去解决系统动态行为的精准描述问题，而在某些变结构制造系统中，为实现自适应调度控制，需要对系统进行实时动态建模，其难度更大。第三，优化结果不理想。造纸企业由于其生产对象不仅有物理变化而且有化学反应；其生产过程具有非线性、随机性、不确定性等多种特性；其生产物流连续且各生产物流之间紧密关联，因此其生产调度问题往往由众多相互关联、相互制约的因素构成，在数学上呈现高度耦合，求解非常困难。

3.2.2　供应链管理和维护系统

随着"工业 4.0"新浪潮的到来，对于供应链系统的功能以及需求趋向于丰富多样化。这主要体现在：①系统的开发和设计。通过设计、开发仓库管理系统，供应链系统可以大幅度提高工业生产效率，为企业在竞争中提供有力助力。②技术改革。基于数字化背景，供应链能够帮助造纸工业企业实现数据内部和外部访问、存储和大批量处理，并且通过集成不同的数学模型，对系统进行优化和扩展。例如，造纸企业可以利用获取个性化的客户数据，提供个性化销售流程、产品设计和服务。③绿色供应链。为了实现资源的循环利用、减少环境污染，在供应链系统中引入了可持续性的概念。由于通信能力不足是其可持续性的主要障碍，因此有许多供应链信息基础架构的要求被提出，即灵活性、成本、时间、质量、准确性、可靠性、可见性和可用性等。为了满足上述要求，当前造纸供应链还需要突破下列瓶颈：

（1）物流快慢对于库存、生产和销售的影响

当前的物流较慢时，可能会影响交货期，而仓库空间容量一定，影响仓库产品出货和进货的速度，进而影响造纸厂的生产速度。并且当物流较慢时，可能导致畅销区出现产品缺货的问题，影响销售量。

（2）物流的路径对于库存、生产和销售的影响

造纸企业存在多个工厂共用一个仓库的情况，还存在多个工厂距离较远的情况。目前物流是根据不同地区的调货情况以及客户订单选择就近仓库进行送货，一旦出现某仓库缺货，就需要从其他地区进行调货，增加物流成本。而且如果多个地区缺货，则会使整个物流系统混乱，易出现漏单或者多发的问题。

（3）销售对生产、库存和物流的影响

一般当纸厂某种产品销售较多时，对这种产品的生产会相对较多，反之亦然。但是销售量受月份、政策以及环境的影响，这意味着一旦畅销的产品销售达不到预期，增加库存的同时，也增加库存成本。如果某种产品突然畅销的话，又有缺货的可能。而且销售的急剧增加，又会造成物流的压力，例如双十一时，产品的输送是平时的几倍，物流速度显著变慢。

（4）订单对生产和库存的影响

纸厂的产品一般是根据订单进行生产。但根据订单的紧急程度，常常出现插单的情况。当发生产品切换时，需要将上次未使用完的浆料进行清洗，从而导致物料的浪费。此外，当同一设备上的前后两个加工任务类型不一样时，需要对设备参数进行重新设置，少则需要十几分钟多则需要几十分钟，延长了任务的完工时间，还有可能导致任务的延期交货。

（5）产品质量一致性问题

不同的地域，其生产环境有所不同，例如冬天北方比南方温度低且更加干燥。为了生产统一质量的生活用纸，目前，同一造纸企业的不同工厂过程参数会有很大的区别，没有很好的扩展性。如果该企业重新建立分工厂，则需要大量专业的操作人员进行长时间的调试，才能够真正投产，这样会造成人力、物力的浪费。

（6）设备系统灵活性

造纸企业子工厂的特点是品种单一；工艺流程固定；产量大；设备是专用的，并按照产品要求进行布置，所以设备投资高。同时生活用纸企业的设备产能有一定的限制。流程企业生产的主要设备往往是串联运行、满负荷运行，不能相互代替，生产过程如果出现设备故障，会造成全线停产。

（7）多工厂协同性问题

当今生活用纸从大批量向小批量、个性化方向发展。面对快速变化且难以预测的定制化市场，如何通过精益管理提高产品质量、缩短交货周期、降低成本和改进服务，以占领市场制高点和赢得竞争主动权，设计和优化整个供应链是一个不能回避的课题。即从工厂产多少销售多少，转变为建立企业到客户整个供应链系统。

综上所述，企业供应链没有打通，物流基础薄弱，尤其是供方到货物流（入场物流）是巨大瓶颈。很多企业考虑智能化制造只将目光放在"狭义的制造"上，

忘记了制造的前提是有效的精益物流，智能化制造是一个系统，互联工厂更是一个系统。

3.2.3　能源系统智能优化

能源成本是生产成本中除原料成本外占比最高的部分。造纸企业能源系统目前的状况是能量系统复杂、用能设备繁杂分散、能耗集中度高，有发电设备的造纸厂以"热定电"模式运行，能源品种多。因此，当前企业面临诸多问题，如能效低、物料的浪费、余热的浪费，能量系统动态供需矛盾；生产管理带来的困难，如排产问题、用定式思维对待能源利用的问题、闭环管理问题、优化问题等。因此造纸企业也寄望于智能优化的能源系统来解决上述问题。目前，施耐德自主开发的云能效TM能源管理平台（是一款针对中国市场的企业能源管理系统），除具备对传统的水、电、气、热等多种能源介质综合管理，分项能耗KPI展示与行业对标，设备能耗分析，节能潜力挖掘等功能外，云能效平台以云托管形式提供服务。然而，这些系统并没有解决整体生产过程的能源调度问题，也没有解决整个电力系统的优化能耗问题。因此，构建智能优化的能源系统是未来造纸企业节能减排的关键要点。当前需要突破的瓶颈如下：

（1）重点能耗设备的管理不清晰，节能潜力的挖掘能力不够

目前，仅通过电动机改造和大量引进国外先进制浆造纸技术以及装备节能降耗已达到瓶颈，为了进一步分析造纸的节能潜力，需要从如何提高造纸工业的重点能耗设备运行效率、优化生产过程等方面进行研究，这促使了大量的能耗管理系统产品相继出现。但与国外同行业先进能耗水平相比，由于缺乏统一的重点能耗设备能耗数据管理标准，且缺乏新一代先进技术的融合，导致当前造纸用电管理系统仅能被视作为能耗监测系统，这使得大量的能耗数据并没有被加以利用，因此当前能源利用效率不高，这反映出造纸过程还存在很大的节能潜力。

（2）改革能源供需关系，保证能源安全

综合能源系统是一种新型的能源供应、转换和利用系统，利用能量收集、转化和存储技术，通过系统内能源的集成和转换可以形成"多能源输入-能源转换和分配-多能源输出"的能源供应体系。"多进多出"的能源供应体系将在很大程度上降低覆盖区域对某种单一能源的依赖度，对于规避能源供应风险、保障能源安全具有重要作用。

（3)全面考虑源-网-荷-储四个要素输电网级的有功调度策略还没有得到充分研究，可再生能源和负荷侧的双侧不确定性给现有的调度模式带来了巨大挑战

"源-网-荷-储"能源调度是指电源、电网、负荷与储能四部分通过多种交互手段，

更经济、高效、安全地提高电力系统的功率动态平衡能力，从而实现能源资源最大化利用运行模式和技术。对于造纸这种高能耗的企业来说，因为没有精准刻画用电负荷的模型，无法准确预计负荷参与需求响应后的用电曲线，也无法反映需求响应期间可能出现的部分时段用电反弹等问题，这可能恶化需求响应效果，给电网调峰调频带来挑战。同时由于信息的不对等以及不透明，无法综合考虑电源之间、源网之间、网荷储之间的协调互动特性，建立"源-网-荷-储"调度优化模型，因此当前还存在着清洁能源发电出力受环境和气象因素影响而产生的随机性、被动性问题，以及新能源电力的不断发展给电网安全稳定运行带来的不利影响。此外，如果造纸工业形成新的产业集群，且能够对于这种基于集群代理的源网荷储进行协同调度，充分利用各种设备的互补特性，使得集群呈现整体并网特性，将能够提升电网的调控能力，实现友好并网。因此构建智能化的能源系统，实现"源-网-荷-储"综合优化调度，是供电侧和用电侧未来发展的重要方向。

3.2.4 造纸工业专用大数据平台

生产数据是制造业未来最重要的资产之一，面向未来共享共生的制造业生态需要依托制造业专用大数据平台沉淀数据，协同优化产业链上下游，共创行业的工业智能。而造纸工业由于生产制造的行业专属知识门槛较高，需要构建行业库、企业模型库和生产过程模型库，以数据利用为目的采集和存储来源不同的实时生产数据，打开制造业的黑匣子，减少资源优化配置的信息不对称以及信用不传递的交易成本问题。大数据平台研发是产业集群的重要支撑，有利于打破产业集群链上单元之间的"信息孤岛"。工业大数据平台是工业互联网平台的基础，研发造纸专用工业大数据平台对未来造纸工业搭建工业互联平台具有领先优势且有极大的意义。目前，我国造纸工业专用大数据平台存在以下瓶颈：

（1）设备联网难，工业数据采集能力薄弱

数据采集是工业互联网平台的基础。工业互联网平台首先要解决的问题是连接工业中的人、机器设备和业务系统，但是设备连接在工业现场并不是一件容易的事情。一方面80%的设备没有联网，设备数字化水平低。我国造纸工业总体水平处于2.0向3.0过渡阶段，老旧设备多、数字化水平低，需要通过加装传感器等方式实现设备联网，这导致工业互联网平台数据采集难、成本高、效率低。另一方面20%的设备虽然联网了，但通信协议不统一。近30年来，全球各类自动化厂商、研究机构、标准化组织围绕设备联网推出了成百上千种现场总线协议、工业以太网协议和无线协议，协议标准众多且相对封闭，工业设备互联互通难，严重制约了设备上云，亟需构建能够兼容、转换多种协议的技术产品体系。

（2）数据种类不全

相对于互联网大数据注重数据的"量"和"相关性"，工业大数据更注重数据的"全"和"关联性"，以保证能够从数据中提取出工业设备真实状态的全面信息。受限于设备数据采集能力不足、数据源不全，当前，基于单一数据源开发的工业 APP 多，而基于设备和业务系统等多源异构数据开发的工业 APP 少。

（3）工业 APP 培育能力薄弱

工业 APP 是工业互联网平台的关键，但是受限于工业互联网平台发展尚属于初级发展阶段，工业 PaaS 平台赋能不够。工业互联网平台上的 APP 基本上都是工业云平台上的云化软件"移民"而来，依靠工业 PaaS 上的行业机理模型"生长"出来的"原居民"工业 APP 较少。对造纸工业来说，工业 APP 的研发存在两方面的瓶颈：一方面，基于工业 PaaS 平台开发的工业 APP 数量少；另一方面，工业互联网平台尚没有培育出现象级工业 APP，而针对造纸行业而言，现象级 APP 更是无从谈起。

（4）工业专用数据平台的相关制度不完善

首先，在工业专用数据平台的基础数据采集方面，由于造纸工业设备种类繁多、生产厂家众多、协议多，不同企业、不同类别设备的通信接口和功能参数各异，缺乏跨行业通用的统一数据接口和格式标准、设备与管理系统的统一集成机制，使得设备数字化改造成本较高、数据采集难、数据采集精度较差、云端汇聚效率低和协议兼容难度大，造成设备之间、设备与系统互联操作困难，制约了我国工业系统信息化水平的提升和智能制造的发展。其次，工业上云会加快工业设备运营体系从封闭走向开放，随着越来越多的工业设备和数据嵌入公共网络，设备、数据安全风险上升。工业数据平台安全包括系统安全和数据安全两个方面。系统安全方面，由于我国工业网络安全产品和服务适应性差、工业信息安全保障能力弱，工业控制系统安全问题日益严峻；数据安全方面，我国许多行业通行的安全承诺依赖于企业间的"君子协定"和行业自律机制，尚未对数据进行立法，缺乏强制性监督。

（5）打破传统的造纸工业链，构成新的产业集群

"工业互联网+智能制造"可以更好地解决信息不对称的问题，但由于我国信用体系不健全，重要信息和数据的在线交易仍然难以达成。互联网技术的发展，使得造纸工业突破传统工业时代相对封闭、相对垂直的管理模式，形成网络协同效应，可以以足够低的成本和消费者完成点对点、多对多的沟通与协调，保持一个近乎实时互动的状态，让以消费者、客户为起点来重构整个商业模式成为可能。但如何重构角色和关系，通过造纸工业协同创造新的价值是工业大数据平台需要突破的一个难点。

（6）需要打破传统的垂直封闭的 IT 架构，重构新的 IT 架构

在大家都比较熟悉的现有生产环境中，采用的主要是源于 20 世纪 90 年代的 IT 架构，在此之上建立了大量的工业应用、工业 APP，解决了数字化管理的问题。但是在目前实现智能化优化的过程中，传统 IT 架构也带来了一些局限性。比如在生产环境中要增设一个新的应用优化生产过程的某一个方面，传统的做法是从最底层开始，配制服务器和操作系统，根据传统架构做设计、配制数据库、连接设备、采集数据、建模型，实现业务的逻辑，基本上是垂直搭建相当封闭的应用。如果我们把生产现场从应用的领域（包括工艺、质量、设备等）的轴线，和不同的工序的轴线构成平面，可以看到有一系列大大小小烟囱式应用。

从工业互联网的角度，或许可以沿用这种模式来推进优化过程。但是如果我们把优化的场景再扩大、跨领域时，比如要做工艺的优化，不仅仅涉及工艺本身，还必须与质量、能效、设备等各个领域形成闭环。同时，优化的尺度也不仅仅限于单台设备，要实现整个生产过程总体的优化，需要涉及多台设备的协同优化。在这种情况下，目前这种垂直封闭的架构，不适合也不能够满足我们最新的要求，这可以说是目前在我们生产现场 IT 架构上，进一步发展数字化的一个瓶颈。

3.3　工业专用软件

工业专用软件的最终目标是建立造纸企业生产过程的流程模拟系统软件。流程模拟系统软件是仿真模拟软件集成的结果，但在建立完善的流程模拟系统以前，需要数字孪生技术的支撑。因此，本节将讨论在建立最终的工业专业软件前，单一的仿真模拟软件、数字孪生技术以及流程模拟系统软件存在什么需要突破的问题。

3.3.1　纸基材料的智能研发与设计软件

纸基功能材料被认为是传统造纸产业转型升级的重要方向。纸基功能材料制备过程通过调整纤维类型（植物纤维、无机纤维和合成纤维）、配比、混合方式和成形方法等工艺技术，进行产品性能的设计，进而制备结构和功能兼备的纸基功能材料系列产品。然而，由于不同类型纤维具有差异化的尺度、表面、界面和物理化学性能，不同纤维在湿法成形过程和加工成形过程表现出来的分散性、表面能、相容性千差万别，并且纤维之间结合力弱，会导致纸基功能材料整体性能不一，容易出现局部的层间破坏或局部微裂纹。因此，为了缩短纸基材料的研发，智能化优化纸基材料性能是当前造纸企业智能化转型的重要方向。具体存在的瓶颈如下：

（1）实现纤维特征提取的在线测量

目前造纸企业把大部分精力都放在成纸检测上，因此对成纸表面纸病检测和分类的技术已经十分成熟，但对生产原料纸浆的检测和分类却还是一片空白。纸浆纤维形状特征是评价造纸植物纤维原料和纸浆质量的重要指标，它们不仅影响到纸浆质量，还关系到成品纸的质量。纤维特性影响纤维的柔软性、结合力与纸浆的滤水性能和潜伏性，从而影响到纸张的撕裂度、渗透性、透气度和平滑度等参数，所以纸浆纤维的有效测量非常重要。但目前制浆纤维特征的测量都是通过实验或者购买昂贵的设备进行的，不精准的同时也无法做到在线测量，从而无法沉淀纸浆纤维特征数据和分析获得影响纸浆质量的关键参数，这将导致无法实现纸浆质量在线监测。因此，如何实现制浆纤维特征的在线提取是实现纸浆质量在线监测的关键。

（2）物性数据库的构建

在造纸生产、流程模拟、科学研究、纸基功能材料开发等工作中都需要大量准确、可靠的物性基础数据，使用传统的手工查询和计算手段不能很好地满足工程需要，构建造纸物性数据库为造纸企业在纸基功能材料研发、指导生产以及管理应用等方面提供了一个有力的自动化工具。目前，国内造纸企业基本上没有对于物性数据库的开发，与国外相比存在一定差距。因此，开发一个含有大量权威、全面的物性数据和一些估算精度高、应用范围广的物性估算方法的造纸物性数据库系统是十分必要的，该造纸物性数据库软件可使数据管理和物性估算方便。

（3）机理模型沉淀能力薄弱，无法达到构建生产流程模拟仿真系统的要求

当前造纸工业尚未有像化工工业的 ASPAN、ANSYS 一样的软件，来模拟造纸工业从制浆到造纸再到产品的整个流程，因此当前造纸工业还做不到对纸基材料的智能研发。同时，当前纸基材料的智能研发与设计软件面临的突出问题是开发工具不足、机理模型缺失，远远不能完全满足工业级应用需要。主要表现为：一是我国工业软件落后，很难把线下能力快速迁移成线上模型。二是建立体系完整的造纸企业模型库尚需时日。

3.3.2 数字孪生

造纸所用的植物纤维是天然可再生植物资源（因产地、气候因素导致纤维形态存在巨大差异），可通过制浆造纸过程生产出性能均一的产品，因此制浆造纸过程存在巨大的不确定性和即时优化调节的需求。数字孪生技术可以在数字世界模拟真实生产过程，发现生产过程的不确定性，找到生产稳定运行的操作方案。该项技术的研发将为造纸工业带来巨大的效率提升。

数字孪生概念在 2002 年被首次提出后，由于对计算能力、数据处理能力和建模能力有极高的要求，最初仅应用于航天航空领域。随着云计算技术、物联网技术、人工智能技术、工业互联网和大数据技术的迅速发展，近年来，数字孪生技术在工业领域得到了一定的发展。然而，由于工业过程的高度复杂性，面向工业的数字孪生技术多停留在概念设计阶段。即使是西门子、ANSYS、通用电气、霍尼韦尔等具备较强研发实力的大型跨国公司，面向工业过程推出的数字孪生产品也多停留在数据可视化和大数据管理的阶段。为了实现数字孪生技术的应用，当前还需要突破的瓶颈如下：

（1）造纸全生命周期的数据不全面

由于数字孪生技术的应用以海量数据为基础，并且是基于全要素、全生命周期的数据，因此这些数据涉及的先进传感器技术、自适应感知、精确控制与执行技术等难题急需攻关。

（2）实时监测与预测技术尚待完善

实时和预测是数字孪生的核心要素，一方面物理产品的数据动态实时反映在数字孪生体系中，另一方面，数字孪生基于感知的大数据进行分析决策，进而控制物理产品，因此离不开相应的高实时性数据交互、高置信度仿真预测、超级计算能力等技术能力。此外，新的设计检验方法仍需进一步探索，使物理模式的实验结果更准确、更接近真实的工况，为数字孪生体的推演提供可靠的数据支撑。

（3）从原理上突破模型化的边界和限制

理论上而言，像设备、零件这样被人设计所建立出来的物体是可以建模的，但自然客体是不可能建立完备模型的。自然界的生命体都是典型的天然客体，他们可以被认识，但是对它们的认识永远是有限的、局部的。所以为它们建立的模型并不能完备地代表客体自身，这导致当前对造纸的生产过程构建的数字孪生体并不是真正"孪生"的。同时，即使生产过程的设备功能、生产单元之间的关系以及生产状态是可以建模的，但受到周边生产环境影响的相关生产行为和生产过程中的安全保障是不可能建立完备模型的。再者，即便是可以建立的模型，其复杂性往往指数增长，使得难以实现实际应用。在信息技术的历史上，数字孪生是随着互联网、数据库设计和面向对象开发等信息系统工程应用逐渐发展的，很多问题在相关学术领域和企业都已经有深入的研究，但是其本质至今没有大的变化。因此，突破模型化的边界和限制，必须出现原理上的突破。

（4）突破基础理论和技术，实现 IT 和 OT 的融合

过去的 IT 技术，都是基于离散的事件驱动的模型化技术（ERP、CRM、供应链管理、柔性制造、网络管理、客户管理等），而对于连续的大规模的过程（如流程工业的制造过程、交通和电信运营等实时控制过程）缺乏基础的理论和技术支持。同

样，过去的 OT 技术是基于封闭系统中连续适时的闭环控制和优化，只能在单一的功能环境（机电产品、汽车、机床和自动化机械等）下保障系统的性能和安全。在大规模控制的环境下，复杂性指数增长将导致其不可行。这是 IT 和 OT 技术融合中最大的障碍，也是二者在工业场地自动化设备联网中融合的初步探索，当前需要的同样是基础理论和技术的突破。如果这个问题没有解决，软件技术和工业 APP 的进展就完全是表面上的，可以看成是一些探索，没有实质性的意义。

（5）缺乏系统的数字孪生理论/技术支撑和应用准则指导

微软、西门子、GE 等大企业的工业互联网平台都在提出数字孪生体的概念，但是每一个供应商都有他们独特的构建数字孪生体的技术体系。任何一个第三方的数字孪生体开发商，在这样的体系上都只能按照特有的体系规范去构建数字孪生体，因此，基本上无法把开发出来的数字孪生体产品用于其他的技术体系。这对双体交付也是一个巨大的障碍，因为装备供应商是不可能为多个数字孪生体体系去构建数字孪生体的，那样做成本太高，导致经济性不可行。

（6）构建标准化数字孪生体系

在现有生产环境里面，我们虽然采集了大量的数据，也有不少的算法模型，但是没有一个体系化的方法把它们组合起来。我们目前基本上没有前面提到的数字孪生体数据、模型和服务界面这种结构化的体系，算法模型如果和数据耦合，更难解决系统数据和模型的对接问题。所以，即使有了数据和算法模型，也很难真正把模型在生产现场用起来，切实地解决生产上的问题。没有标准化数字孪生体技术体系，算法模型和工业知识的复用也非常难以实现。

3.4 新一代信息技术

造纸企业智能制造的实现离不开新一代信息技术。新一代信息技术包括了 5G、云计算、大数据等主要的技术。本节将分别讨论 5G、云计算、大数据三个方面当前存在的瓶颈，为最终实现造纸智能制造的基础技术找出关键问题。

3.4.1 5G 技术

2019 年，工信部发布了《"5G+工业互联网" 512 工程推进方案》，对于网络关键技术产业能力、创新应用能力、资源供给能力提出具体的要求。目前这三项能力建设进展及存在的瓶颈如下：

① 随着工业互联网和工业的融合，传统的物理安全隔离手段已难以为工业全产业链抵御外部攻击，网络安全问题成为阻碍 "5G+工业互联网" 发展的瓶颈之一。

② 随着各类工业软件、工业网关、工业控制器、传感器的大面积应用，如何实现共创共享，网络信息安全，企业、政府部门、运营商互相形成大数据协同，从根本的网络架构和网络配置出发，提供网络安全解决方案，帮助企业提升工业互联网的安全防御，是"5G+工业互联网"解决的发展瓶颈之一。

③ 目前我国企业创新应用积极性强，企业云上平台的建设也越来越普遍化，同时也增加了系统管理复杂性、企业增量存量调整以及专网的不确定性等问题，这些问题会导致应用软件性能逐渐变差，难以扩展和应用，成为阻碍"5G+工业互联网"发展的瓶颈之一。

④ 亟需培养一批"既懂 5G 又懂工业"的解决方案供应商，以为需要进行 5G+工业互联网融合的企业提供优化方案分析为切入点进行深入挖掘，帮助企业提高生产效率，实现降本增效。

3.4.2　云平台技术

虽然云计算应用已经在很大程度上被制造企业接受，但是制造业的云应用依然存在下列问题：

① 数据安全无法保障。当前，云计算应用刚刚起步，相关法律法规仍不完善，一旦服务方出现信任危机或系统故障导致客户重要数据丢失，会造成无法挽回的损失。

② 服务迁移困难。客户必须能很方便地实现从一家云服务提供商向另一家云服务提供商的迁移，但目前由于各家云服务平台发展不一，这种服务迁移还不容易实现。

③ 带宽限制。除部分制造企业部署的私有云系统之外，大多云服务都是基于互联网的在线应用，这些在线云服务严重依赖网络带宽访问。企业在接入远处的云端时，较窄的带宽会严重影响业务的使用效率。

④ 云应用集成存在问题。很多大型集团型造纸企业拥有众多的信息化系统，如 ERP、MES、APS、EMS 等，这就不可避免地要考虑如何对异构系统集成的问题。

3.4.3　大数据

目前，大数据的应用已经渗透到各行各业，但当前依旧存在阻碍其发展的问题，具体如下：

① 大数据应用困难。目前主要有三类问题：a.没有建立起数据资产概念。b.有了大数据的意识，但是数据没有整合。c.数据实现了初步整合，但是没有统一的数

据标准，数据质量难以管控。

② 没有一套完整的大数据相关法规。虽然我国已出台了大数据相关法律法规，但仍然存在很多空白地带，即灰色地带。在这些灰色地带，很多企业开始了尝试，但是这些尝试到底是合法还是非法，目前没有定论。

③ 大数据使用方没有清晰的界定。目前，存在估值不清、权属不清以及存证不清等问题。

第4章
2035年造纸行业重点发展领域及重点任务

4.1 制浆领域智能制造重点任务

4.1.1 化学浆生产领域

（1）重点子任务一：化学浆质量指标的测量

纸浆的质量会直接影响成纸质量，但纸浆质量指标（纸浆得率、卡伯值、纸浆物理性能、打浆度等）的数值一般通过实验的方法得到，具有易错、时滞以及无法实时监测的问题。因此，建立化学浆生产过程质量指标的在线测量对于未来化学浆的智能生产十分重要。

开展化学浆生产线设备精准感知技术的研究，部署环境感知终端、智能传感器等数字化工具和设备，实现生产过程可在线采集的关键参数的测量。

开展化学浆生产过程中纤维物理性质可量化技术的研究，融合仿真技术、物理化学理论、大数据技术、数据分析等关键技术，实现化学浆在打浆和磨浆过程中纤长比、纵伸长率、横伸长率等的在线测量，并在此基础上实现纤维形态的在线测量。

开展化学浆生产指标在线测量技术的研究，利用纤维形态关键指标、物理化学知识等，实现纸浆得率、卡伯值、纸浆物理性能、打浆度等化学浆生产指标的在线测量。

（2）重点子任务二：生产、安全、环保一体化预测技术

融合互联网技术、大数据技术、人工智能技术以及物理化学理论知识，开展化学浆生产线的仿真模拟研究，实现高温高压高危化学品投加量的可视化，并在此基础上融合人工智能技术，建立高温高压高危化学品的投加量估算模型。利用传感器感知技术，开展生产过程温度、压力、液位等基本设备安全参数的采集，并在此基础上融合人工智能技术和机理理论知识，建立生产设备安全参数的预测模型。利用人工智能技术以及控制技术，开展化学浆黑液、污水处理过程的智能化控制的研究，实现无污染制浆，并在此基础上，融合数据分析技术以及上述预测模型，开展生产线生产过程优化的研究，实现生产、安全、环保一体化。

（3）重点子任务三：基于模型的智能控制

开展蒸煮器的智能控制研究，融合人工智能技术、化学浆质量指标的测量值以及数控技术，实现蒸煮器装料的智能控制、与蒸煮相关的精准控制以及蒸煮器喷放智能控制。融合人工智能技术以及数字控制技术，实现洗浆过程的精准控制，降低洗浆工段的质量波动。开展可追溯浆料木素含量变化的研究，并在此基础上，结合先进的分析仪、软传感器以及先进控制算法，实现对化学品消耗量以及漂白过程白度的智能控制。融合人工智能技术以及先进控制技术，精准控制进入黑液、中浓黑液和高浓黑液的浓度，保证原皂的提取过程和整个蒸发链的黑液浓度分配。同时利

用先进的优化算法，对黑液蒸发过程的能耗进行优化，在保证黑液质量稳定的情况下达到热单耗最低。

（4）重点子任务四：物性预测

融合互联网技术和在线监测设备，建立化学浆料生产过程的物料标准标签库。利用数据抓取和爬虫技术，对互联网上物性数据库数据进行抓取。融合人工智能技术和深度学习算法，建立化学浆料生产过程的物料物理性质预测模型，实现对新原料、混合原料或物性参数变化较大原料物性数据的初步预判。

4.1.2　化学机械浆生产领域

（1）重点子任务一：智能磨浆机

融合数据分析和人工智能技术，开展追溯磨浆机故障来源的研究，建立故障特征关联库，设备一旦故障即可追根溯源，减少专家的检测和维修时间。在此基础上，结合智能算法，建立设备故障自诊断模型，并融合先进控制技术和互联网技术，发出故障信号并实现部分可预防性的维护。融合人工智能技术和互联网技术，在故障关联特征库的基础上，建立故障预测模型库，实现磨浆机易发生故障的可预测。同时，根据故障预测结果，融合先进控制技术、人工智能技术以及互联网技术，提前更改生产工艺设备的运行情况，实现设备的预防性维护。

（2）重点子任务二：磨浆过程的智能控制

融合人工智能技术和先进控制方法，开展对不同原料的精准控制研究，实现不同原料能够快速稳定在目标设定值。融合人工智能技术和先进优化算法，建立多段磨浆机控制优化模型，给出最优控制策略。在此基础上，基于自适应控制算法，开展磨浆过程自适应控制的研究，最终实现磨浆过程自主优化和精准控制。

（3）重点子任务三：对于木片的材种软测量

收集木片材种的所有种类，利用互联网技术，建立木片材种的物理性质数据集。结合红外光谱、图像分析技术等，实现木片系统识别和在线监测。利用先进成像技术，构建木片材种对应的径切面和弦切面两幅图像，得到木片物理性质的关键参数，并在此基础上，结合深度学习、数据分析等技术，建立不同种类木片的物理性质预测模型，实现木片的材种软测量。

4.1.3　废纸浆生产领域

（1）重点子任务一：胶黏物的在线测量

开展对废纸胶黏物物理化学性质的研究，利用传感器和在线监测设备实现温度、

pH、密度等可在线监测的物理化学性质参数的硬测量。融合人工智能技术和大数据技术，实现对废纸胶黏物不可直接在线测量的物理化学性质参数的软测量。利用数据抓取和爬虫技术，建立物理化学性质数据库，并在此基础上，利用数据分析技术，开展对胶黏物成分分析的研究，提取胶黏物中每一种成分的特有物理化学性质参数。结合人工智能技术，开展对胶黏物不同成分含量估算的研究，实现可见和不可见胶黏物成分的数字化。

（2）重点子任务二：废纸浆板的标准化与在线识别

开展对高质量废纸浆板成分的研究，数据化废纸浆板不同成分的含量占比，实现废纸浆板的标准化。融合大数据技术和人工智能技术，实现不同批次废纸投加时间与使用时间的匹配，同时开展废纸浆板质量可追溯的研究，实现废纸浆生产过程关键质量参数的在线化。融合图像分析技术、人工智能技术以及互联网技术，实现废纸浆板的在线识别。

（3）重点子任务三：纤维原料高值化利用优化策略

开展抑制废纸纤维性能衰变的研究，结合物理化学基础知识，融合互联网技术，阐明纤维原料的物理化学性质。结合图像识别技术和纤维原料的物理化学属性，实现纤维原料的可视化以及数据化。在此基础上，结合废纸浆板的质量标准，融合人工智能技术、智能优化算法、先进控制技术以及互联网技术，开展废纸制浆生产线工艺优化控制的研究，实现原料投加量、原料配比等的最优控制。

4.2 造纸领域智能制造重点任务

4.2.1 生活用纸领域

（1）重点子任务一：质量指标的预测

理清卫生纸生产过程的关键质量指标，添加传感器和在线监测设备，对无法实现在线监测或监测设备成本高的指标参数，例如打浆度、纤长比等，融合物理化学理论、人工智能技术以及大数据技术等，基于"机理+数据驱动"方法，建立质量指标的预测模型，实现所有关键质量指标参数的在线化，最终实现生活用纸质量可追溯。

（2）重点子任务二：前后加工过程的协同调度

开展前后加工过程数据协同的研究，利用数据分析和大数据技术，理清生活用纸生产过程中数据之间的关系，实现前后加工的异构数据的融合。融合人工智能技术、先进控制技术以及智能优化算法，利用生产过程大数据，开展前后加工过程协同调度优化的研究，利用优化后的调度结果控制生产过程的设备，实现前后加工过程的协同调度。

（3）重点子任务三：数字孪生技术

由于缺少可靠的工具，长期以来造纸工业无论是新产品开发还是工艺调整，都主要依赖长期的工艺经验积累和基于产线或中试装置的实验。前者虽然风险小，但开发周期长；后者则需要承担大量实验成本投入的风险。如何应对产品生命周期缩短和生产工况频繁调整下的优化生产问题，提高制造流程的适应性，成为生活用纸造纸工业亟待解决的问题。数字孪生（digital twin）技术是解决上述问题的有力工具。数字孪生技术通过为物理实体创建数字副本（即虚拟模型），以便通过建模和仿真分析来模拟和反映其状态与行为，并通过反馈来预测和控制其未来的状态与行为。通过对造纸生产过程建立物理过程的数字映射，并基于生产过程中产生的数据形成闭环反馈和优化，从而全面提升生产过程的全生命周期管理；打通制造、供应链等不同协作部门以及部门内部的数据孤岛，从而驱动高效和互联的生产模式，提升生产过程效率和适应性，降低生产成本。

（4）重点子任务四：生活用纸产业集群供应链优化

生产管理方法与生产过程控制的协同是企业生产运营的主要矛盾，由于生产过程不透明、信息不完整、过程数据在时间和空间尺度上的复杂相关性的约束，以及生产过程中物料流、能量流和信息流的多目标优化方法与生产管理目标动态分解方法无法协同的现状，生产管理与生产过程控制无法高效协同运作。因此，未来生活用纸企业需要打通供应链单元之间的壁垒，形成供应链信息流。同时，构建产业上下游优化协同生产，实现生产决策数字化协同优化，实现生产制造企业设备云端服务，最终实现企业运营及生产能力上云协同。

基于物联网技术和人工智能技术，重新整合生活用纸造企业的产业链，形成新的产业集群。在不同的产业集群中，各个产业链元素的价值链更加透明，相同产业链元素更加集中，能够使产业链分工变得高度有效，相互又非常精准地对接，形成一个智能化的经济体。

开展供应链智能管理系统的研究，开发智能调度优化模型，通过解决多工厂多仓库的调度优化模型设计及应用，解决供应链环节中的物流智能优化，实现柔性化新型人机交互。

构建智能物流体系，保证资源的精确共享，也保证了订单的准时交货，在确保订单精确的同时减少了仓储以及二次运送的费用，降低了生产成本，是造纸企业与供应商间密切协作之下的质量与价格的优化，达到双赢的效果。

4.2.2　文化纸领域

（1）重点子任务一：高速纸机故障诊断

开展纸机运行参数精准感知技术的研究，利用传感器和在线监测设备的部署，实现纸机运行过程参数的在线数据化。结合机械原理、设备故障数据、数据分析技术等，对设备故障进行分类和深度挖掘，找到引起不同类别设备故障的关键因素，建立故障诊断模型库，实现高速纸机故障的快速诊断和原因追溯。

（2）重点子任务二：智能质量控制系统 SmartQCS

统一文化纸关键质量指标，自主研发智能质量控制系统，集成质量指标在线监测、控制系统以及智能扫描架为一体。部署新型质量传感器和软测量方法到智能质量控制系统中，实现文化纸生产过程质量指标的可测量和数据化。

部署多变量控制器，将文化用纸从制浆工段到成纸再到成品的过程工艺集成到一个统一的控制系统，研发更为精确的涂布、印刷油墨控制方法，提高生产稳定性和控制的有效性。

自主研发智能扫描架，实现所需测量点都可测量且可数据化，减少了机房或控制室额外的硬件设备，安装、维修和运行都更为简化。扫描架同时拥有人为控制和智能控制两种，实现扫描速度，加速和减速都可调整和精准控制。同时，在系统重置如纸幅断纸、纸种更换或开机过程中，扫描架能够自动调节扫描速度和扫描宽度来适应新环境。

（3）重点子任务三：文化纸产业集群供应链优化

基于物联网技术和人工智能技术，重新整合文化纸产业链，形成新的产业集群。打通新的产业集群的信息壁垒，形成新的价值链和信息链。开展供应链智能管理系统的研究，实现供应链单元之间可协同控制，供应链系统中信息统一和共享，实现供应链数据信息融合，研发供应链调度优化模型，实现供应链单元之间可协同优化，最终使得相同产业链元素更加集中，使得产业链分工变得高度有效，相互又非常精准地对接，形成一个智能化的经济体。

4.2.3　包装纸领域

（1）重点子任务一：湿部过程的智能控制

结合物理化学知识、大数据技术、数据分析技术、人工智能技术等，基于"机理+数据驱动"的方法，对湿部化学过程中的纤维含量、填料投加量、化学助剂投加量等建立精准的预测模型。结合图像分析技术、互联网技术、爬虫技术等，建立湿部过程物料的物理化学性质数据库，实现纤维、物料等物理化学特性的在线监测。

基于物理理论和化学反应原理，探究浆料中各种组成的反应与作用的规律，建立湿部化学过程系统模拟模型，并在此基础上，融合人工智能技术、先进控制技术以及智能优化控制算法，研发湿部化学过程自主控制系统，实现湿部过程物料投加量、化学品投加量、浆料配比、填料、干湿损纸等的精准可控，浆料中各种组分的数据化，以及控制系统能够自主向最优生产过程进行调节。

（2）重点子任务二：干燥过程智能控制

开展多烘缸联动系统的机理研究，理清机理模型的关键参数。部署智能控制器，研发全自动干燥过程控制系统，包括烘缸压力、温度等关键参数的控制模块。结合"机理+数据驱动"方法，对烘缸的关键参数进行动态控制。

（3）重点子任务三：断纸预测

沉淀包装纸生产过程数据，集合断纸数据，对不同断纸点进行分类。结合数据分析、数据挖掘等技术，寻找影响断纸的关键因素，建立断纸关键参数数据集。在此基础上，融合人工智能技术、深度学习等方法，建立断纸预测模型库，实现生产系统可预判断纸的地点，给出可能断纸的原因以及解决方案。

（4）重点子任务四：真空系统运行优化控制

结合数据分析和数据挖掘等技术，挖掘影响真空系统能耗的关键因素。以优化真空系统为目标，研发真空系统智能生产管理与优化平台，实现自主分析真空系统生产数据、对真空系统自主优化，解决生产中真空度的设定缺乏定量依据的问题，提高纸机的能源利用效率。同时，融合先进控制技术和人工智能技术，依据真空系统自主优化的结果，实现对真空系统运行优化控制。

（5）重点子任务五：绿色纸包装产业集群供应链优化

利用互联网技术和数据分析技术，建立包装纸企业的智能生产管理系统、智能能源管理系统以及先进供应链管理系统。实现对包装纸企业的整个生产过程、能耗的监测与控制，同时实现产品全生产周期的协同管理。融合先进控制技术和人工智能技术，依据沉淀的供应链数据，以节能减排为目标，优化包装产业集群供应链，实现绿色生产。

4.3 浆纸联合生产领域智能制造重点任务

（1）重点子任务一：智慧能源系统

开展自主研发智慧能源系统平台，该平台包括对浆纸联合生产过程用能设备进行监测、运行数据收集、监视设备运行以及对工厂的用能数据进行全面优化分析等功能。通过对标不同产品时的单位能耗、同机型设备的单位能耗、峰谷平时的用能平衡、无效生产能源管理、重点用能设备节能挖潜、工艺监控节能、干燥部平衡节能、数据关联分析节能、能源报表无纸化报警等功能，实现能源的智能化高效管理。

同时，以节能为目标，在满足生产过程用能的约束条件下，研究优化能源调度和优化重点用能设备运行操作的方法，从而提高能源在企业内的优化利用。通过对用能设备的实时感知、监测、预警，建立能源调度模型和重点耗能设备运营优化模型，并将这些模型集成到信息系统中，从而实现能源智能管控。

（2）重点子任务二：工业大数据的智慧工厂模型库

部署工业控制网络和各种传感设备，融合互联网技术数据分析等，打通浆纸联合生产线制浆、造纸、销售等产业链条的信息壁垒，实现生产过程信息的数据化。

构建精准、实时、高效的数据采集互联体系，建立面向工业大数据存储、集成、访问、分析、管理的开发环境和应用环境。解决如何采集制造系统海量的数据问题，把来自机器设备、业务系统、产品模型、生产过程及运行环境中的海量数据汇聚到平台上，实现物理世界隐性数据的显性化以及数据的及时性、完整性、准确性。

融合大数据、数据分析、数据挖掘、人工智能等技术，实现异构数据融合，理清数据之间的关联关系和因果关系，实现生产过程数据化管理，完成制浆联合生产线各单元生产装备之间的协同。

打通设备、数据采集、企业 IT 系统、OT 系统、云平台等不同层的信息壁垒，实现从车间到决策层数据流的纵向互联。另外，打通供应链各个环节数据流，这些第三维度物流信息的收集，能够帮助行业提升效率，降低成本。打通产品生命周期全过程的数据流，实现三个维度的整体智能化，实现产品从设计、制造到服务再到报废回收再利用整个生命周期的互联。

第 5 章

2035 年造纸行业智能制造技术发展路线图

5.1　造纸行业智能制造技术发展路线总图

面向造纸行业智能制造的 2025 年和 2035 年总体目标，重点围绕造纸行业生产体系需要的智能装备、智能系统、工业专用软件融合应用，开展复杂异构数据集成、智能传感与检测装置、制浆造纸专用设备、生产调度系统、供应链管理与维护系统、能源系统智能优化、造纸工业专用大数据平台等 9 个关键技术领域的重点研发，在制浆领域、造纸领域和浆纸联合生产领域建成若干智能制造示范工厂，形成造纸行业产业模式的根本转变（图 3-5-1）。

年份		2025年	2035年
总体需求		随着全球制造业的发展模式正在向数字化、网络化和智能网方向转变，大量中低端生产力正在加速被淘汰。中国虽然是世界造纸制造大国，但是造纸企业的各个领域在智能技术、智能装备、生产智能化、能源管理等方面与国外相差甚远，因此，加快推动造纸行业智能制造转型升级，成为当前行业的迫切需要，也是提高我国造纸智能制造的水平，达到国际最先进水平的同时，提高竞争力的关键	
发展目标		到2025年，造纸企业可建成生产数据化运营平台，成功实现传统产业的数字化转型升级	到2035年，"智能+制造"在全国制造业实现大规模推广应用，我国造纸智能制造技术和应用水平走在世界前列，实现造纸企业的转型升级
发展重点	智能装备	各个工艺流程的现有设备和系统进行优化和改造，利用先进的传感器技术，使数据采集全面覆盖，实现数据的在线采集、复杂异构数据的集成，建立造纸生产过程基础数据库和物性数据库；基于人工智能技术，建立软测量模型，实现关键参数的在线测量；利用数据挖掘技术，结合人工智能技术，实现重点能耗设备的自我检测和预警	
	智能系统	利用人工智能技术建立一套能够解决所有调度问题的生产调度系统；设计、开发仓库管理系统，打通造纸上下游供应链，建立绿色供应链管理和维护系统，实现资源循环利用，减少环境污染；统一重点能耗设备的数据管理标准，挖掘重点能耗设备的节能潜力，利用人工智能技术，全面考虑源-网-荷-储四要素，形成输电网级的有功调度策略，最终建立能源优化管理系统；构建造纸大数据专用平台，协同优化供应链上下游，形成新的产业集群	
	工业专用软件	实现纤维体征提取的在线测量，构建纸基功能材料的物性数据库、生产流程模拟系统，模拟造纸工业从制浆到造纸再到产品的整个流程，在此基础上，开发纸基材料的智能研发与设计软件；建立关键过程运行模型，利用数字孪生技术，建立造纸关键生产单元数字孪生模型，然后利用互联网技术，建立数字孪生模型与实际生产单元之间的数据流，最终建立造纸过程混合数字孪生模型，实现关键过程的数字镜像	

图 3-5-1　造纸行业智能制造技术发展路线总图

5.2　制浆领域智能制造技术发展路线图

　　面向制浆领域智能制造技术的 2025 年和 2035 年总体建设目标,围绕化学浆、化机浆以及废纸浆等三个重点领域实现智能化升级, 建立面向化学浆生产线的全流程智能控制统, 实现生产数据的全面感知、实时分析、科学决策和精准执行, 研发化机浆的工业互联网平台, 实现浆料生产线的整体优化和实时控制;研发废纸制浆生产线的工艺优化控制系统, 实现胶黏物的在线测量、废纸浆板的标准化以及纤维原料高质化利用, 最终建立起化学浆、化机浆以及废纸浆智能生产线示范 (图 3-5-2)。

年份	2025年	2035年
发展目标	造纸工业的制浆过程需要完成生产过程参数的数字化,建立数据采集、存储和处理的统一标准,打通从纸浆原料的采集到制浆再到制成浆板全过程的数据流,建立制浆过程的供应链、物料投加量的估算模型,完成制浆生产线控制系统的在线监测	到2035年,制浆领域实现制浆线在线仿真、智能优化调度、物料投加量估算模型,实现设备的智能升级,具有自我诊断和决策能力,实现智能化控制
发展重点 化学浆	实现化学浆质量指标的在线测量;建立化学浆生产线的仿真模型、高温高压高危化学品的投加量估算模型、生产设备安全参数的预测模型,建立化学浆黑液、污水处理过程的智能控制模型,实现生产、安全、环保一体化;建立蒸煮器、化学品的消耗量以及漂白过程白度的智能控制模型,实现精准控制进入黑液、中浓黑液和高浓黑液的浓度,对黑液蒸发过程的能耗进行优化,在保证黑液质量稳定的情况下达到热单耗最低;建立化学浆料生产过程的物料物理性质预测模型,实现对新原料、混合原料或物性参数变化较大原料物性数据的初步预判	
发展重点 化机浆	建立设备故障自诊断和故障预警模型,实现磨浆机易发生故障的可预测, 根据发出的故障信号,能够提前更改生产工艺设备的运行情况,实现设备的预防性维护;建立磨浆过程的智能控制模型,使不同原料磨浆过程能够自主优化和精准控制;建立不同种类木片的物理性质预测模型,实现木片的材种软测量	
发展重点 废纸浆	建立胶黏物的在线测量模型,实现可见和不可见胶黏物成分的数字化;数据化废纸浆板不同成分的含量占比,实现废纸浆板的标准化,建立废纸浆板的质量可追溯模型,实现废纸浆生产过程关键质量参数的在线化,建立废纸浆板的在线识别模型;阐明纤维原料的物理化学性质,实现纤维原料的可视化以及数据化,建立废纸制浆生产线的工艺优化控制模型,实现原料投加量、原料配比等的最优控制	

图 3-5-2　制浆领域智能制造技术发展路线图

5.3　造纸领域智能制造技术发展路线图

面向造纸领域智能制造技术的 2025 年和 2035 年总体建设目标，建立造纸生产过程的物料以及过程参数标准标签库，完成物料数据化，搭建可靠、低延时、安全以及高存储量的基础网络环境，实现设计、制造、物流、销售与维护等纸产品全生命周期以及用户、企业等主体通过网络平台连接和交互，实现造纸企业的数据化运营；实现仪表、制造装备的智能升级，开发造纸企业生产工艺流程模拟系统，构建产业上下游优化协同生产，实现生产决策数字化协同优化，最后建立工业互联网平台、优化供应链，重组造纸链，构建新的产业集群，形成智能化的经济群体，实现造纸生产过程智能化的根本转变（图 3-5-3）。

年份		2025年	2035年
发展目标		建立造纸生产过程的物料以及过程参数标准标签库，完成物料数据化，搭建可靠、低延时、安全以及高存储量的基础网络环境，实现设计、制造、物流、销售与维护等纸产品全生命周期以及用户、企业等主体通过网络平台连接和交互，实现造纸企业的数据化运营	实现仪表、制造装备的智能升级，开发造纸企业生产工艺流程模拟系统，构建产业上下游优化协同生产，实现生产决策数字化协同优化，最后建立工业互联网平台，优化供应链，重组造纸链，构建新的产业集群，形成智能化的经济群体，实现造纸生产过程智能化的根本转变
发展重点	生活用纸	理清卫生纸生产过程的关键质量指标，建立质量指标的预测模型，实现所有关键质量指标参数的在线化，最终实现生活用纸质量可追溯；开展前后加工过程数据协同的研究，实现前后加工的异构数据融合，开展前后加工过程的协同调度优化的研究，利用优化后的调度结果控制生产过程的设备，实现前后加工过程的协同调度；对造纸生产过程建立物理过程的数字映射，打通制造、供应链等不同协作部门以及部门内部的数据孤岛，驱动高效和互联的生产模式；重新整合生活用纸造纸企业的产业链，形成新的产业集群，开展供应链智能管理系统的研究，开发智能调度优化模型，构建智能物流体系，保证资源的精确共享	
	文化纸	开展纸机运行参数精准感知技术的研究，建立故障诊断模型库，实现高速纸机故障的快速诊断和原因追溯；自主研发智能质量控制系统，实现文化纸生产过程质量指标的可测量和数据化；研发更为精确的涂布、印刷油墨控制方法，提高生产稳定性和控制的有效性；自主研发智能扫描架，实现所需测量点都可测量且可数据化	
	包装纸	重新整合文化纸产业链，形成新的产业集群，打通新的产业集群的信息壁垒，形成新的价值链和信息链；开展供应链智能管理系统的研究，实现供应链单元之间可协同控制，供应链系统中信息统一和共享，实现供应链数据信息融合；研发供应链调度优化模型，实现供应链单元之间可协同优化，形成一个智能化的经济体	

图 3-5-3　造纸领域智能制造技术发展路线图

5.4　浆纸联合生产领域智能制造技术发展路线图

　　面向浆纸联合生产领域智能制造技术的 2025 年和 2035 年总体建设目标，建立一个统一的数据环境，打破以往设备独立安置和信息孤岛的壁垒，建立数据化运营平台，完成数据到信息再到价值的转换；完成制浆联合生产设备的智能化升级，使重点能耗设备具有自省性、自比较性和设备自预测性的能力；建立智慧能源系统，实现生产过程能源的实时监测、自我预警和生产过程能源优化，实现能源的智能化高效管理；构建工业大数据平台，实现制浆联合生产线各单元生产装备之间无缝连接与协同联动，打通产品生命周期全过程的数据流，构建浆纸联合生产数据化平台示范，形成示范效应（图 3-5-4）。

年份	2025年	2035年
发展目标	建立一个统一的数据环境，打破以往设备独立安置和信息孤岛的壁垒，建立数据化运营平台，完成数据到信息再到价值的转换	完成制浆联合生产设备的智能化升级；建立智慧能源系统，实现能源的智能化高效管理。构建工业大数据平台，实现制浆联合生产线各单元生产装备之间无缝连接与协同联动，打通产品生命周期全过程的数据流
发展重点	通过对用能设备的实时感知、监测、预警，建立能源调度模型和重点耗能设备运营优化模型，并将这些模型集成到信息系统中，从而实现能源智能管控；打通浆纸联合生产线制浆、造纸、销售等产业链条的信息壁垒，实现生产过程信息的数据化；构建精准、实时、高效的数据采集互联体系，建立面向工业大数据存储、集成、访问、分析、管理的开发环境和应用环境，实现异构数据融合，实现生产过程数据化管理，完成制浆联合生产线各单元生产装备之间的协同；打通设备、数据采集、企业IT系统、OT系统、云平台等不同层的信息壁垒，实现从车间到决策层数据流的纵向互联	

图 3-5-4　浆纸联合生产领域智能制造技术发展路线图

参考文献

[1] 中国造纸学会. 中国造纸年鉴 2020[M]. 北京: 中国轻工业出版社, 2020.
[2] 中国造纸学会. 中国造纸年鉴 2019[M]. 北京: 中国轻工业出版社, 2019.
[3] 中国造纸学会. 中国造纸年鉴 2018[M]. 北京: 中国轻工业出版社, 2018.
[4] 中国造纸学会. 中国造纸年鉴 2017[M]. 北京: 中国轻工业出版社, 2017.
[5] 中国造纸学会. 中国造纸年鉴 2016[M]. 北京: 中国轻工业出版社, 2016.
[6] 中国造纸学会. 中国造纸年鉴 2015[M]. 北京: 中国轻工业出版社, 2015.
[7] 中国造纸协会, 中国造纸学会. 中国造纸工业可持续发展白皮书[R]. 北京: 中国造纸可持续发展论坛, 2019.
[8] 联合信用评级有限公司. 2018 年造纸行业研究报告[R]. 天津: 联合信用评级有限公司, 2018.
[9] 联合信用评级有限公司. 2017 年造纸行业研究报告[R]. 天津: 联合信用评级有限公司, 2017.
[10] 房桂干, 沈葵忠, 李晓亮. 中国化学机械法制浆的生产现状、存在问题及发展趋势[J]. 中国造纸, 2020, 39 (5) : 55-62.
[11] 沈葵忠, 房桂干. 化机浆漂白技术现状及最新进展[J]. 江苏造纸, 2015, 119 (2) : 14-21.
[12] 刘彦成. 化机浆的应用和发展趋势[J]. 中国造纸学报, 2011, 26(1): 60-62.
[13] 聂勋载, 谢益民, 聂青. 加快大型化机浆装备国产化的步伐——对发展我国化机浆尤其是非木材化机浆装备的建议[J]. 中华纸业, 2010, 31 (21) : 44-47.
[14] 钟树明, 多金环, 戴永立. 化机浆发展现状及黑液零排放可行性分析[J]. 环境保护科学, 2008, 34 (6) : 19-22.
[15] 中国造纸协会生活用纸专业委员会. 中国生活用纸年鉴 2020/2021[M]. 北京: 中国石化出版社, 2020.
[16] 中国造纸协会生活用纸专业委员会. 中国生活用纸年鉴 2018/2019[M]. 北京: 中国石化出版社, 2018.
[17] 中国造纸协会生活用纸专业委员会. 中国生活用纸年鉴 2016/2017[M]. 北京: 中国石化出版社, 2016.
[18] 中国造纸协会生活用纸专业委员会. 中国生活用纸年鉴 2014/2015[M]. 北京: 中国石化出版社, 2014.
[19] 周杨, 张玉兰, 郭凯原. 中国生活用纸行业 2018 年概况和展望[J]. 造纸信息, 2019(06): 35-47.
[20] 周杨, 张玉兰. 中国生活用纸行业 2017 年概况和展望[J]. 造纸信息, 2018(08): 27-37.
[21] 周杨, 张玉兰, 江曼霞. 中国生活用纸行业 2016 年概况和展望[J]. 造纸信息, 2017(09): 50-59, 1.
[22] 刘雅萍. 亚洲文化纸市场概况及展望[J]. 中华纸业, 2020, 41(21): 40-42.
[23] 孙小蕾. 2018 年文化纸价格上涨原因分析与趋势展望[J]. 中华纸业, 2018, 39(03): 57-59, 5.
[24] 曹振雷. 中国文化用纸、纸板、生活用纸的需求与发展趋势[J]. 造纸信息, 2016(05): 13-15, 1.
[25] 李耀. 我国新闻纸和未涂布印刷书写纸的现状及发展趋势[J]. 造纸信息, 2014(12): 9-12.
[26] 金东纸业（江苏）股份有限公司. 2015 金东纸业社会责任报告书[R]. 镇江: 金东纸业（江苏）股份有限公司, 2016.
[27] 山鹰纸业. 山鹰国际控股股份公司 2018 年年度报告[R]. 马鞍山: 山鹰纸业, 2019.
[28] 华泰股份. 山东华泰纸业股份有限公司 2018 年年度报告[R]. 东营: 华泰股份, 2019.
[29] 晨鸣纸业. 山东晨鸣纸业集团股份有限公司 2018 年年度报告[R]. 寿光: 晨鸣纸业, 2019.
[30] 太阳纸业. 山东太阳纸业股份有限公司 2018 年年度报告摘要[R]. 济宁: 太阳纸业, 2019.
[31] 理文造纸. 理文造纸有限公司公布 2018 年度全年业绩[R]. 香港: 理文造纸, 2019.
[32] 联合国粮农组织. 2017 林产品统计年鉴[R]. 罗马: 联合国粮农组织, 2019.

[33] 郭彩云. 2018 年世界造纸工业概况[J]. 造纸信息，2020(04): 35-40.

[34] 郭彩云，梁川. 2017 年世界造纸工业概况[J]. 造纸信息，2019(01): 57-61.

[35] 郭彩云，邝仕均. 2016 年世界造纸工业概况[J]. 造纸信息，2018(01): 64-68.

[36] 邝仕均. 2015 年世界造纸工业概况[J]. 造纸信息，2017(02): 20-24.

[37] Martin J，Haggith M. The state of the global paper industry 2018 [R]. The Environmental Paper Network，2019.

[38] APEC Committee on Trade and Investment. Summary Report of Information Exchange of APEC Environmental Services [R]. Asia-Pacific Economic Cooperation Secretariat，Singapore，2011.

[39] Gopal P M，Sivaram N M，Barik D. Paper Industry Wastes and Energy Generation From Wastes[J]. Energy from Toxic Organic Waste for Heat and Power Generation，2019: 83-97.

[40] Johan B，Robert L. Effect of Environmental Regulation Stringency on the Pulp and Paper Industry[J]. Sustainability，2017，9(12): 2323.

[41] Kinsella S，Gleason G，Mills V，et al. The State of the Paper Industry Monitoring the Indicators of Environmental Performance [R]. Environmental Paper Network，2007.

[42] 李玉峰. 欧洲 2016 造纸年度报告[J]. 中华纸业，2017，38（21）: 22.

[43] Joint Research Centre. Best Available Techniques (BAT) Reference Document for the Production of Pulp，Paper and Board [R]. Seville，Spain: Institute for Prospective Technological Studies，2015.

[44] European Commission，Joint Research Centre，Institute for Energy and Transport. 2011 Technology Map of the European Strategic Energy Technology Plan [R]. Luxembourg: Publications Office of the European Union，2011.

[45] European environment Agency. EMEP/EEA air pollutant emission inventory guidebook 2019: pulp and paper industry [R]. 2019.

[46] Confederation of European paper industries (CEPI). Sustainability Report [R]. 2020.

[47] The Navigator Company. Sustainability Report 2018[R]. Setúbal，Portugal，2019.

[48] UPM pulp and paper mills. UPM Corporate Environmental and Societal Responsibility Statement 2018 [R]. Helsinki，Finland，2019.

[49] Stora Enso. Sustainability: Part of Stora Enso's Annual Report 2018 [R]. Helsinki，Finland，2019.

[50] Smurfit Kappa Group plc. Sustainability in Every Fibre: Sustainable Development Report 2018 [R]. Dublin，Ireland，2019.

[51] Norske Skog ASA. Norske Skog Sustainability Report: Performance and Ambitions [R]. Oslo，Norway，2019.

[52] Environment and Climate Change Canada. Canadian Environmental Sustainability Indicators: Pulp and paper effluent quality [R]. Gatineau，Quebec，2019.

[53] Public Works and Government Services of Canada. Sixth National Assessment of Environmental Effects Monitoring Data from Pulp and Paper Mills Subject to the Pulp and Paper Effluent Regulations [R]. Gatineau，Quebec，2014.

[54] Natural Resources Canada，FPInnovations. Strengthening the Canadian Pulp and Paper Industry (2012—2018) Tracking the impacts of energy optimization studies [R]. 2018.

[55] The National Environmental Effects Monitoring (EEM) Office. 2010 Pulp and Paper Environmental Effects Monitoring (EEM) Technical Guidance Document [R]. US，2010.

[56] Fracaro G，Vakkilainen E，Hamaguchi M，et al. Energy Efficiency in the Brazilian Pulp and Paper Industry [J]. Energies，2012，5(9): 3550-3572.

[57] International Paper. 2018 Annual performance summary [R]. 2019.

[58] International Paper. 2018 Sustainability Report [R]. 2019.

[59] Domtar. Ready for the future: 2018 annual report [R]. Raleigh，North Carolina，2018.

[60] 全国绿色工厂推进联盟，中国电子技术标准化研究院，北京赛西认证有限责任公司. 绿色制造标

准化白皮书（2019 年版）[R]. 北京：中国电子技术标准化研究院，2019.

[61] 工业和信息化部. 轻工业发展规划（2016—2020 年）[R]. 北京：工业和信息化部，2016.

[62] 工业和信息化部. 工业绿色发展规划（2016—2020 年）[R]. 北京：工业和信息化部，2016.

[63] 工业和信息化部. 绿色制造工程实施指南（2016—2020 年）[R]. 北京：工业和信息化部，2016.

[64] 国家发展和改革委员会，环境保护部，工业和信息化部. 制浆造纸行业清洁生产评价指标体系[R]. 北京：国家发展和改革委员会，环境保护部，工业和信息化部，2015.

[65] 中国轻工业清洁生产中心，中国环境科学研究院. 制浆造纸行业清洁生产评价指标体系编制说明[R]. 北京：中国轻工业清洁生产中心，中国环境科学研究院，2013.

[66] 国家发展和改革委员会. 造纸产业发展政策[R]. 北京：国家发展和改革委员会，2007.

[67] 中国造纸协会. 中国造纸协会关于造纸工业"十三五"发展的意见[J]. 中国造纸，2017，36（07）：64-69.

[68] 高兴杰，赵振东. 迈向绿色制造的中国造纸工业[J]. 造纸信息，2017（02）：30-34.

[69] 陈克复. 中国造纸工业绿色进展及其工程技术[M]. 北京：中国轻工业出版社，2016.

[70] 胡楠. 绿色制造是造纸强国的基础——关于《中国制造 2025》的解读[J]. 中华纸业，2016，37（1）：25-28.

[71] 李杰中. 制浆造纸企业绿色技术创新能力评价指标体系构建研究[J]. 牡丹江大学学报，2016，25（02）：16-19.

[72] 张伟. 科技创新驱动企业可持续发展[J]. 中华纸业，2016，37（1）：40-42.

[73] 陈克复. 我国造纸工业绿色发展的若干问题[J]. 中华纸业，2014，35（7）：29-35.

[74] 国家发展和改革委员会，科学技术部，工业和信息化部，等. 中国资源综合利用技术政策大纲[R]. 北京：国家发展和改革委员会，2010.

[75] QB/T 1022—2021 制浆造纸企业综合能耗计算细则.

[76] HJ 2302—2018 制浆造纸工业污染防治可行技术指南.

[77] 环境保护部. 造纸工业污染防治技术政策[R]. 北京：环境保护部，2017.

[78] 环境保护部. 造纸行业木材制浆工艺污染防治可行技术指南（试行）[R]. 北京：环境保护部，2013.

[79] 环境保护部. 造纸行业非木材制浆工艺污染防治可行技术指南（试行）[R]. 北京：环境保护部，2013.

[80] 环境保护部. 造纸行业废纸制浆及造纸工艺污染防治可行技术指南（试行）[R]. 北京：环境保护部，2013.

[81] HJ 410—2017 环境标志产品技术要求 文化用纸.

[82] HJ/T 205—2005 环境标志产品技术要求 再生纸制品.

[83] 国家发展和改革委员会，环境保护部，工业和信息化部. 清洁生产评价指标体系编制通则（试行稿)[R]. 北京：国家发展和改革委员会，2013.

[84] DB32/2534—2013 书写印刷用纸单位产品综合能耗限额及计算方法.

[85] DB37/784—2007 书写印刷用纸单位产品综合能耗限额.

[86] 黎泉宏. 管控力度升级，行业集中度提高——污染防治攻坚战系列报告造纸篇[R]. 上海：光大证券，2018.

[87] 许华，刘佳华. 环境规制对我国造纸行业绿色技术创新的影响研究[J]. 中国造纸，2017，36（12）：67-73.

[88] 李耀. "十三五"期间重点关注的建设项目与环保政策[J]. 中华纸业，2016，37(1)：29-32.

[89] 王之晖，宋乾武，冯昊，等. 欧盟最佳可行技术(BAT)实施经验及其启示[J]. 环境工程技术学报，2013，3（3）：266-271.

[90] 李威灵. 我国造纸工业的能耗状况和节能降耗措施[J]. 中国造纸，2011，30（03）：61-64.

[91] 刘秉钺. 我国造纸工业能耗的发展变化与现状分析[J]. 中国造纸，2010，29（10）：64-70.

[92] 张国臣，吕晓剑，王凯军. 最佳可行技术对我国造纸行业节能减排的启示[J]. 中华纸业，2009，30（12）：22-26.

[93] 陈克复. 我国造纸工业对环境的污染及解决方法[J]. 化学进展, 1998 (02): 70-75.

[94] 田超. 2016—2017 制浆造纸科学技术学科发展报告[M]. 北京: 中国轻工业出版社, 2018.

[95] 张辉. 2016—2017 制浆造纸装备科学技术发展研究[M]. 北京: 中国轻工业出版社, 2018.

[96] 侯庆喜. 2016—2017 造纸科学技术发展研究[M]. 北京: 中国轻工业出版社, 2018.

[97] 曹春昱. 制浆造纸科学技术学科发展现状与展望[M]. 北京: 中国轻工业出版社, 2011.

[98] 单连文. 漂白桉木硫酸盐浆厂 ECF 与 TCF 漂白技术经济分析[J]. 中华纸业, 2019, 40 (06): 54-60.

[99] 朱光云. 高速卫生纸机靴式压榨系统简介[J]. 中国造纸, 2016, 35 (10): 70-72.

[100] 陈安江. 生物质精炼技术及在造纸行业的应用与趋势[J]. 中国造纸, 2015, 34 (04): 61-67.

[101] 国家纸制品质量监督检测中心. 造纸工业转型期的深度分析[EB/OL]. 2015. http://www. dqtpaper. com/news_show. asp?typeid=22&id=345.

[102] 国务院. 关于深化制造业与互联网融合发展的指导意见[M]. 北京: 人民出版社, 2016.

[103] 国家制造强国建设战略咨询委员会. 中国制造 2025 蓝皮书 (2017) [M]. 北京: 电子工业出版社, 2017.

[104] 中国造纸协会. 中国造纸协会关于造纸工业"十三五"发展的意见[EB/OL]. 2017. http://www. chinappi. org/pols/20170628175331240820. html.

[105] Zeng Z Q, Hong M N, Li J G, et al. Integrating process optimization with energy-efficiency scheduling to save energy for paper mills[J]. Applied Energy, 2018, 225: 542-558.

[106] Hu Y S, Li J G, Hong M N, et al. Short term electric load forecasting model and its verification for process industrial enterprises based on hybrid GA-PSO-BPNN algorithm—A case study of papermaking process[J]. Energy, 2019, 170: 1215-1227.

[107] Osterrieder P, Budde L, Friedli T. The smart factory as a key construct of industry 4.0: A systematic literature review[J]. International Journal of Production Economics, 2020, 221: 107476.

[108] Zeng Z Q, Hong M N, Man Y, et al. Multi-object optimization of flexible flow shop scheduling with batch process — Consideration total electricity consumption and material wastage[J]. Journal of Cleaner Production, 2018, 183: 925-939.

[109] 王建伟. 工业赋能: 深度剖析工业互联网时代的机遇和挑战[M]. 北京: 人民邮电出版社, 2018.

[110] 李杰. 工业大数据: 工业 4.0 时代的工业转型与价值创造[M]. 北京: 机械工业出版社, 2015.

[111] 美国通用电气公司 (GE). 工业互联网: 打破智慧与机器的边界[M]. 北京: 机械工业出版社, 2015.

[112] 陈晓彬, 李继庚. 工业 4.0 时代下智能造纸工业的构建及其关键技术[J]. 中国造纸, 2016, 35(3): 55-63.

[113] 刘焕彬, 李继庚. 工业 4.0 及构建智能造纸企业的思考[J]. 造纸科学与技术[J], 2016, 3: 1-15.

[114] 刘焕彬. 新时代下我国造纸工业发展的几点思考[J]. 造纸信息, 2018, 1: 58-63.

[115] Zhang L, Zhou L, Ren L, et al. Modeling and simulation in intelligent manufacturing[J]. Computers in Industry, 2019, 112: 103123.

[116] Ren S, Zhang Y, Liu Y, et al. A comprehensive review of big data analytics throughout product lifecycle to support sustainable smart manufacturing: A framework, challenges and future research directions[J]. Journal of Cleaner Production, 2019, 210: 1343-1365.

[117] Huang C X, Cai H M, Xu L D, et al. Data-driven ontology generation and evolution towards intelligent service in manufacturing systems[J]. Future Generation Computer Systems, 2019, 101: 197-207.

[118] 中国科协智能制造学会联合体. 中国智能制造重点领域发展报告 (2018) [M]. 北京: 机械工业出版社, 2019.

[119] Guo Y, Wang N, Xu Z Y, et al. The internet of things-based decision support system for information processing in intelligent manufacturing using data mining technology[J]. Mechanical Systems and

Signal Processing, 2020, 142: 106630.

[120] 金学波, 苏婷立. 多传感器信息融合估计理论及其在智能制造中的应用[M]. 武汉: 华中科技大学出版社, 2018.

[121] 李晓雪, 刘怀兰, 惠恩明. 智能制造导论[M]. 北京: 机械工业出版社, 2019.

[122] 中国电子技术标准化研究院. 智能制造标准化[M]. 北京: 清华大学出版社, 2019.

[123] Khan W Z, Rehman M H, Zangoti H M, et al. Industrial internet of things: Recent advances, enabling technologies and open challenges[J]. Computers & Electrical Engineering, 2020, 81: 106522.

[124] 陈明. 智能制造之路: 数字化工厂[M]. 北京: 机械工业出版社, 2016.

[125] 田锋. 智能制造时代的研发智慧: 知识工程 2.0[M]. 北京: 机械工业出版社, 2017.

[126] 朱铎先, 赵敏. 机·智: 从数字化车间走向智能制造[M]. 北京: 机械工业出版社, 2019.

[127] Qin W, Chen S Q, Peng M G. Recent advances in Industrial Internet: insights and challenges[J]. Digital Communications and Networks, 2020, 6(1): 1-13.

[128] Zhou J, Li P, Zhou Y, et al. Toward New-Generation Intelligent Manufacturing[J]. Engineering, 2018, 4(1): 11-20.

[129] Zhou Y, Zang J, Miao Z, et al. Upgrading Pathways of Intelligent Manufacturing in China: Transitioning across Technological Paradigms[J]. Engineering, 2019, 5(4): 691-701.

[130] Zhou J, Zhou Y, Wang B, et al. Human–Cyber–Physical Systems (HCPSs) in the Context of New-Generation Intelligent Manufacturing[J]. Engineering, 2019, 5(4): 624-636.

[131] Wu W, Lu J F, Zhang H. Smart factory reference architecture based on CPS fractal[J]. IFAC-PapersOnLine, 2019, 52(13): 2776-2781.

[132] Napoleone A, Macchi M, Pozzetti A. A review on the characteristics of cyber-physical systems for the future smart factories[J]. Journal of Manufacturing Systems, 2020, 54: 305-335.

[133] Qi Q L, Tao F, Hu T L, et al. Enabling technologies and tools for digital twin[J]. Journal of Manufacturing Systems, 2019, 10: 1016.

[134] Cheng J F, Zhang H, Tao F, et al. DT-Ⅱ: Digital twin enhanced Industrial Internet reference framework towards smart manufacturing[J]. Robot and Computer Integrated Manufacturing, 2020, 62: 101881.

[135] Ganguli R, Adhikari S. The digital twin of discrete dynamic systems: Initial approaches and future challenges[J]. Applied Mathematical Modelling, 2020, 77: 1110-1128.

[136] Lu Y Q, Liu C, Wang K I K, et al. Digital Twin-driven smart manufacturing: Connotation, reference model, applications and research issues[J]. Robotics and Computer-Integrated Manufacturing, 2020, 61: 101837.

[137] Melesse T Y, V Di Pasquale, Riemma S. Digital twin models in industrial operations: A systematic literature review[J]. Procedia Manufacturing, 2020, 42: 267-272.

[138] Zhong R Y, Xu X, Klotz E, et al. Intelligent Manufacturing in the Context of Industry 4.0: A Review[J]. Engineering 2017, 3(5): 616-630.

[139] 梁乃明, 方志刚, 李荣跃, 等. 数字孪生实战: 基于模型的数字化企业(MBE)[M]. 北京: 机械工业出版社, 2019.

[140] 李杰, 倪军, 王安正. 从大数据到智能制造[M]. 上海: 上海交通大学出版社, 2016.

[141] 张礼立. 智能制造创新与转型之路[M]. 北京: 机械工业出版社, 2017.

[142] 邓朝晖, 万林林, 邓辉, 等. 智能制造技术基础[M]. 武汉: 华中科技大学出版社, 2017.

[143] 安筱鹏. 重构: 数字化转型的逻辑[M]. 北京: 电子工业出版社, 2020.

[144] Li Q, Tang Q, Chan I, et al. Smart manufacturing standardization: Architectures, reference models and standards framework[J]. Computers in Industry , 2018, 101: 91-106.